"十四五"时期国家重点出版物出版专项规划项目

国家出版基金项目
NATIONAL PUBLICATION FOUNDATION

中国农业害虫原色生态图鉴

董 伟　刘玉升　郭书普　编著

中国农业科学技术出版社

图书在版编目（CIP）数据

中国农业害虫原色生态图鉴 / 董伟，刘玉升，郭书普编著 . -- 北京：中国农业科学技术出版社，2024.11
ISBN 978-7-5116-6574-4

Ⅰ.①中⋯　Ⅱ.①董⋯②刘⋯③郭⋯　Ⅲ.①农业害虫 - 病虫害防治 - 图集　Ⅳ.① S435-64

中国国家版本馆 CIP 数据核字（2023）第 236379 号

责任编辑	王惟萍　闫庆健
责任校对	王　彦
责任印制	姜义伟　王思文

出 版 者	中国农业科学技术出版社 北京市中关村南大街 12 号　邮编：100081
电　　话	（010）82106643（编辑室）（010）82106624（发行部） （010）82109709（读者服务部）
网　　址	https://castp.caas.cn
经 销 者	各地新华书店
印 刷 者	北京地大彩印有限公司
开　　本	185mm×260mm　1/16
印　　张	53
字　　数	733 千字
版　　次	2024 年 11 月第 1 版　2024 年 11 月第 1 次印刷
定　　价	368.00 元

◆ 版权所有·侵权必究 ◆

《中国农业害虫原色生态图鉴》
编 委 会

主　　编：董　伟　　刘玉升　　郭书普

副 主 编：陆永跃　　周忠实　　陈华燕　　陈刘生　　张中润

参编人员：王　军　　朱静波　　刘若思　　李琨渊　　汪永安
　　　　　张家侠　　罗心宇　　杨瑨琛　　陈健宇　　沈子豪

前 言

农业害虫泛指可对农作物造成危害的昆虫、螨类以及其他有害动物，尤以昆虫和螨类发生最为普遍。我国农业害虫种类繁多，常发性农业害虫约700余种，其中近20种被列入《一类农作物病虫害名录（2023年）》。受气候变化、种植结构调整、耕作制度变革、外来生物入侵等因素的影响，我国农业害虫发生种类和程度也在不断变化。准确地识别害虫种类仍是植保工作的重要内容之一。

本书共收录了836种农业害虫，隶属8目120科。以图片展示昆虫的形态、为害状、习性等，是本书的一大鲜明特色，书中收录的图片来自作者20余年在全国近30个省（区、市）的实地拍摄，覆盖地区广，时间跨度长，涵盖作物多。为了保证本书的系统性和完整性，作者对图片进行了精心筛选，全书共计配图2 017幅。同时，每种害虫配以简要的文字，介绍害虫的名称、分类地位、分布、寄主、形态，书后附有中文名索引、拉丁学名索引。本书可作为农业科研人员、植保工作者、农业生产经营者的专业工具书，也可以作为大众读者的科普读物。

在害虫鉴定工作中，作者得到了许多昆虫分类学者、植保专家以及昆虫爱好者的热心帮助，致谢名单难以逐一列出，在此一并致以最诚挚的谢意！

本书在编写过程中，得到各位作者和所在单位的大力支持，在此谨对为本书出版付出辛勤劳动的各位作者致以衷心的感谢。

本书的出版得到了国家出版基金的资助，在此表示衷心的感谢。

受作者水平所限，书中难免有疏漏和不足之处，恳请广大读者批评指正。

编 者

2024 年 11 月

目 录

直翅目	Orthoptera	
斑腿蝗科	**Catantopidae**	**003**
001 棉蝗	*Chondracris rosea* (De Geer, 1773)	003
002 红褐异斑腿蝗	*Diabolocatantops pinguis* (Stål, 1861)	004
003 绿腿腹露蝗	*Fruhstorferiola viridifemorata* (Caudell, 1921)	005
004 芋蝗	*Gesonula punctifrons* (Stål, 1861)	006
005 中华稻蝗	*Oxya chinensis* (Thunberg, 1815)	007
006 长角佛蝗	*Phlaeoba antennata antennata* Brunner von Wattenwyl, 1893	008
007 斑角蔗蝗	*Hieroglyphus annulicornis* (Shiraki, 1910)	008
008 日本黄脊蝗	*Patanga japonica* (I. Bolívar, 1898)	009
009 长翅素木蝗	*Shirakiacris shirakii* (I. Bolívar, 1914)	010
010 短角直斑腿蝗	*Stenocatantops mistshenkoi* Willemse, 1968	011
011 短角外斑腿蝗	*Xenocatantops brachycerus* (Willemse, 1932)	012
012 亚洲小车蝗	*Oedaleus asiaticus* Bey-Bienko, 1941	013
013 塔达刺胸蝗	*Cyrtacanthacris tatarica tatarica* (Linnaeus, 1758)	014
斑翅蝗科	**Oedipodidae**	**014**
014 黄胫小车蝗	*Oedaleus infernalis* Saussure, 1884	014
015 飞蝗	*Locusta migratoria* (Linnaeus, 1758)	015
016 云斑车蝗	*Gastrimargus marmoratus* (Thunberg, 1815)	016
017 花胫绿纹蝗	*Aiolopus thalassinus tamulus* (Fabricius, 1798)	017
018 粉股尖翅蝗	*Epacromius pulverulentus* (Fischer von Waldheim, 1846)	018
019 疣蝗	*Trilophidia annulata* (Thunberg, 1815)	019
网翅蝗科	**Arcypteridae**	**020**
020 黑翅竹蝗	*Ceracris fasciata fasciata* (Brunner von Wattenwyl, 1893)	020
021 黄脊竹蝗	*Ceracris kiangsu* Tsai, 1929	021
022 青脊竹蝗	*Ceracris nigricornis nigricornis* Walker, 1870	022
023 褐色雏蝗	*Chorthippus brunneus brunneus* (Thunberg, 1815)	023

024 素色异爪蝗	*Euchorthippus unicolor* (Ikonnikov, 1913)	024
025 宽翅曲背蝗	*Arcyptera meridionalis* Ikonnikov, 1911	024
锥头蝗科	**Pyrgomorphidae**	***025***
026 短额负蝗	*Atractomorpha sinensis sinensis* Bolívar, 1905	025
剑角蝗科	**Acrididae**	***026***
027 中华剑角蝗	*Acrida cinerea* Thunberg, 1815	026
蚱科	**Tetrigidae**	***027***
028 日本蚱	*Tetrix japonica* (Bolívar, 1887)	027
蝼蛄科	**Gryllotalpidae**	***028***
029 单刺蝼蛄	*Gryllotalpa unispina* Saussure, 1874	028
030 东方蝼蛄	*Gryllotalpa orientalis* Burmeister, 1838	028
蟋蟀科	**Gryllidae**	***029***
031 长瓣树蟋	*Oecanthus longicauda* Matsumura, 1904	029
032 黄脸油葫芦	*Teleogryllus emma* (Ohmschi et Matsummura, 1951)	030
033 花生大蟋	*Tarbinskiellus portentosus* (Lichtenstein, 1796)	031
蛉蟋科	**Trigonidiidae**	***031***
034 虎甲蛉蟋	*Trigonidium cicindeloides* Rambur, 1838	031
035 双带金蛉蟋	*Svistella bifasciata* (Shiraki, 1911)	032
螽斯科	**Tettigoniidae**	***033***
036 绿背覆翅螽	*Tegra novaehollandiae viridinata* (Stal,1874)	033
037 斑翅草螽	*Conocephalus maculatus* (Le Guilou , 1841)	034
038 日本条螽	*Ducetia japonica* (Thunberg, 1815)	035

半翅目　　Hemiptera

蝉科	**Cicadidae**	***039***
039 黑蚱蝉	*Cryptotympana atrata* (Fabricius, 1775)	039
040 黄蚱蝉	*Cryptotympana mandarina* Distant, 1891	040
041 安蝉	*Chremistica ochracea* (Walker, 1850)	041
042 蒙古寒蝉	*Meimuna mongolica* (Distant, 1881)	042
043 蟪蛄	*Platypleura kaempferi* (Fabricius, 1794)	043
044 绿草蝉	*Mogannia hebes* (Walker, 1858)	044
045 红蝉	*Huechys sanguinea* (De Geer, 1773)	045
角蝉科	**Membracidae**	***046***
046 黑圆角蝉	*Gargara genistae* Fabricius, 1775	046

尖胸沫蝉科	**Aphrophoridae**	*047*
047 锥形禾草铲头沫蝉	*Clovia conifera* (Walker, 1851)	047
沫蝉科	**Cercopidae**	*048*
048 刘氏长头沫蝉	*Abidama liuensis* Metcalf, 1961	048
049 稻赤斑沫蝉	*Callitettix versicolor* (Fabricius, 1794)	049
050 橘黄稻沫蝉	*Callitettix braconoides* (Walker, 1858)	050
051 东方丽沫蝉	*Cosmoscarta abdominalis* (Donovan, 1798)	051
052 斑带丽沫蝉	*Cosmoscarta bispecularis* (White, 1844)	052
053 红基隆沫蝉	*Cosmoscarta exultans* (Walker, 1858)	053
叶蝉科	**Cicadellidae**	*054*
054 葡萄斑叶蝉	*Arboridia apicalis* (Nawa, 1913)	054
055 葡萄二黄斑叶蝉	*Arboridia koreacola* (Matsumura, 1932)	055
056 中华阿小叶蝉	*Arboridia sinensis* Guglielmino et al., 2012	056
057 棉叶蝉	*Amrasca biguttula* (Ishida, 1913)	057
058 小贯小绿叶蝉	*Empoasca onukii* Matsuda, 1952	058
059 小绿叶蝉	*Empoasca flavescens* Fabricius, 1794	059
060 桃一点斑叶蝉	*Singapora shinshana* (Matsumura, 1932)	060
061 桑斑叶蝉	*Tautoneura mori* (Matsumura, 1910)	061
062 电光叶蝉	*Maiestas dorsalis* (Motschulsky, 1859)	062
063 条沙叶蝉	*Psammotettix striatus* (Linnaeus, 1758)	063
064 横带叶蝉	*Scaphoideus festivus* Matsumura, 1902	064
065 窗翅叶蝉	*Mileewa margheritae* Distant, 1908	065
066 大青叶蝉	*Cicadella viridis* (Linnaeus, 1758)	066
067 黑尾叶蝉	*Nephotettix cincticeps* Uhler, 1896	067
068 二条黑尾叶蝉	*Nephotettix nigropictus* (Stål, 1870)	068
069 二点黑尾叶蝉	*Nephotettix virescens* (Distant, 1908)	069
070 黑颜单突叶蝉	*Olidiana brevis* (Walker, 1851)	069
071 色条大叶蝉	*Atkinsoniella opponens* (Walker, 1851)	070
072 白边大叶蝉	*Kolla atramentaria* (Motschulsky, 1859)	071
073 黑尾大叶蝉	*Bothrogonia ferruginea* (Fabricius, 1787)	072
074 琼凹大叶蝉	*Bothrogonia qiongana* Yang & Li, 1980	073
075 凹缘菱纹叶蝉	*Hishimonus sellatus* (Uhler, 1896)	074
076 龙眼扁喙叶蝉	*Idioscopus clypealis* (Lethierry, 1889)	075
077 杧果扁喙叶蝉	*Idioscopus nitidulus* (Walker, 1870)	076
078 茶扁叶蝉	*Penthimia theae* Matsumura, 1912	077
飞虱科	**Delphacidae**	*078*
079 褐飞虱	*Nilaparvata lugens* (Stål, 1854)	078
080 灰飞虱	*Laodelphax striatellus* (Fallén, 1826)	079

081 白背飞虱	*Sogatella furcifera* (Horváth, 1899)	080
082 稗飞虱	*Sogatella vibix* (Haupt, 1927)	081
083 玉米花翅飞虱	*Peregrinus maidis* (Ashmead, 1890)	082
084 长绿飞虱	*Saccharosydne procerus* Matsumura, 1931	083
085 甘蔗扁飞虱	*Eoeurysa flavocapitata* Muir, 1913	084
蜡蝉科	**Fulgoridae**	**085**
086 斑衣蜡蝉	*Lycorma delicatula* (White, 1845)	085
087 龙眼鸡	*Pyrops candelaria* (Linnaeus, 1758)	087
088 拉氏东方蜡蝉	*Pyrops lathburii* (Kirby, 1818)	088
粒脉蜡蝉科	**Meenoplidae**	**089**
089 粉白粒脉蜡蝉	*Nisia atrovenosa* (Lethierry, 1888)	089
袖蜡蝉科	**Derbidae**	**090**
090 红袖蜡蝉	*Diostrombus politus* Uhler, 1896	090
091 甘蔗斑袖蜡蝉	*Proutista moesta* (Westwood, 1851)	091
象蜡蝉科	**Dictyopharidae**	**092**
092 月纹象蜡蝉	*Orthopagus lunulifer* (Uhler, 1896)	092
093 瘤鼻象蜡蝉	*Saigona fulgoroides* (Walker, 1858)	093
094 伯瑞象蜡蝉	*Raivuna patruelis* Stål, 1859	094
菱蜡蝉科	**Cixiidae**	**095**
095 斑帛菱蜡蝉	*Borysthenes maculatus* (Matsumura, 1914)	095
瓢蜡蝉科	**Issidae**	**096**
096 恶性席瓢蜡蝉	*Dentatissus damnosus* (Chou & Lu, 1985)	096
097 扇扁足瓢蜡蝉	*Neodurium postfasciatum* Fennah, 1956	097
蛾蜡蝉科	**Flatidae**	**098**
098 白蛾蜡蝉	*Lawana imitata* (Melichar, 1902)	098
099 碧蛾蜡蝉	*Geisha distinctissima* (Walker, 1858)	099
100 褐缘蛾蜡蝉	*Salurnis marginella* (Guérin-Méneville, 1829)	100
广翅蜡蝉科	**Ricaniidae**	**101**
101 透翅疏广蜡蝉	*Euricania clara* Kato, 1932	101
102 带纹疏广蜡蝉	*Euricania facialis* Walker, 1858	102
103 眼纹疏广蜡蝉	*Pochazia ocellus* Walker, 1851	103
104 圆纹宽广蜡蝉	*Pochazia guttifera* Walke, 1851	104
105 缘纹广翅蜡蝉	*Ricania marginalis* (Walker, 1851)	105
106 八点广翅蜡蝉	*Ricania speculum* (Walker, 1851)	106
107 斑点广翅蜡蝉	*Ricania guttata* (Walker, 1851)	107
108 钩纹广翅蜡蝉	*Ricania simulans* Walker, 1851	108
109 褐带广翅蜡蝉	*Ricania taeniata* Stål, 1870	109

110 可可广翅蜡蝉	*Ricania cacaonis* Chou & Lu, 1977	110
111 山东广翅蜡蝉	*Ricania shantungensis* Chou et Lu, 1977	110
112 柿广翅蜡蝉	*Ricanula sublimata* (Jacobi, 1916)	111
113 丽纹广翅蜡蝉	*Ricanula pulverosa* (Stål, 1865)	112
114 胡椒宽广蜡蝉	*Ricanoides pipera* (Distant, 1914)	113
木虱科	**Psyllidae**	***114***
115 桑异脉木虱	*Anomoneura mori* Schwarz, 1896	114
116 梨木虱	*Cacopsylla chinensis* (Yang & Li, 1981)	115
117 柑橘木虱	*Diaphorina citri* (Kuwayama, 1908)	116
个木虱科	**Triozidae**	***117***
118 沙枣个木虱	*Trioza magnisetosus* (Loginova, 1964)	117
119 枸杞线角木虱	*Bactericera gobica* (Loginova, 1972)	118
花木虱科	**Phacopteronidae**	***119***
120 龙眼角颊木虱	*Cornegenapsylla sinica* Yang Li, 1982	119
粉虱科	**Aleyrodidae**	***120***
121 烟粉虱	*Bemisia tabaci* (Gennadius, 1889)	120
122 温室白粉虱	*Trialeurodes vaporariorum* (Westwood, 1856)	121
123 黑刺粉虱	*Aleurocanthus spiniferus* (Quaintance, 1903)	122
124 蔗斑翅粉虱	*Neomaskellia bergii* (Signoret, 1868)	123
125 螺旋粉虱	*Aleurodicus dispersus* Russell, 1965	124
126 橘绵粉虱	*Alerothrixus floccosus* (Maskell, 1896)	125
127 小巢粉虱	*Paraleyrodes minei* Iaccarino, 1990	126
128 柑橘粉虱	*Dialeurodes citri* (Ashmead, 1885)	127
蚜科	**Aphididae**	***128***
129 茶蚜	*Aphis aurantii* Boyer de Fonscolombe, 1841	128
130 豆蚜	*Aphis craccivora* Koch, 1854	129
131 大豆蚜	*Aphis glycines* Matsumura, 1917	130
132 棉蚜	*Aphis gossypii* Glover, 1877	131
133 绣线菊蚜	*Aphis spiraecola* Patch, 1914	132
134 甘蓝蚜	*Brevicoryne brassicae* (Linnaeus, 1758)	133
135 萝卜蚜	*Lipaphis erysimi* (Kaltenbach, 1843)	134
136 桃蚜	*Myzus persicae* (Sulzer, 1776)	135
137 桃粉蚜	*Hyalopterus amygdali* (Blanchard, 1840)	136
138 豌豆修尾蚜	*Megoura japonica* Okamoto & Takahashi, 1927	137
139 葱蚜	*Neotoxoptera formosana* (Takahashi, 1921)	138
140 高粱蚜	*Melanaphis sacchari* (Zehntner, 1897)	139
141 玉米蚜	*Rhopalosiphum maidis* (Fitch, 1856)	140

142 禾谷缢管蚜	*Rhopalosiphum padi* (Linnaeus, 1758)	141
143 荻草谷网蚜	*Sitobion miscanthi* (Takahashi, 1921)	142
144 麦二叉蚜	*Schizaphis graminum* (Rondani, 1852)	143
145 梨二叉蚜	*Schizaphis piricola* (Matsumura, 1917)	144
146 胡萝卜微管蚜	*Semiaphis heraclei* (Takahashi, 1921)	145
147 莴苣指管蚜	*Uroleucon formosanum* (Takahashi, 1921)	146
148 橘蚜	*Toxoptera citricidus* Kirkaldy, 1907	147
149 核桃全斑蚜	*Panaphis juglandis* (Goeze, 1778)	148
150 板栗大蚜	*Lachnus tropicalis* (van der Goot, 1916)	149
151 栗斑蚜	*Tuberculatus castanocallis* (Zhang & Zhong, 1981)	150
152 粉栗斑蚜	*Tuberculatus cereus* (Zhang & Zhong, 1981)	151
153 缘瘤栗斑蚜	*Tuberculatus margituberculatus* (Zhang et Zhong, 1981)	152
154 桃瘤蚜	*Tuberocephalus momonis* (Matsumura, 1917)	153
155 樱桃瘿瘤头蚜	*Tuberocephalus higansakurae* (Monzen, 1927)	154
156 甘蔗绵蚜	*Ceratovacuna lanigera* Zehntner, 1897	155
157 苹果绵蚜	*Eriosoma lanigerum* (Hausmann, 1802)	156

盾蚧科   **Diaspididae**   ***157***

158 桑白蚧	*Pseudaulacaspis pentagona* (Targioni-Tozzetti, 1886)	157
159 考氏白盾蚧	*Pseudaulacaspis cockerelli* (Cooley, 1897)	158
160 矢尖蚧	*Unaspis yanonensis* (Kuwana, 1923)	159
161 糠片蚧	*Parlatoria pergandii* Comstock, 1881	160
162 茶梨蚧	*Pinnaspis theae* (Maskell, 1891)	161
163 褐圆蚧	*Chrysomphalus aonidum* (Linnaeus, 1758)	162
164 红圆蚧	*Aonidiella aurantii* (Maskell, 1879)	163

粉蚧科   **Pseudococcidae**   ***163***

165 甘蔗粉蚧	*Saccharicoccus sacchari* (Cockerell, 1895)	163
166 菠萝粉蚧	*Dysmicoccus brevipes* (Cockerell, 1893)	164
167 新菠萝灰粉蚧	*Dysmicoccus neobrevipes* Beardsley, 1959	165
168 堆蜡粉蚧	*Nipaecoccus viridis* (Newstead, 1894)	166
169 扶桑绵粉蚧	*Phenacoccus solenopsis* Tinsley, 1898	167
170 柿长绵粉蚧	*Phenacoccus pergandei* Cockerell, 1896	168
171 康氏粉蚧	*Pseudococcus comstocki* (Kuwana, 1902)	169
172 南洋臀纹粉蚧	*Planococcus lilacinus* (Cockerell, 1905)	170
173 橘粉蚧	*Planococcus citri* (Risso, 1813)	171

珠蚧科   **Margarodidae**   ***171***

174 银毛吹绵蚧	*Icerya seychellarum* (Westwood, 1855)	171
175 吹绵蚧	*Icerya purchasi* Maskell, 1878	172

176 草履蚧	*Drosicha corpulenta* (Kuwana, 1902)	173
绒蚧科	***Eriococcidae***	***174***
177 柿绒蚧	*Asiacornococcus kaki* (Kuwana, 1931)	174
178 石榴绒蚧	*Acanthococcus lagerstroemiae* (Kuwana, 1907)	175
蜡蚧科	***Coccidae***	***176***
179 角蜡蚧	*Ceroplastes ceriferus* (Fabricius, 1798)	176
180 日本龟蜡蚧	*Ceroplastes japonicus* Green, 1921	177
181 红蜡蚧	*Ceroplastes rubens* Maskell, 1893	178
182 无花果蜡蚧	*Ceroplastes rusci* (Linnaeus, 1758)	179
183 褐软蚧	*Coccus hesperidum* Linnaeus, 1758	180
184 扁平球坚蚧	*Parthenolecanium corni* (Bouché, 1844)	181
185 朝鲜球坚蚧	*Didesmococcus koreanus* Borchsenius, 1955	182
186 瘤大球坚蚧	*Eulecanium gigantea* (Shinji, 1935)	183
187 日本纽绵蚧	*Takahashia japonica* (Cockerell, 1896)	184
盲蝽科	***Miridae***	***185***
188 中黑盲蝽	*Adelphocoris suturalis* (Jakovlev, 1882)	185
189 苜蓿盲蝽	*Adelphocoris lineolatus* (Goeze, 1778)	186
190 黑唇苜蓿盲蝽	*Adelphocoris nigritylus* Hsiao, 1962	187
191 三点苜蓿盲蝽	*Adelphocoris fasciaticollis* Reuter, 1903	188
192 斯氏后丽盲蝽	*Apolygus spinolae* (Meyer-Dür, 1843)	188
193 绿盲蝽	*Apolygus lucorum* (Meyer-Dür, 1843)	189
194 甘薯跳盲蝽	*Halticus minutus* Reuter, 1885	190
195 条赤须盲蝽	*Trigonotylus coelestialium* (Kirkaldy, 1902)	191
196 烟盲蝽	*Nesidiocoris tenuis* (Reuter, 1895)	192
197 淡盾芋盲蝽	*Ernestinus pallidiscutum* (Poppius, 1915)	193
198 黄唇蕉盲蝽	*Prodromus clypeatus* Distant, 1904	194
199 黑角微刺盲蝽	*Campylomma diversicornis* Reuter, 1878	195
200 长角纹唇盲蝽	*Charagochilus longicornis* Reuter, 1885	195
网蝽科	***Tingidae***	***196***
201 菊方翅网蝽	*Corythucha marmorata* (Uhler, 1878)	196
202 香蕉网蝽	*Cnemiandrus typicus* Distant, 1902	197
203 梨网蝽	*Stephanitis nashi* Esaki & Takeya, 1931	198
204 蔗网蝽	*Abdastartus atrus* (Motschulsky, 1863)	199
红蝽科	***Pyrrhocoridae***	***200***
205 离斑棉红蝽	*Dysdercus cingulatus* (Fabricius, 1775)	200
206 突背斑红蝽	*Physopelta gutta* (Burmeister, 1834)	201
207 先地红蝽	*Pyrrhocoris sibiricus* Kuschakewitsch, 1866	202

长蝽科	**Lygaeidae**	**203**
208 横带红长蝽	*Lygaeus equestris* (Linnaeus, 1758)	203
209 角红长蝽	*Lygaeus hanseni* Jakovlev, 1883	204
210 箭痕腺长蝽	*Spilostethus hospes* (Fabricius, 1794)	205
211 红脊长蝽	*Tropidothorax elegans* (Distant, 1883)	206
212 小长蝽	*Nysius ericae* (Schilling, 1829)	207
地长蝽科	**Rhyparochromidae**	**208**
213 大头隆胸长蝽	*Eucosmetus incisus* (Walker, 1872)	208
214 白斑地长蝽	*Panaorus albomaculatus* (Scott, 1874)	209
室翅长蝽科	**Heterogastridae**	**210**
215 台裂腹长蝽	*Nerthus taivanicus* (Bergroth, 1914)	210
梭长蝽科	**Pachygronthidae**	**211**
216 长须梭长蝽	*Pachygrontha antennata* (Uhler, 1860)	211
束长蝽科	**Malcidae**	**212**
217 豆突眼长蝽	*Chauliops fallax* Scott, 1874	212
大眼长蝽科	**Geocoridae**	**213**
218 大眼长蝽	*Geocoris pallidipennis* (Costa, 1843)	213
姬缘蝽科	**Rhopalidae**	**213**
219 开环缘蝽	*Stictopleurus minutus* Blöte, 1934	213
220 粟缘蝽	*Liorhyssus hyalinus* (Fabricius, 1794)	214
221 黄伊缘蝽	*Rhopalus maculatus* (Fieber, 1837)	215
缘蝽科	**Coreidae**	**216**
222 稻棘缘蝽	*Cletus punctiger* (Dallas, 1852)	216
223 长肩棘缘蝽	*Cletus trigonus* (Thunberg, 1783)	217
224 宽棘缘蝽	*Cletus schmidti* Kiritshenko, 1916	218
225 禾棘缘蝽	*Cletus graminis* Hsiao & Zheng, 1964	219
226 刺额棘缘蝽	*Cletus bipunctatus* (Herrich-Schäffer, 1840)	219
227 点棘缘蝽	*Cletomorpha simulans* Hsiao, 1963	220
228 小棒缘蝽	*Gralliclava horrens* (Dohrn, 1860)	221
229 广腹同缘蝽	*Homoeocerus dilatatus* Horváth, 1879	222
230 小点同缘蝽	*Homoeocerus marginellus* (Herrich-Schäffer, 1840)	223
231 一点同缘蝽	*Homoeocerus unipunctatus* (Thunberg, 1783)	224
232 纹须同缘蝽	*Homoeocerus striicornis* Scott, 1874	225
233 合欢同缘蝽	*Homoeocerus walkeri* Kirby, 1892	226
234 瓦同缘蝽	*Homoeocerus walkerianus* Lithierry & Severin, 1894	227
235 瘤缘蝽	*Acanthocoris scaber* (Linnaeus, 1763)	228
236 环胫黑缘蝽	*Hygia lativentris* (Motschulsky, 1866)	229

237 黄胫佚缘蝽	*Mictis serina* Dallas, 1852	230
238 拉缘蝽	*Rhamnomia dubia* (Hsiao, 1963)	231
239 斑背安缘蝽	*Anoplocnemis binotata* Distant, 1918	232
240 红背安缘蝽	*Anoplocnemis phasianus* (Fabricius, 1781)	233
241 菲缘蝽	*Physomerus grossipes* (Fabricius, 1794)	234

蛛缘蝽科　　Alydidae　　235

242 大稻缘蝽	*Leptocorisa oratoria* (Fabricius, 1794)	235
243 中稻缘蝽	*Leptocorisa chinensis* Dallas, 1852	236
244 异稻缘蝽	*Leptocorisa acuta* (Thunberg, 1783)	237
245 点蜂缘蝽	*Riptortus pedestris* (Fabricius, 1775)	238
246 条蜂缘蝽	*Riptortus linearis* (Fabricius, 1775)	239

束蝽科　　Colobathristidae　　240

247 二色突束蝽	*Phaenacantha bicolor* (Distant, 1901)	240

跷蝽科　　Berytidae　　241

248 娇驼跷蝽	*Metacanthus pulchellus* Dallas, 1852	241
249 锤胁跷蝽	*Yemma exilis* Horváth, 1905	242

土蝽科　　Cydnidae　　243

250 圆点阿土蝽	*Adomerus rotundus* (Hsiao, 1977)	243
251 黑伊土蝽	*Aethus nigritus* (Fabricius, 1794)	243

龟蝽科　　Plataspidae　　244

252 筛豆龟蝽	*Megacopta cribraria* (Fabricius, 1798)	244
253 方头异龟蝽	*Ponsilasia montana* (Distant, 1901)	245

盾蝽科　　Scutelleridae　　246

254 角盾蝽	*Cantao ocellatus* (Thunberg, 1784)	246
255 丽盾蝽	*Chrysocoris grandis* (Thunberg, 1783)	247
256 紫蓝丽盾蝽	*Chrysocoris stollii* (Wolff, 1801)	248
257 桑宽盾蝽	*Poecilocoris druraei* Linnaeus, 1771	249
258 油茶宽盾蝽	*Poecilocoris latus* Dallas, 1848	250
259 扁盾蝽	*Eurygaster testudinaria* (Geoffroy, 1785)	251

兜蝽科　　Dinidoridae　　252

260 瓜褐蝽	*Coridius chinensis* (Dallas, 1851)	252
261 小皱蝽	*Cyclopelta parva* Distant, 1900	253
262 细角瓜蝽	*Megymenum gracilicorne* Dallas, 1851	254
263 无刺瓜蝽	*Megymenum inerme* (Herrich-Schäffer, 1840)	255

蝽科　　Pentatomidae　　256

264 斑须蝽	*Dolycoris baccarum* (Linnaeus, 1758)	256
265 麻皮蝽	*Erthesina fullo* (Thunberg, 1783)	257

266 茶翅蝽	*Halyomorpha halys* (Stål, 1855)	258
267 稻绿蝽	*Nezara viridula* (Linnaeus, 1758)	259
268 稻黑蝽	*Scotinophara lurida* (Burmeister, 1834)	261
269 稻褐蝽	*Lagynotomus assimulans* (Distant, 1883)	262
270 尖头麦蝽	*Aelia acuminata* (Linnaeus, 1758)	263
271 华麦蝽	*Aelia fieberi* Scott, 1874	264
272 宽缘伊蝽	*Aenaria pinchii* Yang, 1934	265
273 菜蝽	*Eurydema dominulus* (Scopoli, 1763)	266
274 横纹菜蝽	*Eurydema gebleri* Kolenati, 1846	267
275 新疆菜蝽	*Eurydema maracandica* Oshanin, 1871	268
276 纹蝽	*Madates limbatus* Fabricius, 1803	269
277 赤条蝽	*Graphosoma lineatum* (Linnaeus, 1758)	270
278 大臭蝽	*Chalcopis glandulosa* (Wolff, 1811)	271
279 岱蝽	*Dalpada oculata* (Fabricius, 1775)	272
280 中华岱蝽	*Dalpada cinctipes* Walker, 1867	273
281 沟腹岱蝽	*Dalpada concinna* (Westwood, 1837)	274
282 绿岱蝽	*Dalpada smaragdina* (Walker, 1868)	275
283 宽碧蝽	*Palomena viridissima* (Poda, 1761)	276
284 璧蝽	*Piezodorus hybneri* (Gmelin, 1790)	277
285 全蝽	*Homalogonia obtusa* (Walker, 1868)	278
286 薄蝽	*Brachymna tenuis* Stål, 1861	279
287 红谷蝽	*Gonopsis coccinea* (Walker, 1868)	280
288 平尾梭蝽	*Megarrhamphus truncatus* (Westwood, 1837)	281
289 紫翅果蝽	*Carpocoris purpureipennis* (De Geer, 1773)	282
290 弯角蝽	*Lelia decempunctata* (Motschulsky, 1860)	282
291 柑橘大绿蝽	*Rhynchocoris humeralis* (Thunberg, 1783)	283
292 珀蝽	*Plautia crossota* (Dallas, 1851)	284
293 斯氏珀蝽	*Plautia stali* Scott, 1874	285
294 红角辉蝽	*Carbula crassiventris* (Dallas, 1849)	286
295 二星蝽	*Eysarcoris guttigerus* (Thunberg, 1783)	287
296 广二星蝽	*Eysarcoris ventralis* (Westwood, 1837)	288
297 北二星蝽	*Eysarcoris aeneus* (Scopoli, 1763)	289
298 锚纹二星蝽	*Eysarcoris rosaceus* Distant, 1901	290
299 北曼蝽	*Menida disjecta* (Uhler, 1860)	291
300 紫蓝曼蝽	*Menida violacea* Motschulsky, 1861	292
301 珠蝽	*Rubiconia intermedia* (Wolff, 1811)	293
302 点蝽	*Tolumnia latipes* (Dallas, 1851)	294
303 蓝蝽	*Zicrona caerulea* (Linnaeus, 1758)	295

304 驼蝽	*Brachycerocoris camelus* Costa, 1863	296
荔蝽科	**Tessaratomidae**	**297**
305 荔枝蝽	*Tessaratoma papillosa* (Drury, 1770)	297
306 硕蝽	*Eurostus validus* Dallas, 1851	298
307 斑缘巨蝽	*Eusthenes femoralis* Zia, 1957	299
同蝽科	**Acanthosomatidae**	**300**
308 宽铗同蝽	*Acanthosoma labiduroides* Jakovlev, 1880	300
309 直同蝽	*Elasmostethus interstinctus* (Linnaeus, 1758)	301
310 伊锥同蝽	*Sastragala esakii* Hasegawa, 1959	302
异蝽科	**Urostylididae**	**303**
311 橘盲盾异蝽	*Urolabida histrionica* (Westwood, 1837)	303
312 亮壮异蝽	*Urochela distincta* Distant, 1900	304
313 淡娇异蝽	*Urostylis yangi* Maa, 1947	305

缨翅目　　Thysanoptera

管蓟马科	**Phlaeothripidae**	**309**
314 稻管蓟马	*Haplothrips aculeatus* (Fabricius, 1803)	309
315 麦简管蓟马	*Haplothrips tritici* (Kurdjumov, 1912)	310
蓟马科	**Thripidae**	**311**
316 茶黄蓟马	*Scirtothrips dorsalis* Hood, 1919	311
317 稻蓟马	*Stenchaetothrips biformis* (Bagnall, 1913)	312
318 葱蓟马	*Thrips alliorum* (Priesner, 1935)	313
319 烟蓟马	*Thrips tabaci* Lindeman, 1889	314
320 黄蓟马	*Thrips flavus* Schrank, 1776	314
321 黄胸蓟马	*Thrips hawaiiensis* (Morgan, 1913)	315
322 玉米黄呆蓟马	*Anaphothrips obscurus* (Muller, 1776)	315
323 普通大蓟马	*Megalurothrips usitatus* (Bagnall, 1913)	316
324 花蓟马	*Frankliniella intonsa* (Trybom, 1895)	317
325 西花蓟马	*Frankliniella occidentalis* (Pergande, 1895)	318

鞘翅目　　Coleoptera

叩甲科	**Elateridae**	**321**
326 细胸金针虫	*Agriotes subvittatus* Motschulsky, 1859	321
327 沟线角叩甲	*Pleonomus canaliculatus* (Faldermann, 1835)	322

328 筛胸梳爪叩甲	*Melanotus cribricollis* Faldermann, 1835	323
329 暗带重脊叩甲	*Ludioschema vittiger* (Heyden, 1887)	324
330 双瘤槽缝叩甲	*Agrypnus bipapulatus* (Candeze, 1865)	325
吉丁虫科	**Buprestidae**	**326**
331 陈氏星吉丁	*Chrysobothris cheni* Théry, 1940	326
332 金缘吉丁虫	*Lampra limbata* (Gebler, 1832)	327
露尾甲科	**Nitidulidae**	**328**
333 油菜叶露尾甲	*Strongyllodes variegatus* (Fairmaire, 1891)	328
334 棉露尾甲	*Haptoncus luteolus* (Erichson, 1843)	329
锯谷盗科	**Silvanidae**	**330**
335 锯谷盗	*Oryzaephilus surinamensis* (Linnaeus, 1758)	330
瓢虫科	**Coccinellidae**	**331**
336 马铃薯瓢虫	*Henosepilachna vigintioctomaculata* (Motschulsky, 1857)	331
337 茄二十八星瓢虫	*Henosepilachna vigintioctopunctata* (Fabricius, 1775)	332
338 菱斑食植瓢虫	*Epilachna insignis* Gorham, 1892	333
芫菁科	**Meloidae**	**334**
339 豆芫菁	*Epicauta gorhami* (Marseul, 1873)	334
340 红头豆芫菁	*Epicauta ruficeps* (Illiger, 1800)	335
341 西北豆芫菁	*Epicauta sibirica* (Pallas, 1773)	336
342 条纹豆芫菁	*Epicauta waterhousei* (Haag-Rutenburg, 1880)	337
拟步甲科	**Tenebrionidae**	**338**
343 赤拟谷盗	*Tribolium castaneum* (Herbst, 1797)	338
344 网目沙潜	*Opatrum subaratum* Faldermann, 1835	339
345 蒙古沙潜	*Gonocephalum reticulatum* Motschulsky, 1854	339
窃蠹科	**Anobiidae**	**340**
346 烟草甲	*Lasioderma serricorne* Fabricius, 1792	340
金龟科	**Scarabaeidae**	**341**
347 白星花金龟	*Protaetia brevitarsis* (Lewis, 1879)	341
348 凸星花金龟	*Protaetia orientalis* (Gory & Percheron, 1833)	342
349 小青花金龟	*Gametis jucunda* (Faldermann, 1835)	343
350 斑青花金龟	*Gametis bealiae* (Gory & Percheron, 1833)	344
351 褐锈花金龟	*Poecilophilides rusticola* Burmeister, 1842	345
352 黄斑短突花金龟	*Glycyphana fulvistemma* Motschulsky, 1858	345
353 绿绒斑金龟	*Epitrichius bowringii* (Thomson, 1857)	346
354 黄粉鹿角金龟	*Dicronocephalus bowringi* (Pascoe, 1863)	347
355 中喙丽金龟	*Adoretus sinicus* Burmeister, 1855	348

356 斑喙丽金龟	*Adoretus tenuimaculatus* Waterhouse, 1875	349
357 棉花弧丽金龟	*Popillia mutans* Newman, 1838	350
358 曲带弧丽金龟	*Popillia pustulata* Fairmaire, 1887	351
359 中华弧丽金龟	*Popillia quadriguttata* (Fabricius, 1787)	352
360 琉璃弧丽金龟	*Popillia flavosellata* Fairmaire, 1886	353
361 墨绿彩丽金龟	*Mimela splendens* (Gyllenhal, 1817)	354
362 黄褐彩丽金龟	*Mimela testaceoviridis* Blanchard, 1850	355
363 红脚异丽金龟	*Anomala cupripes* (Hope, 1839)	356
364 黄褐异丽金龟	*Anomala exoleta* Faldermann, 1835	357
365 大绿异丽金龟	*Anomala virens* Lin, 1996	358
366 纹脊异丽金龟	*Anomala viridicostata* Nonfried, 1892	359
367 铜绿丽金龟	*Anomala corpulenta* Motschulsky, 1854	360
368 暗黑鳃金龟	*Pedinotrichia parallela* (Motschulsky, 1854)	360
369 东北大黑鳃金龟	*Holotrichia diomphalia* Bates, 1888	361
370 大等鳃金龟	*Exolontha serrulata* (Gyllenhal, 1817)	362
371 毛黄脊头鳃金龟	*Miridiba trichophora* (Fairmaire, 1891)	363
372 黑皱鳃金龟	*Trematodes tenebrioides* (Pallas, 1781)	364

天牛科   Cerambycidae   **365**

373 金绒锦天牛	*Acalolepta permutans* (Pascoe, 1857)	365
374 双斑锦天牛	*Acalolepta sublusca* (Thomson, 1857)	366
375 竹红天牛	*Purpuricenus temminckii* (Guérin-Méneville, 1844)	366
376 华蜡天牛	*Ceresium sinicum* White, 1855	367
377 塞幽天牛	*Cephalallus unicolor* (Gahan, 1906)	367
378 合欢双条天牛	*Xystrocera globosa* (Oliver, 1795)	368
379 红缘天牛	*Anoplistes halodendri* (Pallas, 1776)	369
380 桑黄星天牛	*Psacothea hilaris* (Pascoe, 1857)	370
381 长颈鹿天牛	*Macrochenus guerini* White, 1858	371
382 橘狭胸天牛	*Philus antennatus* (Gyllenhal, 1817)	372
383 橘根接眼天牛	*Priotyrannus closteroides* (Thomson, 1877)	373
384 桑天牛	*Apriona germari* (Hope, 1831)	374
385 桃红颈天牛	*Aromia bungii* (Faldermann, 1835)	375
386 华星天牛	*Anoplophora chinensis* (Förster, 1771)	376
387 光肩星天牛	*Anoplophora glabripennis* (Motschulsky, 1853)	377
388 黑星天牛	*Anoplophora leechi* (Gahan, 1888)	378
389 龟背天牛	*Aristobia reticulator* (Fabricius, 1781)	378
390 云斑白条天牛	*Batocera lineolata* Chevrolat, 1852	379
391 榕八星天牛	*Batocera rubus* (Linnaeus, 1758)	380
392 双带粒翅天牛	*Lamiomimus gottschei* Kolbe, 1886	381

393 双簇污天牛	*Moechotypa diphysis* (Pascoe, 1871)	382
394 中华裸角天牛	*Aegosoma sinicum* White, 1853	383
395 瘤胸簇天牛	*Aristobia hispida* (Saunders, 1853)	384
396 黑棘翅天牛	*Aethalodes verrucosus* Gahan, 1888	385
397 榕指角天牛	*Imantocera penicillata* (Hope, 1831)	385
398 黑跗眼天牛	*Bacchisa atritarsis* (Pic, 1912)	386
399 巨胸脊虎天牛	*Xylotrechus magnicollis* (Fairmaire, 1888)	386
400 竹绿虎天牛	*Chlorophorus annularis* (Fabricius, 1787)	387
401 苎麻天牛	*Paraglenea fortunei* (Saunders, 1853)	388
402 台湾狭天牛	*Stenhomalus taiwanus* Matsushita, 1933	389
403 台湾筒天牛	*Oberea formosana* Pic, 1911	390
404 暗翅筒天牛	*Oberea fuscipennis* (Chevrolat, 1852)	391
405 黑腹筒天牛	*Oberea nigriventris* Bates, 1873	391
406 黑翅脊筒天牛	*Nupserha infantula* (Ganglbauer, 1890)	392
407 菊小筒天牛	*Phytoecia rufiventris* Gautier, 1870	392
408 黑点粉天牛	*Olenecamptus clarus* Pascoe, 1895	393
409 苜蓿多节天牛	*Agapanthia amurensis* Kraatz, 1879	394
叶甲科	**Chrysomelidae**	**394**
410 黑足厚缘肖叶甲	*Aoria nigripes* (Baly, 1860)	394
411 斑鞘豆叶甲	*Pagria signata* (Motschulsky, 1858)	395
412 甘薯肖叶甲	*Colasposoma dauricum* Mannerheim, 1849	396
413 褐足角胸肖叶甲	*Dactylispa fulvipes* (Motschulsky, 1861)	397
414 茶角胸叶甲	*Basilepta melanopus* (Lefèvre, 1893)	398
415 黑额光叶甲	*Smaragdina nigrifrons* (Hope, 1842)	399
416 梨光叶甲	*Smaragdina semiaurantiaca* (Fairmaire, 1888)	400
417 核桃扁叶甲	*Gastrolina depressa* Baly, 1859	401
418 蒿金叶甲	*Chrysolina aurichalcea* (Mannerheim, 1825)	402
419 薄荷金叶甲	*Chrysolina exanthematica* (Wiedemann, 1821)	403
420 丽色油菜叶甲	*Entomoscelis adonidis* (Pallas, 1771)	404
421 中华球叶甲	*Nodina chinensis* Weise, 1922	404
422 恶性橘啮跳甲	*Clitea metallica* Chen, 1933	405
423 柑橘潜叶跳甲	*Podagricomela nigricollis* Chen, 1934	406
424 枸橘潜叶跳甲	*Podagricomela weisei* Heikertinger, 1924	407
425 黄曲条跳甲	*Phyllotreta striolata* (Fabricius, 1801)	408
426 黄直条跳甲	*Phyllotreta rectilineata* Chen, 1939	409
427 黄宽条跳甲	*Phyllotreta humilis* Weise, 1887	410
428 油菜蚤跳甲	*Psylliodes punctifrons* Baly, 1874	411
429 枸杞毛跳甲	*Epitrix abeillei* (Baduer, 1874)	412

430	茄毛跳甲	*Epitrix setosella* Fairmaire, 1888	413
431	葱黄寡毛跳甲	*Luperomorpha suturalis* Chen, 1938	414
432	黄胸寡毛跳甲	*Luperomorpha xanthodera* (Fairmaire, 1888)	415
433	二条叶甲	*Medythia nigrobilineata* (Motschulsky, 1860)	416
434	黄斑长跗萤叶甲	*Monolepta hieroglyphica* (Motschulsky, 1858)	417
435	二纹柱萤叶甲	*Gallerucida bifasciata* Motschulsky, 1860	418
436	黑斑柱萤叶甲	*Gallerucida nigropicta* (Fairmaire, 1888)	419
437	三隐头叶甲	*Cryptocephalus trifasciatus* Fabricius, 1787	419
438	葡萄十星叶甲	*Oides decempunctata* (Billberg, 1808)	420
439	宽缘瓢萤叶甲	*Oides maculatus* (Olivier, 1807)	421
440	跗瓢萤叶甲	*Oides tarsata* (Baly, 1865)	422
441	黄足黄守瓜	*Aulacophora indica* (Gmelin, 1790)	423
442	黄足黑守瓜	*Aulacophora lewisii* Baly, 1866	424
443	大猿叶甲	*Colaphellus bowringi* Baly, 1865	425
444	小猿叶甲	*Phaedon brassicae* Baly, 1874	426
445	柳蓝叶甲	*Plagiodera versicolora* (Laicharting, 1781)	427
446	中华萝摩叶甲	*Chrysochus chinensis* Baly, 1859	428
447	茶扁角叶甲	*Platycorynus igneicollis* (Hope, 1843)	429
448	波纹扁角叶甲	*Platycorynus undatus* (Olivier, 1791)	430
449	安氏皱背叶甲	*Abiromorphus anceyi* Pic, 1924	430
450	葡萄沟顶叶甲	*Scelodonta lewisii* Baly, 1874	431
451	椰心叶甲	*Brontispa longissima* (Gestro, 1885)	432
452	长腿食根叶甲	*Donacia provosti* (Fairmaire, 1885)	433
453	枸杞负泥虫	*Lema decempunctata* Gebler, 1830	434
454	蓝负泥虫	*Lema concinnipennis* Baly, 1865	435
455	水稻负泥虫	*Oulema oryzae* (Kuwayama, 1931)	436
456	红分爪负泥虫	*Lilioceris lateritia* (Baly, 1863)	437
457	黑盘锯龟甲	*Basiprionota whitei* (Boheman, 1856)	437
458	甜菜大龟甲	*Cassida nebulosa* Linnaeus, 1758	438
459	甘薯台龟甲	*Cassida circumdata* Herbst, 1790	439
460	甘薯蜡龟甲	*Laccoptera nepalensis* Boheman, 1855	440
461	甘薯梳龟甲	*Aspidimorpha furcata* (Thunberg, 1789)	441
462	枣掌铁甲	*Platypria melli* Uhmann, 1955	442
463	稻铁甲	*Notosacantha armigera* (Olivier, 1808)	443
464	豌豆象	*Bruchus pisorum* (Linnaeus, 1758)	444
465	蚕豆象	*Bruchus rufimanus* Boheman, 1833	445
466	绿豆象	*Callosobruchus chinensis* (Linnaeus, 1758)	446
467	四纹豆象	*Callosobruchus maculatus* (Fabricius, 1775)	447

象甲科   Curculionidae   *447*

- 468 栗实象   *Curculio davidi* Fairmaire, 1878   447
- 469 茶籽象   *Curculio chinensis* (Chevrolat, 1878)   448
- 470 绿鳞象甲   *Hypomeces squamosus* (Fabricius, 1792)   449
- 471 西伯利亚绿象   *Chlorophanus sibiricus* Gyllenhal, 1834   450
- 472 大灰象   *Sympiezomias velatus* (Chevrolat, 1845)   451
- 473 橘灰象   *Sympiezomias citri* Chao, 1977   452
- 474 稻象甲   *Echinocnemus squameus* (Billberg, 1820)   453
- 475 稻水象甲   *Lissorhoptrus oryzophilus* Kuschel, 1951   454
- 476 茶丽纹象甲   *Myllocerinus aurolineatus* Voss, 1937   455
- 477 柑橘斜脊象甲   *Platymycteropsis mandarinus* Fairmaire, 1889   456
- 478 甘薯长足象   *Sternuchopsis waltoni* (Boheman, 1844)   457
- 479 香蕉假茎象甲   *Odoiporus longicollis* (Olivier, 1807)   458
- 480 油菜茎象甲   *Homorosoma asperum* (Roelofs, 1875)   459
- 481 米象   *Sitophilus oryzae* (Linnaeus, 1763)   460
- 482 红棕象甲   *Rhynchophorus ferrugineus* (Olivier, 1790)   461
- 483 鸟粪象   *Alcides trifidus* (Pascoe, 1870)   462
- 484 香蕉根颈象甲   *Cosmopolites sordidus* (Germar, 1823)   462

长角象科   Anthribidae   *463*

- 485 咖啡豆象   *Araecerus fasciculatus* (De Geer, 1775)   463

卷象科   Attelabidae   *464*

- 486 杧果切叶象   *Deporaus marginatus* (Pascoe, 1883)   464
- 487 二色切叶象   *Deporaus bicolor* Voss, 1942   465
- 488 梨象甲   *Rhynchites foveipennis* Fairmaire, 1888   466
- 489 栎长颈象   *Paratrachelophorus chinensis* (Jekel, 1860)   467

三锥象甲科   Brentidae   *468*

- 490 甘薯蚁象甲   *Cylas formicarius* (Fabricius, 1798)   468

鳞翅目   Lepidoptera

麦蛾科   Gelechiidae   *471*

- 491 甘薯麦蛾   *Helcystogramma triannulella* (Herrich-Schäffer, 1854)   471
- 492 黑星麦蛾   *Telphusa chloroderces* Meyrick, 1929   472
- 493 番茄潜叶蛾   *Phthorimaea absoluta* Meyrick, 1917   473
- 494 山楂棕麦蛾   *Dichomeris derasella* (Denis & Schiffermüller, 1775)   474

尖蛾科   Cosmopterigidae   *474*

- 495 禾尖蛾   *Cosmopterix fulminella* Stringer, 1930   474

小潜蛾科	**Elachistidae**	*475*
496 梨瘿华蛾	*Blastodacna pyrigalla* (Yang, 1977)	475

细蛾科	**Gracillariidae**	*476*
497 茶细蛾	*Caloptilia theivota* (Walsingham, 1891)	476
498 荔枝蒂蛀虫	*Conopomorpha sinensis* Bradley, 1986	477
499 金纹细蛾	*Phyllonorycter ringoniella* Matsumura, 1931	478
500 柑橘潜叶蛾	*Phyllocnistis citrella* Stainton, 1856	479

拟潜蛾科	**Bedelliidae**	*480*
501 甘薯潜叶蛾	*Bedellia somnulentella* (Zeller, 1847)	480

潜蛾科	**Lyonetiidae**	*481*
502 旋纹潜叶蛾	*Leucoptera malifoliella* (Costa, 1836)	481

织蛾科	**Oecophoridae**	*482*
503 油茶织蛾	*Casmara patrona* Meyrick, 1934	482

展足蛾科	**Stathmopodidae**	*483*
504 桃展足蛾	*Stathmopoda auriferella* Walker, 1864	483

菜蛾科	**Plutellidae**	*484*
505 小菜蛾	*Plutella xylostella* (Linnaeus, 1758)	484

雕蛾科	**Glyphipterigidae**	*485*
506 葱须鳞蛾	*Acrolepiopsis sapporensis* (Matsumura, 1931)	485

木蠹蛾科	**Cossidae**	*486*
507 咖啡木蠹蛾	*Polyphagozerra coffeae* (Nietner, 1861)	486
508 芳香木蠹蛾	*Cossus cossus* (Linnaeus, 1758)	487

蓑蛾科	**Psychidae**	*488*
509 大蓑蛾	*Eumeta variegate* (Snellen, 1879)	488
510 茶蓑蛾	*Eumeta minuscula* (Butler, 1881)	489
511 茶褐蓑蛾	*Mahasena colona* Sonan, 1935	490
512 白囊蓑蛾	*Chalioides kondonis* Kondo, 1922	491

刺蛾科	**Limacodidae**	*491*
513 艳刺蛾	*Demonarosa rufotessellata* (Moore, 1879)	491
514 黄刺蛾	*Monema flavescens* Walker, 1855	492
515 扁刺蛾	*Thosea sinensis* (Walker, 1855)	493
516 枣奕刺蛾	*Phlossa conjuncta* (Walker, 1855)	494
517 桑褐刺蛾	*Setora postornata* Hampson, 1900	495
518 褐边绿刺蛾	*Parasa consocia* Walker, 1863	496
519 丽绿刺蛾	*Parasa lepida* (Cramer, 1779)	497
520 迹斑绿刺蛾	*Parasa pastoralis* Butler, 1885	498

521 媚绿刺蛾	*Parasa repconda* Walker, 1855	499
522 中国绿刺蛾	*Parasa sinica* Moore, 1877	500
523 两色绿刺蛾	*Parasa bicolor* Walker, 1855	501
524 素刺蛾	*Susica sinensis* (Walker, 1856)	502
525 闪银纹刺蛾	*Miresa fulgida* Wileman, 1910	503
526 迹银纹刺蛾	*Miresa kwangtungensis* Hering, 1931	504
527 纵带球须刺蛾	*Scopelodes contracta* Walker, 1855	505
528 窃达刺蛾	*Darna furva* (Wileman, 1911)	506
529 双线刺蛾	*Cania bilineata* (Walker, 1855)	507
530 白痣姹刺蛾	*Chalcocelis dydima* Solovyev & Witt, 2009	508
531 长腹凯刺蛾	*Caissa longisaccula* Wu & Fang, 2008	509
532 红点龟形小刺蛾	*Narosa nigrisigna* Wileman, 1911	510
533 背刺蛾	*Belippa horrida* Walker, 1865	511

斑蛾科 **Zygaenidae** **512**

534 茶斑蛾	*Eterusia aedea* (Clerck, 1759)	512
535 野茶带锦斑蛾	*Pidorus glaucopis* (Drury, 1773)	513
536 茶六斑褐锦斑蛾	*Soritia pulchella sexpunctata* Waller, 1854	513
537 蝶形锦斑蛾	*Cyclosia papilionaris* (Drury, 1773)	514
538 网锦斑蛾	*Trypanophora semihyalina* Kollar, 1844	515
539 梨叶斑蛾	*Illiberis pruni* Dyar, 1905	516

卷蛾科 **Tortricidae** **517**

540 黄斑长翅卷蛾	*Acleris fimbriana* (Thunberg, 1791)	517
541 茶小卷叶蛾	*Adoxophyes honmai* Yasuda, 1998	518
542 苹小卷叶蛾	*Adoxophyes orana* (Fischer von Röslerstamm, 1834)	519
543 拟小黄卷叶蛾	*Adoxophyes cyrtosema* Meyrick, 1886	520
544 苹果黑痣小卷蛾	*Rhopobota naevana* (Hübner, 1817)	521
545 茶长卷叶蛾	*Homona magnanima* Diakonoff, 1948	522
546 草莓镰翅小卷蛾	*Ancylis comptana* (Frolich, 1828)	523
547 枣镰翅小卷蛾	*Ancylis sativa* Liu, 1979	524
548 草小卷蛾	*Celypha flacipalpana* (Herrich-Schäffer, 1851)	525
549 棉双斜卷蛾	*Clepsis pallidana* (Fabricius, 1776)	526
550 洋桃小卷蛾	*Gatesclarkeana idia* Diakonoff, 1973	526
551 苹果蠹蛾	*Cydia pomonella* (Linnaeus, 1758)	527
552 梨小食心虫	*Grapholita molesta* (Busck, 1916)	528
553 李小食心虫	*Grapholita funebrana* (Treitschke, 1835)	529
554 麻小食心虫	*Grapholita delineana* (Walker, 1863)	530
555 大豆食心虫	*Leguminivora glycinivorella* Matsumura, 1898	531

网蛾科	**Thyrididae**	***532***
556 铃木窗蛾	*Striglina suzukii* Matsumura, 1931	532
螟蛾科	**Pyralidae**	***533***
557 豆荚斑螟	*Etiella zinckenella* (Treitschke, 1832)	533
558 大豆网丛螟	*Teliphasa elegans* (Butler, 1881)	534
559 核桃缀叶螟	*Locastra muscosalis* Walker, 1865	535
560 红云翅斑螟	*Oncocera semirubella* (Scopoli, 1763)	536
561 梨大食心虫	*Nephopteryx pirivorella* Matsumura, 1900	537
562 印度谷螟	*Plodia interpunctella* (Hubner, 1813)	538
563 紫斑谷螟	*Pyralis farinalis* (Linnaeus, 1758)	539
草螟科	**Crambidae**	***539***
564 稻水螟	*Parapoynx vittalis* (Bremer, 1864)	539
565 稻筒水螟	*Parapoynx fluctuosalis* (Zeller, 1852)	540
566 棉水螟	*Elophila interruptalis* (Pryer, 1877)	541
567 稻巢草螟	*Ancylolomia japonica* Zeller, 1877	542
568 早熟禾拟茎草螟	*Parapediasia teterrella* (Zincken, 1821)	543
569 二化螟	*Chilo suppressalis* (Walker, 1863)	544
570 条螟	*Chilo sacchariphagus* (Bajer, 1856)	545
571 稻纵卷叶螟	*Cnaphalocrocis medinalis* (Guenée, 1854)	546
572 棉大卷叶螟	*Haritalodes derogata* (Fabricius, 1775)	547
573 桃蛀野螟	*Conogethes punctiferalis* (Guenée, 1854)	548
574 甜菜白带野螟	*Spoladea recurvalis* (Fabricius, 1775)	549
575 豆荚野螟	*Maruca testulalis* (Geyer, 1832)	550
576 瓜绢野螟	*Diaphania indica* (Saunders, 1851)	551
577 桑绢野螟	*Glyphodes pyloalis* Walker, 1859	552
578 菜螟	*Hellula undalis* (Fabricius, 1794)	553
579 草地螟	*Loxostege sticticalis* (Linnaeus, 1761)	554
580 亚洲玉米螟	*Ostrinia furnacalis* (Guenée, 1854)	555
581 麦牧野螟	*Nomophila noctuella* (Denis & Schiffermuller, 1775)	556
582 油菜角野螟	*Evergestis extimalis* (Scopoli, 1763)	557
583 水稻切叶野螟	*Herpetogramma licarsisalis* (Walker, 1859)	558
584 枇杷扇野螟	*Pleuroptya balteata* (Fabricius, 1798)	558
585 豆蚀叶野螟	*Omiodes indicata* Fabricius, 1775	559
586 圆斑黄缘禾螟	*Cirrhochrista brizoalis* Walker, 1859	559
587 茄黄斑螟	*Leucinodes orbonalis* Guenée, 1854	560
588 紫苏野螟	*Pyrausta phoenicealis* Hübner, 1818	561
589 锈黄缨突野螟	*Udea ferrugalis* Hübner, 1796	562

590 茶须野螟	*Nosophora semitritalis* (Lederer, 1863)	562
591 莩荠白禾螟	*Scirpophaga praelata* (Scopoli, 1763)	563

羽蛾科 **Pterophoridae** **564**

592 甘薯白羽蛾	*Pterophorus niveodactyla* (Pagenstecher, 1900)	564
593 甘薯异羽蛾	*Emmelina monodactyla* (Linnaeus, 1758)	565
594 扁豆羽蛾	*Sphenarches anisodactylus* (Walker, 1864)	565

枯叶蛾科 **Lasiocampidae** **566**

595 波纹杂毛虫	*Kunugia undans* (Walker, 1855)	566
596 天幕毛虫	*Malacosoma neustria* (Linnaeus, 1758)	567
597 苹果枯叶蛾	*Odonestis pruni* (Linnaeus, 1758)	568
598 松大毛虫	*Lebeda nobilis* Walker, 1855	569
599 杨枯叶蛾	*Gastropacha populifolia* (Esper, 1783)	570
600 栗黄枯叶蛾	*Trabala vishnou gigantina* Yang, 1978	571

天蚕蛾科 **Saturniidae** **572**

601 绿尾大蚕蛾	*Actias ningpoana* C. Felder et R. Felder, 1862	572
602 银杏大蚕蛾	*Saturnia japonica* Moore, 1862	573
603 樗蚕蛾	*Samia cynthia* Drury, 1773	574
604 樟蚕	*Eriogyna pyretorum* (Westwood, 1847)	575

蚕蛾科 **Bombycidae** **576**

605 茶蚕	*Andraca bipunctata* Walker, 1865	576
606 野蚕	*Bombyx mandarina* (Moore, 1872)	577
607 白线野蚕蛾	*Theophila religiosa* Helfer, 1837	578
608 一点钩翅蚕蛾	*Mustilia hepatica* Moore, 1879	579

钩蛾科 **Drepanidae** **579**

609 日本双带钩蛾	*Nordstromia japonica* Moore, 1877	579
610 三线钩蛾	*Pseudalbara parvula* Leech, 1890	580
611 白星黄钩蛾	*Tridrepana crocea* (Leech, 1889)	580
612 银星黄钩蛾	*Tridrepana arikana* Matsumura, 1921	581
613 波纹蛾	*Thyatira batis* (Linnaeus, 1758)	582

尺蛾科 **Geometridae** **583**

614 春尺蛾	*Apocheima cinerarius* (Erschoff, 1874)	583
615 大造桥虫	*Ascotis selenaria* (Denis et Schiffermüller, 1775)	584
616 油桐尺蛾	*Biston suppressaria* (Guenée, 1857)	585
617 茶担尺蛾	*Heterarmia diorthogonia* (Wehrli, 1925)	585
618 木橑尺蛾	*Biston panterinaria* (Bremer & Grey, 1853)	586
619 刺槐外斑尺蛾	*Ectropis excellens* (Butler, 1884)	587
620 烤焦尺蛾	*Zythos avellanea* Prout, 1932	587

621 茶尺蛾	*Ectropis obliqua* (Prout, 1915)	588
622 茶银尺蠖	*Scopula subpunctaria* (Herrich-Schäffer, 1847)	589
623 茶用克尺蠖	*Jankowskia athleta* Oberthür, 1884	590
624 桑尺蛾	*Phthonandria atrilineata* (Butler, 1881)	591
625 桑褶翅尺蛾	*Zamacra excavata* (Dyar, 1905)	592
626 枣尺蠖	*Sucra jujuba* Chu, 1979	593
627 大钩翅尺蛾	*Hyposidra talaca* (Walker, 1860)	594
628 拟柿星尺蛾	*Antipercnia albinigrata* (Warren, 1896)	595
629 雪尾尺蛾	*Ourapteryx nivea* Bulter, 1884	596
630 星缘锈腰尺蛾	*Hemithea tritonaria* (Walker, 1863)	596
631 肾纹绿尺蛾	*Comibaena procumbaria* (Pryer, 1877)	597
632 三岔绿尺蛾	*Mixochlora vittata* (Moore, 1867)	598
633 赤线尺蛾	*Culpinia diffusa* (Walker, 1861)	598
634 粗胫翠尺蛾	*Thalassodes immissaria* Walker, 1861	599

天蛾科 **Sphingidae** ***600***

635 芋单线天蛾	*Theretra silhetensis* (Walker, 1856)	*600*
636 鬼脸天蛾	*Acherontia lachesis* (Fabricius, 1798)	601
637 芝麻鬼脸天蛾	*Acherontia styx* Westwood, 1847	602
638 甘薯天蛾	*Agrius convolvuli* (Linnaeus, 1758)	603
639 缺角天蛾	*Acosmeryx castanea* Rothschild & Jordan, 1903	604
640 葡萄缺角天蛾	*Acosmeryx naga* (Moore, 1858)	604
641 赭绒缺角天蛾	*Acosmeryx sericeus* (Walker, 1856)	605
642 黄山鹰翅天蛾	*Ambulyx sericeipennis* Butler, 1875	605
643 栎鹰翅天蛾	*Ambulyx liturata* Butler, 1875	606
644 鹰翅天蛾	*Ambulyx ochracea* Butler, 1885	606
645 葡萄天蛾	*Ampelophaga rubiginosa* Bremer & Grey, 1853	607
646 杧果天蛾	*Amplypterus panopus* Cramer, 1779	608
647 平背天蛾	*Cechenena minor* (Butler, 1875)	608
648 榆绿天蛾	*Callambulyx tatarinovii* Bremer & Grey, 1853	609
649 咖啡透翅天蛾	*Cephonodes hylas* (Linnaeus, 1771)	610
650 豆天蛾	*Clanis bilineata tsingtauica* Mell, 1922	611
651 红天蛾	*Deilephila elpenor* Linnaeus, 1758	612
652 枇杷六点天蛾	*Marumba spectabilis spectabilis* (Bulter, 1875)	613
653 椴六点天蛾	*Marumba dyras* Walker, 1856	613
654 构月天蛾	*Parum colligata* (Walker, 1856)	614
655 盾天蛾	*Phyllosphingia dissimilis* (Bremer, 1861)	615
656 葡萄昼天蛾	*Sphecodina caudata* (Bremer & Grey, 1853)	615
657 芋双线天蛾	*Theretra oldenlandiae* (Fabricius, 1775)	616

658 斜纹天蛾	*Theretra clotho clotho* (Drury, 1773)	617
659 雀纹天蛾	*Theretra japonica* (Biosduval, 1869)	618
660 浙江土色天蛾	*Theretra latreillei lucasii* (Walker, 1856)	619
661 青背斜纹天蛾	*Theretra nessus* (Drury, 1773)	619
舟蛾科	**Notodontidae**	**620**
662 栎掌舟蛾	*Phalera assimilis* (Bremer & Grey, 1852)	620
663 苹掌舟蛾	*Phalera flavescens* (Bremer & Gery , 1853)	621
664 榆掌舟蛾	*Phalera takasagoensis* Matsumura, 1919	622
665 杨扇舟蛾	*Clostera anachoreta* (Denis & schiffermüller, 1775)	623
666 核桃美舟蛾	*Uropyia meticulodina* (Oberthur, 1884)	624
667 梨威舟蛾	*Wilemanus bidentatus* (Wileman, 1911)	625
668 龙眼蚁舟蛾	*Stauropus alternus* Walker, 1855	626
669 梭舟蛾	*Netria viridescens* Walker, 1855	627
拟灯蛾科	**Hypsidae**	**627**
670 方斑拟灯蛾	*Asota plaginota* (Butler, 1875)	627
671 一点拟灯蛾	*Asota caricae* (Fabricius, 1775)	628
672 长斑拟灯蛾	*Asota plana* Walker, 1854	628
灯蛾科	**Arctiidae**	**629**
673 优雪苔蛾	*Cyana hamata* (Walker, 1854)	629
674 煤色滴苔蛾	*Agrisius fuliginosus* Moore, 1872	629
675 巨网灯蛾	*Macrobrochis gigas* Walker, 1854	630
676 八点灰灯蛾	*Creatonotos transiens* (Walker, 1855)	631
677 黑条灰灯蛾	*Creatonotos gangis* (Linnaeus, 1763)	632
678 人纹污灯蛾	*Spilarctia subcarnea* (Walker, 1855)	633
679 尘污灯蛾	*Spilarctia obliqua* Walker, 1855	634
680 星白雪灯蛾	*Spilosoma menthastri* (Denis & Schiffermüller, 1775)	635
681 稀点雪灯蛾	*Spilosoma urticae* (Esper, 1789)	636
682 黄星雪灯蛾	*Spilosoma lubricipedum* (Linnaeus, 1758)	637
683 黄领麻纹灯蛾	*Spilosoma imparilis* Butler, 1877	638
684 红缘灯蛾	*Aloa lactinea* (Cramer, 1777)	639
685 美国白蛾	*Hyphantria cunea* (Drury, 1773)	640
686 大丽灯蛾	*Aglaomorpha histrio* (Walker, 1855)	641
687 首丽灯蛾	*Callimorpha principalis* (Kollar, 1844)	642
688 粉蝶灯蛾	*Nyctemera plagifera* Walker, 1854	643
瘤蛾科	**Nolidae**	**644**
689 枇杷瘤蛾	*Melanographia flexilineata* Hampson, 1898	644
690 臭椿皮蛾	*Eligma narcissus* (Cramer, 1775)	645

691 胡桃豹夜蛾	*Sinna extrema* (Walker, 1854)	646
692 稻穗瘤蛾	*Nola taeniata* Snellen, 1874	646
裳蛾科	**Erebidae**	**647**
693 人心果阿夜蛾	*Achaea serva* (Fabricius, 1775)	647
694 短栉夜蛾	*Brevipecten consanguis* Leech, 1900	647
695 小造桥虫	*Anomis flava* (Fabricius, 1775)	648
696 苎麻夜蛾	*Arcte coerula* (Guenée, 1852)	649
697 橘肖毛翅夜蛾	*Artena dotata* (Fabricius, 1794)	650
698 肖毛翅夜蛾	*Thyas juno* (Dalman, 1823)	651
699 枯安纽夜蛾	*Thyas coronata* (Fabricius, 1775)	652
700 苹眉夜蛾	*Pangrapta obscurata* Butler, 1879	652
701 柿梢鹰夜蛾	*Hypocala deflorata* Fabricius, 1794	653
702 毛胫夜蛾	*Mocis undata* (Fabricius, 1775)	654
703 懈毛胫夜蛾	*Remigia annetta* Butler, 1878	655
704 鸟嘴壶夜蛾	*Oraesia excavata* (Butler, 1878)	656
705 嘴壶夜蛾	*Oraesia emarginata* (Fabricius, 1794)	657
706 斜带三角夜蛾	*Chalciope mygdon* (Cramer, 1777)	658
707 肾巾夜蛾	*Dysgonia praetermissa* Warren, 1913	658
708 石榴巾夜蛾	*Dysgonia stuposa* Fabricius, 1794	659
709 玫瑰巾夜蛾	*Parallelia arctotaenia* (Guenée, 1852)	660
710 分夜蛾	*Trigonodes hyppasia* (Cramer, 1779)	661
711 灰长须夜蛾	*Herminia tarsicrinalis* (Knoch, 1782)	661
712 落叶夜蛾	*Eudocima phalonia* (Linnaeus, 1763)	662
713 艳叶夜蛾	*Eudocima salaminia* Cramer, 1777	663
714 枯艳叶夜蛾	*Eudocima tyrannus* (Guenée, 1852)	663
715 朴变色夜蛾	*Hypopyra feniseca* Guenée, 1852	664
716 变色夜蛾	*Hypopyra vespertilio* (Fabricius, 1787)	664
717 旋目夜蛾	*Spirama retorta* (Clerck, 1759)	665
718 龙眼合夜蛾	*Sympis rufibasis* Guenée, 1852	665
719 象夜蛾	*Grammodes geometrica* (Fabricius, 1775)	666
夜蛾科	**Noctuidae**	**667**
720 甘薯绮夜蛾	*Acontia trabealis* (Scopoli, 1763)	667
721 梨剑纹夜蛾	*Acronicta rumicis* (Linnaeus, 1758)	668
722 果剑纹夜蛾	*Acronicta strigosa* (Denis & Schiffermüller, 1775)	669
723 桃剑纹夜蛾	*Acronicta intermedia* Warren, 1909	670
724 桑剑纹夜蛾	*Acronicta major* (Bremer, 1861)	671
725 甘薯烦夜蛾	*Aedia leucomelas* (Linnaeus, 1758)	672
726 红棕灰夜蛾	*Sarcopolia illoba* (Butler, 1878)	673

727 小地老虎	*Agrotis ipsilon* (Hufnagel, 1766)	674
728 黄地老虎	*Agrotis segetum* (Denis & Schiffermuller, 1775)	675
729 大地老虎	*Agrotis tokionis* Butler, 1881	675
730 白边地老虎	*Euxoa oberthuri* Leech, 1900	676
731 交兰纹夜蛾	*Stenoloba confusa* (Leech, 1889)	676
732 葫芦夜蛾	*Anadevidia peponis* Fabricius, 1775	677
733 银纹夜蛾	*Ctenoplusia agnata* (Staudinger, 1892)	678
734 白条夜蛾	*Ctenoplusia albostriata* (Bremer & Grey, 1853)	679
735 银锭夜蛾	*Macdunnoughia crassisigna* (Warren, 1913)	680
736 莴苣冬夜蛾	*Cucullia pustulata fraterna* Butler, 1878	681
737 棉铃虫	*Helicoverpa armigera* (Hübner, 1808)	682
738 烟青虫	*Helicoverpa assulta* (Guenée, 1852)	683
739 黏虫	*Mythimna separata* (Walker, 1865)	684
740 劳氏黏虫	*Leucania loreyi* (Duponehel, 1827)	685
741 白脉黏虫	*Leucania venalba* Moore, 1867	686
742 甘蓝夜蛾	*Mamestra brassicae* (Linnaeus, 1758)	687
743 稻螟蛉	*Naranga aenescens* Moore, 1881	688
744 大螟	*Sesamia inferens* (Walker, 1856)	689
745 梦尼夜蛾	*Orthosia incerta* Hufnagel, 1766	690
746 联梦尼夜蛾	*Orthosia carnipennis* Bulter, 1878	691
747 宽胫夜蛾	*Protoschinia scutosa* (Denis & Schiffermuller, 1775)	692
748 粉条巧夜蛾	*Ataboruza divisa* (Walker, 1862)	692
749 斜纹夜蛾	*Spodoptera litura* (Fabricius, 1775)	693
750 甜菜夜蛾	*Spodoptera exigua* (Hübner, 1808)	695
751 草地贪夜蛾	*Spodoptera frugiperda* (Smith, 1797)	696
752 淡剑袭夜蛾	*Spodoptera depravata* Butler, 1879	698
753 粉纹夜蛾	*Trichoplusia ni* (Hübner, 1803)	699
754 犁纹黄夜蛾	*Xanthodes transversa* Guenée, 1852	700
755 掌夜蛾	*Tiracola plagiata* (Walker, 1857)	701
鹿蛾科	**Amatidae**	**702**
756 茶鹿蛾	*Amata germana* Felder, 1862	702
757 广鹿蛾	*Amata emma* (Butler, 1876)	702
758 南鹿蛾	*Amata sperbius* Fabricius, 1787	703
759 清新鹿蛾	*Caeneressa diaphana* (Kollar, 1844)	703
760 伊贝鹿蛾	*Ceryx imaon* (Cramer, 1780)	704
毒蛾科	**Lymantriidae**	**704**
761 黑褐盗毒蛾	*Porthesia atereta* Collenette, 1932	704
762 盗毒蛾	*Euproctis similis* (Fuessly, 1775)	705

763 茶白毒蛾	*Arctornis alba* Bremer, 1861	706
764 茶黄毒蛾	*Euproctis pseudoconspersa* Strand, 1923	707
765 折带黄毒蛾	*Euproctis flava* Fabricius, 1775	708
766 乌桕黄毒蛾	*Euproctis bipunctapex* (Hampson, 1891)	709
767 河星黄毒蛾	*Euproctis staudingeri* Leech, 1889	710
768 肾毒蛾	*Cifuna locuples* Walker, 1855	711
769 古毒蛾	*Orgyia antiqua* (Linnaeus, 1758)	712
770 小白纹毒蛾	*Orgyia postica* Walker, 1855	713
771 舞毒蛾	*Lymantria dispar* (Linnaeus, 1758)	714
772 栎毒蛾	*Lymantria mathura* Moore, 1865	715
773 模毒蛾	*Lymantria monacha* (Linnaeus, 1758)	716
774 日本羽毒蛾	*Pida niphonis* (Butler, 1881)	717
775 双线盗毒蛾	*Somena scintillans* Walker, 1856	718
弄蝶科	**Hesperiidae**	**719**
776 香蕉弄蝶	*Erionota torus* Evans, 1941	719
777 幺纹稻弄蝶	*Parnara bada* (Moore, 1878)	720
778 直纹稻弄蝶	*Parnara guttata* (Bremer & Grey, 1853)	721
779 隐纹谷弄蝶	*Pelopidas mathias* (Fabricius, 1798)	722
780 中华谷弄蝶	*Pelopidas sinensis* Mabille, 1877	723
凤蝶科	**Papilionidae**	**724**
781 柑橘凤蝶	*Papilio xuthus* Linnaeus, 1767	724
782 碧凤蝶	*Papilio bianor* Cramer, 1777	726
783 金凤蝶	*Papilio machaon* Linnaeus, 1758	727
784 玉斑凤蝶	*Papilio helenus* Linnaeus, 1758	728
785 玉带凤蝶	*Papilio polytes* Linnaeus, 1758	729
786 宽带凤蝶	*Papilio nephelus* Boisduval, 1836	730
粉蝶科	**Pieridae**	**731**
787 菜粉蝶	*Pieris rapae* (Linnaeus, 1758)	731
788 东方菜粉蝶	*Pieris canidia* (Sparrman, 1768)	732
789 大菜粉蝶	*Pieris brassicae* (Linnaeus, 1758)	733
790 橙黄豆粉蝶	*Colias fieldii* Ménétriès, 1855	734
791 东亚豆粉蝶	*Colias poliographus* Motschulsky, 1860	735
792 云粉蝶	*Pontia edusa* (Fabricius, 1777)	736
793 黄尖襟粉蝶	*Anthocharis scolymus* Butler, 1866	737
蛱蝶科	**Nymphalidae**	**738**
794 苎麻珍蝶	*Acraea issoria* (Hübner, 1819)	738
795 曲纹蜘蛱蝶	*Araschnia doris* Leech, 1892	739

796 波蛱蝶	*Ariadne ariadne* (Linnaeus, 1763)	740
797 尖翅翠蛱蝶	*Euthalia phemius* (Doubleday, 1848)	741
798 大红蛱蝶	*Vanessa indica* (Herbst, 1794)	742
799 小红蛱蝶	*Vanessa cardui* (Linnaeus, 1758)	743
800 黄钩蛱蝶	*Polygonia c-aureum* (Linnaeus, 1758)	744
801 稻眉眼蝶	*Mycalesis gotama* Moore, 1857	745
灰蝶科	**Lycaenidae**	**746**
802 亮灰蝶	*Lampides boeticus* (Linnaeus, 1767)	746
803 蓝灰蝶	*Everes argiades* (Pallas, 1771)	747
804 豆灰蝶	*Plebejus argus* (Linnaeus, 1758)	747

双翅目　Diptera

瘿蚊科	**Cecidomyiidae**	**751**
805 麦黄吸浆虫	*Contarinia tritici* (Kirby, 1798)	751
806 枣瘿蚊	*Dasineura jujubifolia* Jiao & Bu, 2017	752
807 梨卷叶瘿蚊	*Contarinia pyrivora* (Riley, 1886)	753
808 花椒伪安瘿蚊	*Pseudasphondylia zanthoxyli* Mo, Bu & Li, 2007	754
花蝇科	**Anthomyiidae**	**755**
809 菠菜潜叶蝇	*Pegomya cunicularia* (Rondani, 1866)	755
潜蝇科	**Agromyzidae**	**756**
810 番茄斑潜蝇	*Liriomyza bryoniae* (Kaltenbach, 1858)	756
811 美洲斑潜蝇	*Liriomyza sativae* Blanchard, 1938	757
812 葱斑潜蝇	*Liriomyza chinensis* (Kato, 1949)	758
813 豌豆彩潜蝇	*Chromatomyia horticola* (Goureau, 1851)	759
814 麦黑斑潜叶蝇	*Cerodontha denticornis* (Panzer, 1806)	760
815 狗尾草角潜蝇	*Cerodontha setariae* (Spencer, 1959)	761
816 豆叶东潜蝇	*Japanagromyza tristella* (Thomson, 1869)	762
817 豆秆黑潜蝇	*Melanagromyza sojae* (Zehntner, 1900)	763
实蝇科	**Tephritidae**	**764**
818 柑橘小实蝇	*Bactrocera dorsalis* (Hendel, 1912)	764
819 柑橘大实蝇	*Bactrocera minax* (Enderlein, 1920)	765
820 瓜实蝇	*Bactrocera cucurbitae* (Coquillett, 1899)	766
821 具条实蝇	*Bactrocera scutellata* (Hendel, 1912)	767
822 南瓜实蝇	*Bactrocera tau* (Walker, 1849)	768

膜翅目 Hymenoptera

叶蜂科　Tenthredinidae　*771*
823 小麦叶蜂　*Dolerus tritici* Chu, 1949　771
824 桃叶蜂　*Pristiphora sinensis* Wong, 1977　772
825 桃粘叶蜂　*Caliroa matsumotonis* (Harukawa, 1919)　773

瘿蜂科　Cynipidae　*774*
826 栗瘿蜂　*Dryocosmus kuriphilus* Yasumatsu, 1951　774

绒螨目 Trombidiformes

叶螨科　Penthaleidae　*777*
827 麦圆蜘蛛　*Penthaleus major* (Dugès, 1834)　777
828 麦长腿蜘蛛　*Petrobia latens* (Müller, 1776)　778
829 朱砂叶螨　*Tetranychus cinnabarinus* (Boisduval, 1867)　779
830 二斑叶螨　*Tetranychus urticae* Koch, 1836　780
831 柑橘全爪螨　*Panonychus citri* (McGregor, 1916)　781
832 山楂叶螨　*Amphitetranychus viennensis* (Zacher, 1920)　782

跗线螨科　Tarsonemidae　*783*
833 茶黄螨　*Polyphagotarsonemus latus* (Banks, 1904)　783

瘿螨科　Eriophyidae　*784*
834 荔枝瘿螨　*Aceria litchii* (Keifer, 1943)　784
835 栗瘿螨　*Aceria castanis* (Lu, 1984)　785
836 枸杞瘿螨　*Aceria pallida* Kefer, 1964　786

主要参考文献　*787*
中文名索引　*790*
拉丁学名索引　*802*

直 翅 目

（Orthoptera）

直翅目昆虫俗称蝗虫、蟋蟀、蝼蛄、蚱蜢、螽斯、蚤蝼等，大多数种类为植食性，取食植物叶片、根部等部分。其中，许多种类是重要的农业害虫，如中华稻蝗、飞蝗、棉蝗、单刺蝼蛄等。

蝗虫主要以植物叶片为食，多在白天活动，善跳跃，受惊扰后可短距离飞行，亚洲飞蝗和沙漠蝗等种类如在若虫期高密度群集，可形成群居型并进行远距离迁飞。卵多产于土中，喜选择土壤较干燥的田埂、渠堰、荒滩等处，并以卵越冬。低龄若虫有一定的群集性。

蟋蟀主要以植物幼苗、嫩梢、叶片为食，也可为害根系、花、果实等，白天隐藏在洞穴或覆盖物等隐蔽处，夜间觅食、交尾，有较强的趋光性，卵多产于有杂草等覆盖松散的浅表土壤中，以卵在土中越冬。

蝼蛄成虫、若虫均在土中活动，取食播下的种子、幼芽，或将幼苗咬断致死。蝼蛄的活动将表土层窜成许多隧道，可使苗根脱离土壤，失水而死，严重时可造成缺苗断垄。多在夜间活动，有较强的趋光性，飞翔能力弱，以成虫、若虫在土中越冬。

螽斯、蚤蝼等其他类群的直翅目害虫，一般发生量不大，为害程度低。

直翅目害虫的防治，可在秋、春季结合农田基本建设，修整田埂、渠堰，铲除杂草，把土壤中的蝗虫、蟋蟀、蝼蛄等产于土壤中的卵暴露在地面晒干或冻死，也可重新加厚地埂，增加盖土厚度，使孵化后的蝗蝻不能出土。利用蟋蟀、蝼蛄的趋光性，设置杀虫灯进行诱杀。低龄若虫发生期，可重点对田间地头、沟渠及周围荒地杂草中的若虫进行防治，以压低虫口密度，药剂可选择菊酯类，如高效氯氟氰菊酯、氟氯氰菊酯、溴氰菊酯、联苯菊酯等，防治蝼蛄、蟋蟀等地下害虫还可以选择有机磷类杀虫剂，如二嗪磷、毒死蜱、辛硫磷等，拌毒饵诱杀或拌毒土撒施。

001 棉蝗 *Chondracris rosea* (De Geer, 1773)

别　称　大青蝗。

分　布　辽宁、内蒙古、河北、北京、天津、山东、山西、陕西、河南、安徽、江苏、上海、江西、浙江、湖北、湖南、贵州、四川、重庆、福建、台湾、广西、广东、香港、澳门、云南、海南、西藏。

寄　主　棉花、大豆、花生、稻、苎麻等。

形　态　雌成虫体长 62～81 mm，雄成虫体长 44.5～56 mm，体青绿色或黄绿色。头大而短，头顶端钝圆，无中隆线；触角丝状，常超过前胸背板的后缘；前胸背板中隆线较高，由侧面看，上缘呈弧形，侧隆线消失，沟后区略隆起，3 条横沟明显，并且平均割断中隆线；前、后翅均发达，前翅较宽，顶端宽圆，不达到或刚达到后足胫节的中部；后足股节内侧黄色，胫节红色。若虫体形与成虫相似，体鲜嫩黄绿色，头大，身体柔弱。

斑腿蝗科 Catantopidae

成虫背面

成虫侧面

若虫

002　红褐异斑腿蝗　*Diabolocatantops pinguis* (Stål, 1861)

分　布　河北、北京、陕西、山西、河南、江苏、浙江、湖北、湖南、江西、台湾、福建、四川、云南、贵州、广西、广东、香港、澳门、海南、西藏。

寄　主　稻、小麦、甘蔗、棉花、茶、豆科、茄科、荔枝、龙眼等。

形　态　雄成虫体长 24～26.5 mm，雌成虫体长 32～34 mm；体黄褐色或暗褐色；自前胸背板的后缘沿后胸背板侧片具淡色斜纹；后足股节上侧和外侧具 2 个不完整的斑纹，中部斑纹较大，端部斑纹呈斑点状；内侧红色、黄色或橙红色，具 1 个黑斑；后足胫节红色、黄色或橙红色。

成虫背面

成虫侧面

003 绿腿腹露蝗 *Fruhstorferiola viridifemorata* (Caudell, 1921)

分 布 陕西、河南、安徽、江苏、浙江、湖北、湖南、江西、重庆、四川、福建、广东。

寄 主 稻、茶、核桃、山核桃等。

形 态 雄成虫体长 24~26 mm，雌成虫体长 28.5~35 mm，体黄绿色。前胸背板圆柱形，两侧从复眼后至前胸背板各有 1 条黑色条纹。前、中足绿色，后足股节黄褐色或褐色，外侧下膝片端部向后延伸成锐刺。

成虫侧面

成虫背面

004 芋蝗 *Gesonula punctifrons* (Stål, 1861)

分　布　江苏、河南、安徽、浙江、江苏、湖北、湖南、福建、广东、广西、海南、四川、贵州、云南。

寄　主　芋、稻、玉米等。

形　态　雄成虫体长17～18 mm，头小，短于前胸背板，头顶细狭，顶端圆形，眼间距较狭；触角较粗短；复眼卵形；前翅狭长，顶端圆形。雌成虫与雄性同，后胸腹板侧叶在后端略分开。体绿色或草绿色，具黑褐色眼后带。前翅褐色，臀脉域绿色。后足股节黄绿色。后足胫节青蓝色，基部红色。

成虫

若虫

005 中华稻蝗 *Oxya chinensis* (Thunberg, 1815)

别　称　水稻蝗。

分　布　黑龙江、吉林、辽宁、内蒙古、河北、北京、天津、宁夏、甘肃、陕西、山东、山西、河南、安徽、江苏、浙江、上海、江西、湖北、湖南、福建、台湾、重庆、四川、贵州、云南、广西、广东、香港、海南。

寄　主　稻、玉米、高粱、棉花、豆类等。

形　态　成虫体长15～33 mm，雌虫体长19～40 mm，黄绿色、褐绿色、绿色；前翅前缘绿色，余淡褐色；头宽大，卵圆形，颜面隆起宽。复眼卵圆形。幼虫为6龄，少数5龄或7龄。末龄蝗蝻体绿色。

斑腿蝗科 Catantopidae

成虫背面

成虫侧面

若虫

直翅目

斑腿蝗科 Catantopidae

006 长角佛蝗 *Phlaeoba antennata antennata* Brunner von Wattenwyl, 1893

分　布　浙江、江西、贵州、云南、广西、福建、台湾、广东、香港、澳门、海南。

寄　主　玉米等。

形　态　雌成虫体长27～33 mm，雄成虫体长18～21 mm，体棕褐色，触角丝状，暗褐色，顶端淡色，长度超过前胸背板后缘。前后翅发达，超过后足股节端部。后翅基部淡蓝色。

成虫

007 斑角蔗蝗 *Hieroglyphus annulicornis* (Shiraki, 1910)

别　称　蔗蝗。

分　布　陕西、河北、河南、山东、江苏、安徽、浙江、上海、湖北、江西、湖南、四川、贵州、云南、福建、台湾、广西、广东、香港、海南。

寄　主　甘蔗、稻、玉米、粟、高粱、稷、棉花、榴梿等。

形　态　雄成虫体长33～45.5 mm，雌成虫体长46.1～65 mm，体淡绿色或黄绿色。复眼橘红或紫红色，头较大而短，前、后翅长度超过后足股节顶端。后足股节外侧上膝侧片基部有2个黑色小斑，内侧上膝侧片有1个较大的黑斑。

成虫

008 日本黄脊蝗 *Patanga japonica* (I. Bolívar, 1898)

分 布 辽宁、河北、北京、天津、陕西、甘肃、山西、山东、河南、江苏、安徽、浙江、江西、湖北、湖南、四川、重庆、贵州、云南、福建、台湾、广东、广西、海南、西藏。

寄 主 小麦、稻、高粱、豆类、甘薯、甘蔗、茶等。

形 态 雄成虫体长35～45 mm，雌成虫体长47～57 mm，黄褐色至暗褐色。复眼长卵形，其下有黑色斑纹。体背沿中线自头顶至翅尖有明显的淡黄色纵条。前胸背板侧片有2个明显的黄斑，无侧隆线。后翅基部红色，顶端烟色。后足腿节外侧缘上隆线有黑色纵条；后足胫节刺基部黄色，顶端黑色。

斑腿蝗科 Catantopidae

成虫侧面

成虫背面

斑腿蝗科 Catantopidae

009 长翅素木蝗 *Shirakiacris shirakii* (I. Bolívar, 1914)

别　称　素木乌背蝗、长翅希蝗。

分　布　吉林、辽宁、河北、北京、天津、甘肃、陕西、山西、山东、河南、江苏、浙江、安徽、江西、湖北、湖南、四川、重庆、贵州、福建、台湾、广西、广东、新疆。

寄　主　大豆、绿豆、玉米、粟。

形　态　雄成虫体长 22.5～29 mm，雌成虫体长 32.5～41.5 mm，褐色或黑褐色；雄虫前胸背板宽平，前缘较直，后缘弧形；后足股节粗短。雌成虫沿后头和前胸背板具宽而明显的黑色纵条纹。前胸背板在黑色纵条纹的两侧具有较狭的黄色纵条纹。前翅具黑褐色圆斑甚多，后翅本色透明。后足胫节基部之半黄色，顶端半红色。

成虫侧面

成虫背面

010 短角直斑腿蝗 *Stenocatantops mistshenkoi* Willemse, 1968

分 布 陕西、河南、安徽、江苏、浙江、江西、福建、湖北、湖南、四川、重庆、贵州、云南、广东、香港、澳门、台湾。

寄 主 稻、小麦、甘蔗、茶等。

形 态 雄成虫体长25～30 mm，雌成虫体长30～40 mm，体色多为黄褐色。头短于前胸背板，触角较短粗，复眼卵圆形。前胸背板圆柱状，后缘呈钝角状；中隆线明显，被3条横沟切割，后横沟位于中部。前翅较短，其超出后足股节的长度短于前胸背板的长度。后足股节较短粗，外侧中部具淡褐色纵条纹；后足股节下侧及后足胫节橘红色。

斑腿蝗科 Catantopidae

成虫背面

成虫侧面

直翅目 | 011

011 短角外斑腿蝗 *Xenocatantops brachycerus* (Willemse, 1932)

分 布 辽宁、河北、北京、天津、甘肃、陕西、山西、河南、山东、江苏、浙江、上海、江西、湖北、湖南、四川、重庆、贵州、福建、台湾、云南、广西、广东、香港、澳门、海南、西藏。

寄 主 稻、麦类、玉米、棉花、花生、茶、板栗、猕猴桃、桃等。

形 态 成虫体长 17～28 mm，体色黄褐色或暗褐色，触角短，丝状，前胸背板具细颗点，中部略收缩，沿前胸背板侧片的上部和后胸背板侧片具黄色纵条纹，后足股节有 2 条黄白色平行的宽型斜斑，后足股节内侧及胫节红色。

成虫侧面

成虫背面

012 亚洲小车蝗　　*Oedaleus asiaticus* Bey-Bienko, 1941

分　布　黑龙江、吉林、内蒙古、河北、北京、天津、山东、河南、山西、陕西、宁夏、甘肃、青海。

寄　主　玉米、小麦、高粱、粟、马铃薯等。

形　态　雄成虫体长18～25 mm，雌成虫体长28～37 mm，体色多为绿色、灰褐色及暗褐色。头大而短，复眼卵圆形，触角丝状，超过前胸背板的后缘。前胸背板具粗细基本一致的淡色"X"形条纹，前胸背板中隆线略低。前、后翅超过后足股节顶端，前翅具暗黑色斑纹；后翅基部浅黄色，基部之外具一黑褐色轮纹。后足股节上侧具2个浅黑色斑纹，后足胫节为红色，基部色略浅。

成虫背面

成虫侧面

斑腿蝗科 Catantopidae

013 塔达刺胸蝗　*Cyrtacanthacris tatarica tatarica* (Linnaeus, 1758)

分　布　四川、云南、广西、广东、海南、澳门。

寄　主　荔枝、龙眼、杧果等。

形　态　雄成虫体长 40.9～41.9 mm，雌成虫体长 49.9～56.4 mm，体黄褐色。复眼卵形，下方具 1 条暗纵纹。前胸背板中隆线向后有 1 条黄色宽条纹，条纹两侧各具 2 个黑色斑纹，侧叶靠近下缘处具 1 个黑色长斑纹。前翅具黑色斑纹。

成虫

斑翅蝗科 Oedipodidae

014 黄胫小车蝗　*Oedaleus infernalis* Saussure, 1884

分　布　黑龙江、吉林、辽宁、内蒙古、北京、河北、天津、内蒙古、宁夏、甘肃、青海、陕西、山西、山东、河南、江苏、安徽、江西、湖南、四川、重庆、贵州、广西。

寄　主　小麦、稻等。

形　态　雄成虫体长 23～28 mm，雌成虫体长 30～39 mm；体绿色或黄褐色；头短，颜面垂直或微向后倾斜，复眼卵圆形；触角丝状，到达或超过前胸背板后缘；前胸背板中部略窄，中胸腹板侧叶间的中隔较宽；前后翅发达，常超过后足股节，后翅基部淡黄色，中部具有到达后缘的暗色窄带纹，雄虫后翅顶端呈褐色。

成虫

015 飞蝗 *Locusta migratoria* (Linnaeus, 1758)

别　称　亚洲飞蝗

分　布　辽宁、吉林、河北、北京、天津、甘肃、宁夏、陕西、山西、山东、河南、江苏、安徽、浙江、江西、湖北、湖南、四川、重庆、贵州、云南、福建、台湾、广西、广东、香港、澳门、海南、青海、新疆、西藏。

寄　主　麦类、高粱、玉米、粟、大豆等。

形　态　体形较大，有群居型、散居型、中间型 3 种类型；群居型体色为黑褐色，前胸背板中隆线较平直或微凹，雌成虫体长 47.5～58 mm，雄成虫体长 42～47 mm；散居型体色为绿色至黄褐色，前胸背板中隆线呈弧形隆起，雌成虫体长 52～62 mm，雄成虫体长 41～52 mm；中间型体色为灰色，成虫头部较大，颜面垂直，前翅狭长，超过后足胫节中部，有褐色、暗色斑纹。

斑翅蝗科 Oedipodidae

成虫

成虫头面

蝗蝻

016 云斑车蝗 *Gastrimargus marmoratus* (Thunberg, 1815)

分 布 吉林、辽宁、河北、北京、甘肃、陕西、山西、山东、河南、江苏、安徽、浙江、江西、湖北、湖南、四川、重庆、贵州、云南、广西、广东、福建、台湾、香港、海南、西藏。

寄 主 稻、麦、玉米、高粱、棉花、甘蔗、柑橘、苜蓿等。

形 态 雄成虫体长 26～33 mm，雌成虫体长 36～51 mm。体通常绿色、枯草色或黄褐色，具有大块黑色或白色斑纹。前胸背板中隆线具宽黑纵纹，背板两侧具黑纵纹。前翅前缘绿色，其余部分褐色，密布暗色斑纹。后翅基部鲜黄色，中部具宽的黑褐色轮纹状。后足胫节上侧绿色，外侧黄褐，内侧和底侧污黄色。

成虫

成虫侧面

017 花胫绿纹蝗 *Aiolopus thalassinus tamulus* (Fabricius, 1798)

分　布　内蒙古、辽宁、吉林、河北、北京、天津、宁夏、甘肃、陕西、山西、山东、河南、江苏、安徽、浙江、上海、江西、湖北、湖南、福建、台湾、四川、贵州、云南、广西、广东、香港、澳门、海南、西藏。

寄　主　小麦、玉米、甘蔗、高粱、稻、棉花、大豆、茶、柑橘等。

形　态　雄成虫体长15～21.5 mm，雌成虫体长20～29 mm，暗褐色至黄褐色。头的侧面在复眼下常有绿斑，前胸背板上有"X"形纹；前翅狭长，有黑色大斑，基部近前缘处有鲜绿色纵纹；后足股节内侧有2个黑斑，膝黑色，后胫节基部1/3黄色，中部蓝色，顶端鲜红色。

斑翅蝗科 Oedipodidae

成虫背面

成虫侧面

斑翅蝗科 Oedipodidae

018　粉股尖翅蝗　*Epacromius pulverulentus* (Fischer von Waldheim, 1846)

分　布　黑龙江、吉林、辽宁、内蒙古、河北、北京、天津、宁夏、甘肃、陕西、山西、河南、山东、江苏、安徽、上海、江西、湖南、青海、新疆。

寄　主　小麦、粟、玉米、高粱、苜蓿、大豆等。

形　态　雄成虫体长13.7～15.6 mm，雌成虫体长20.0～24.7 mm，体暗黄色、黄褐色或黄绿色。前胸背板变化较多，有些个体条纹暗褐色，不明显；有些纵条纹为黄色或红色，明显；有的背板具有明显的"X"形纹。前翅发达，较远地超过后足股节端部。

成虫

成虫

019　疣蝗　*Trilophidia annulata* (Thunberg, 1815)

分　布　除新疆外的其他省份均有分布。
寄　主　玉米、小麦、稻、甘蔗、甘薯、棉花等。
形　态　雄成虫体长 12～17 mm，前翅 12～19 mm；雌成虫体长 15～26 mm，前翅 15～25 mm；头短。头顶较宽，顶端钝圆，前端低凹，同颜面隆起的纵沟相连。头侧窝明显，三角形。头后在复眼之间具 2 个粒状突起。复眼卵形，大而突出。触角丝状，细长；前胸背板前狭后宽，前缘略突，后缘近于直角。

斑翅蝗科 Oedipodidae

成虫背面

成虫侧面

直　翅　目

020 黑翅竹蝗 *Ceracris fasciata fasciata* (Brunner von Wattenwyl, 1893)

别　称　白角竹蝗。

分　布　江西、湖南、福建、台湾、广西、广东、香港、澳门、云南、海南。

寄　主　茶、玉米等。

形　态　雄成虫体长 17～21 mm，雌成虫体长 28～29 mm，体黄绿色。触角黑色，丝状，雄性到达后足股节基部，雌性到达前胸背板后缘，顶端淡色。复眼后及前胸背板侧面具宽黑色眼后带，头背面具宽黄绿色纵条纹。前翅前缘脉域、亚前缘脉域绿色。后足股节淡红褐色，膝部黑色。

成虫背面

成虫侧面

021 黄脊竹蝗 *Ceracris kiangsu* Tsai, 1929

分 布 陕西、河南、安徽、江苏、浙江、湖北、湖南、江西、贵州、四川、重庆、云南、广西、广东、福建、台湾、海南。

寄 主 稻、玉米、甘薯、豆类、甘蔗、桑、瓜类等。

形 态 雄成虫体长 28.5～31.5 mm，雌成虫体长 34～40 mm，体绿色或黄绿色。触角黑色，顶端淡色。头部背面及前胸背板中央具明显的淡黄色纵纹。前翅暗红色，其长超过后足胫节顶端。后足股节黄绿色，膝部黑色，膝前环黄色，环后具黑色环。

网翅蝗科 Arcypteridae

成虫侧面

成虫腹面

直翅目

022 青脊竹蝗　　Ceracris nigricornis nigricornis Walker, 1870

分　布　甘肃、陕西、河南、江苏、安徽、浙江、江西、湖北、湖南、贵州、重庆、四川、云南、福建、广西、广东。

寄　主　稻、玉米、高粱、桑、芋等。

形　态　雄成虫体长15.5～17 mm，雌成虫体长32～37 mm，体翠绿色或暗绿色。头顶较突出，呈锐角形。触角细长，黑色，达后足股节基部，触角顶淡色；前胸背板侧隆线全长明显；前翅发达，超过后足股节顶端较远。后足股节下侧淡红色，膝前环边具黑色环，后足胫节淡青蓝色。

成虫背面

成虫侧面

023 褐色雏蝗 *Chorthippus brunneus brunneus* (Thunberg, 1815)

分　布　黑龙江、吉林、辽宁、内蒙古、河北、北京、陕西、宁夏、甘肃、山西、山东、河南、四川、青海、新疆、西藏。

寄　主　小麦、稷、莜麦、苜蓿等。

形　态　雄成虫体长 14～18 mm，雌成虫体长 20～25 mm，体褐色。前胸背板背面平，侧隆线在沟前区呈角形或弧形弯曲，侧隆线处具黑纹。前翅褐色，前、后翅长度超过后足股节端部。后足股节内侧有黑色斜纹，胫节黄褐色。

网翅蝗科 Arcypteridae

成虫背面

成虫侧面

024 素色异爪蝗 *Euchorthippus unicolor* (Ikonnikov, 1913)

分　布　黑龙江、吉林、辽宁、河北、山西、陕西、宁夏、甘肃、青海、河南。

寄　主　苜蓿等。

形　态　雄成虫体长 13.1~17 mm，雌成虫体长 18.7~23 mm，体黄绿色或褐绿色。触角细长，超过前胸背板后缘。复眼后具不明显纵带，前胸背板侧隆线具不明显暗色条纹。前翅黄绿色或黄褐色，前、后翅短，雄成虫达肛上板基部，雌成虫达后足股节中部。

成虫

025 宽翅网翅蝗 *Arcyptera meridionalis* Ikonnikov, 1911

分　布　黑龙江、吉林、辽宁、内蒙古、甘肃、青海、河北、北京、天津、陕西、山西、山东、河南。

寄　主　粟、穄、玉米、高粱。

形　态　雄成虫体长 23~28 mm，雌成虫体长 35~39 mm，体黄褐色或黑褐色。头背具黑色"八"字形纹。触角丝状，长度超过前胸背板后缘。前胸背板侧隆线在沟前区向中部弯曲。前翅具细碎黑色斑点，前缘脉域具白色纵纹。后组股节黄褐色，具3个暗斑。

成虫

026 短额负蝗 *Atractomorpha sinensis sinensis* Bolívar, 1905

别　称　中华负蝗、尖头蚱蜢、括搭板。
分　布　除新疆、西藏外，我国各省份均有发生。
寄　主　大豆、花生、芝麻、稻、麦类、烟草等。
形　态　成虫体长20～30 mm，绿色或褐色。头尖削，绿色型自复眼起向斜下有1条粉红纹。体表有浅黄色瘤状突起；后翅基部红色。若虫共5龄。5龄若虫前胸背面向后方突出较大，形似成虫。

锥头蝗科 Pyrgomorphidae

成虫绿色个体

成虫褐色个体

若虫

剑角蝗科 Acrididae

027 中华剑角蝗　　*Acrida cinerea* Thunberg, 1815

别　称　中华蚱蜢、异色剑角蝗。

分　布　黑龙江、吉林、辽宁、内蒙古、河北、北京、天津、山西、陕西、甘肃、宁夏、山东、河南、安徽、江苏、浙江、上海、湖北、湖南、江西、福建、广东、广西、四川、重庆、贵州、云南、台湾、香港、澳门。

寄　主　稻、玉米、高粱、粟、豆类、甘蔗、花生、棉花等。

形　态　雄成虫体长 30～47 mm，雌成虫体长 58～81 mm。雄前翅长 25～36 mm，雌前翅长 47～65 mm。头圆锥形，颜面极倾斜，颜面隆起极狭，全长具纵沟。头顶突出，顶圆。触角剑状。复眼长卵形。前胸背板宽平，具细小颗粒。前翅发达，超过后足股节的顶端，顶尖锐。体绿色或褐色。绿色个体在复眼后、前胸背板侧面上部、前翅肘脉域具淡红色纵条；褐色个体前翅中脉域具黑色纵条。后翅淡绿色。后足股节和胫节绿色或褐色。雌性体大型，粗壮。

成虫绿色个体

成虫褐色个体

若虫

028 日本蚱 *Tetrix japonica* (Bolívar, 1887)

分 布 黑龙江、吉林、辽宁、北京、内蒙古、青海、陕西、宁夏、甘肃、河北、陕西、山东、江西、浙江、湖北、湖南、台湾、福建、广西、广东。

寄 主 稻、蔬菜等。

形 态 成虫体长 8~10 mm，体暗黄褐色，颜面垂直，触角丝状，复眼圆形且外突，前胸背板后突，短于腹部的长度；前翅卵形，后翅较为发达；体黄褐色或暗褐色，前背板部分个体无斑纹，也有部分个体有 2 个方形黑斑。

蚱科 Tetrigidae

成虫背面

成虫侧面

029 单刺蝼蛄 *Gryllotalpa unispina* Saussure, 1874

别　称　华北蝼蛄

分　布　黑龙江、吉林、辽宁、北京、内蒙古、宁夏、甘肃、陕西、山西、河北、山东、河南、安徽、上海、江苏、浙江、湖北、江西、新疆、西藏。

寄　主　小麦、棉花、大豆、花生、甘薯等。

形　态　成虫体长 38～55 mm，雄虫稍小，体黑褐色。前翅短，后翅长，伸出腹部末端如尾状。前足股节外侧腹缘在端部明显内弯，后足胫节背面内侧有 0～2 个距。

成虫

030 东方蝼蛄 *Gryllotalpa orientalis* Burmeister, 1838

分　布　除新疆外，我国各省份均有发生。

寄　主　小麦、棉花、大豆、花生、甘薯等。

形　态　成虫体长 25～35 mm，体黄褐色；前胸背板中央有 1 个心形、凹陷、不明显的暗红色斑；前翅短，后翅长，伸出腹部末端如尾状。后足胫节背面内侧有 3～4 个距。

成虫

031 长瓣树蟋 *Oecanthus longicauda* Matsumura, 1904

分 布 黑龙江、辽宁、吉林、内蒙古、陕西、北京、河北、山东、河南、江苏、浙江、江西、湖北、湖南、四川、贵州、云南。

寄 主 烟草等。

形 态 成虫体长 9.8~10.2 mm，体型纤细，淡绿色至黄褐色。头小，口器前口式，触角丝状，远长于体长。前胸背板狭长，向后稍扩宽；雄性后胸背板具 1 个大的圆形腺窝。前翅透明膜质，在雄性中明显拓宽。足细长。腹部狭长，腹面黑褐色或紫黑色。

雌成虫

雄成虫

032 黄脸油葫芦 *Teleogryllus emma* (Ohmschi et Matsummura, 1951)

别　称　北京油葫芦。

分　布　吉林、北京、河北、山西、陕西、甘肃、山东、河南、江苏、安徽、浙江、上海、湖北、湖南、福建、广东、广西、贵州、四川、云南、海南、香港。

寄　主　白菜、甘蓝、大豆等。

形　态　成虫体长 30～36 mm，体黑褐色，头顶黑色，两复眼内方有"八"字形的橙黄色条纹。前胸背板黑褐色。前翅黑褐色具油光，后翅发达伸出腹端如长尾。

雌成虫

雄成虫

033　花生大蟋　*Tarbinskiellus portentosus* (Lichtenstein, 1796)

别　称　华南大蟋蟀、台湾大蟋蟀、巨蟋蟀。

分　布　陕西、江苏、浙江、四川、贵州、云南、台湾、福建、广西、广东、海南、青海、西藏。

寄　主　花生、玉米、稻、大麦、小麦、瓜类、豆类、棉花、麻类、烟草、木薯、甘蔗等。

形　态　雌成虫体长35～42 mm，雄成虫略小，体黄褐色至赤褐色；头半圆形，前胸背板前缘后凹呈缓弧形，背区密布刻点，两侧各有1个三角形斑纹。足粗壮，前足胫节外侧有1个大的卵形听器。

成虫

034　虎甲蛉蟋　*Trigonidium cicindeloides* Rambur, 1838

分　布　陕西、上海、江苏、浙江、湖北、湖南、四川、贵州、云南、广西、福建、台湾、广东、海南。

寄　主　稻、小麦、豆类、甘薯、棉花、甘蔗等。

形　态　成虫体长5 mm左右；体黑色，有光泽；头部及前胸背板具白色绒毛；后翅长，远超腹部末端，常脱落；各足腿节黄色，前中足胫节黑色。

成虫

蟋蟀科 Gryllidae

蛉蟋科 Trigonidiidae

直翅目 031

035 双带金蛉蟋 *Svistella bifasciata* (Shiraki, 1911)

别　称　双带唧蛉蟋、金蛉子。

分　布　陕西、河南、安徽、江苏、浙江、上海、江西、湖北、湖南、四川、广西、贵州、云南、海南、台湾。

寄　主　大豆、甘蔗。

形　态　体长约 5.8～7.2 mm。体淡褐色，复眼突出。前胸背板侧缘近乎平行，背面有褐斑，雄性前翅光亮，侧缘和发音区黑褐色。后足股节外侧具 2 条暗色条纹。

雄成虫

雌成虫

036 绿背覆翅螽 *Tegra novaehollandiae viridinata* (Stal,1874)

别　称　卡氏覆翅螽、深褐拟叶螽。

分　布　陕西、湖北、安徽、浙江、江西、湖南、贵州、四川、广西、云南、福建、广东、海南。

寄　主　梨、板栗、山核桃等（产卵于枝干中，产卵痕可引起树皮腐烂）。

形　态　成虫体长 25～38.2 mm。体黑褐色或浅褐色。触角同体色，具间隔的浅褐色环纹。前翅远超腹部末端，具褶皱和黑褐色斑点，部分个体一些翅脉附近呈现墨绿色斑。雌性具宽阔的马刀状产卵瓣。

成虫

若虫

037 斑翅草螽 *Conocephalus maculatus* (Le Guilou, 1841)

别　称　黑斑草螽。

分　布　北京、河北、江苏、上海、浙江、湖北、江西、湖南、福建、台湾、四川、贵州、云南、广西、广东。

寄　主　稻、玉米、高粱、粟、甘蔗、大豆、花生、棉花、梨等。为害取食嫩茎、叶、花和果实。

形　态　成虫体长 25～28 mm，浅黄褐色或绿色。前胸背板背面后部为较强的扇形拓展，前翅侧面具明显的黑褐色斑点。

成虫绿色个体

成虫褐色个体

成虫侧面

成虫头面

若虫

038 日本条螽 *Ducetia japonica* (Thunberg, 1815)

别　称　普通条螽、日本条露螽。
分　布　除新疆、青海外，我国各省份广泛分布。
寄　主　南瓜、丝瓜、茶、向日葵等。
形　态　成虫体长 32～46 mm。体黄色、褐色或绿色。雄性头部至前翅背面黄褐色，雌性则为白色的细纵带。前翅狭长，后翅明显超出前翅。

成虫背面

成虫侧面

半 翅 目

(Hemiptera)

半翅目昆虫俗称椿象、蝉、叶蝉、沫蝉、蜡蝉、蚜虫、木虱、介壳虫、粉虱等，多为植食性，以口器刺入植物组织，吸食叶片、茎秆、花器、果实等部位的汁液，造成破叶、枯心、落花落果、果实畸形、长势衰弱、植株矮小甚至死亡等。蚜虫、木虱、介壳虫等的排泄物因含有较多的糖分，容易滋生霉菌，还可以引起煤污病，影响光合作用。部分种类还可以传播植物病毒，以蚜虫、飞虱、叶蝉、粉虱和木虱等昆虫传毒最普遍，引起的病毒病造成的损失甚至比直接为害造成的损失更大。

半翅目害虫大多生活在植物枝叶或花果上，部分生活于虫瘿内或土壤中，多数为多食性，可以为害多种作物，少数是寡食性或单食性。多数种类白天活动，少数夜间活动。蚜虫、木虱、介壳虫有较强的群集性，其他种类多分散生活，或低龄若虫期群集生活。

1年发生1代或多代，少数几年发生1代，以成虫或卵越冬。繁殖方式多数为两性卵生，但蚜虫、粉虱和介壳虫等能进行孤雌卵胎生或孤雌卵生，可出现全年孤雌生殖或世代交替。蝉、叶蝉和飞虱等有发达产卵瓣，将卵产于植物组织内或土中；蚜虫、介壳虫、木虱、粉虱和蟥等无特化产卵瓣，将卵产于寄主表面。卵单粒或窝产。粉虱和蚧类的1龄若虫触角和足发达，到处爬动，进行扩散，当它蜕皮变为2龄若虫进行固定生活时，触角和足退化。成虫常具有较强的趋光性。

半翅目害虫的防治，冬春季可结合田间管理，铲除田边杂草，剪除产卵枝和被害严重的有虫枝条，压低越冬虫口密度。合理进行作物布局，避免害虫嗜好的寄主作物大面积插花种植或连作。利用蚜虫、粉虱等害虫的趋性，设置黄板和杀虫灯诱杀成虫。科学合理地保护和利用天敌，释放瓢虫、蚜小蜂、赤眼蜂、草蛉等天敌昆虫进行防治。药剂防治应掌握在害虫发生初期开展，蝉科、蜡蝉科、蛾蜡蝉科、广翅蜡蝉科、叶蝉科、蟥类昆虫可选用啶虫脒、噻虫嗪、噻虫胺、噻嗪酮、氟啶虫酰胺、氟啶虫胺腈、烯啶虫胺、双丙环虫酯、三氟苯嘧啶、高效氯氟氰菊酯、联苯菊酯、二嗪磷、喹硫磷等，蚜虫、粉虱、木虱、介壳虫等害虫，一年发生代数多，用药频繁，药剂的选择压力偏大，易产生抗药性，药剂应注意轮换使用。不同作物、不同种类的害虫，使用药剂也有一定的区别，应注意避免产生药害。

039　黑蚱蝉　*Cryptotympana atrata* (Fabricius, 1775)

别　称　黑蝉、蚱蝉、知了。

分　布　内蒙古、天津、北京、河北、陕西、山东、河南、江苏、安徽、浙江、重庆、四川、湖北、江西、湖南、台湾、福建、广西、广东、云南、海南。

寄　主　苹果、梨、桃、李、杏、山楂、樱桃、柿、栗、柑橘、枇杷、荔枝、葡萄、桑、花椒等。

形　态　成虫体长38~48 mm，体漆黑色，翅透明，基部翅脉金黄色。除第8、第9节外，腹部侧缘及各腹节后缘均为黄褐色。

蝉科 Cicadidae

成虫为害状

成虫背面

成虫头部腹面

半　翅　目

040 黄蚱蝉 *Cryptotympana mandarina* Distant, 1891

分　布　浙江、江西、湖北、湖南、贵州、四川、云南。

寄　主　柑橘、花椒。

形　态　成虫体长44 mm左右，翅展115 mm左右；体黑色，头冠前缘冠面相交处有4个黄色斑点；前翅透明，基半部黄褐色；腿节环状斑黄色，后足胫节除基部和端部外黄色。

成虫背面

成虫侧面

产卵痕

产卵致小枝枯死

卵

041 安蝉 *Chremistica ochracea* (Walker, 1850)

分 布 广西、广东、海南、福建、台湾、香港。

寄 主 洋桃等。

形 态 成虫体长 20～23 mm，体绿色或褐色；复眼大，淡褐色，复眼间具 3 个红色单眼，头部前缘有 1 条黑色边线。前后翅透明无斑纹，前缘及翅脉绿色或黄褐色。

蝉科 Cicadidae

成虫背面

成虫侧面

成虫头面

042 蒙古寒蝉 *Meimuna mongolica* (Distant, 1881)

分　布　陕西、甘肃、河北、北京、河南、山东、江苏、上海、安徽、浙江、江西、湖南、广西、福建。

寄　主　桑、柑橘等。

形　态　成虫体长 28～35 mm，体背灰褐色，有绿色斑纹。中胸背板中央有 5 条黑色纵纹，中央的纵纹细长、矛状。前后翅透明，翅脉褐色，翅基膜及后翅基部绿色。

成虫背面

成虫侧面

成虫头面

043　蟪蛄　*Platypleura kaempferi* (Fabricius, 1794)

别　称　褐斑蝉、斑翅蝉。

分　布　甘肃、山西、陕西、辽宁、天津、北京、河北、河南、山东、江苏、上海、安徽、浙江、江西、湖北、湖南、四川、贵州、云南、台湾、福建、广东、广西、海南。

寄　主　苹果、梨、山楂、桃、李、梅、柿、核桃、柑橘、桑等。

形　态　成虫体长 20～25 mm，头和胸暗绿色，有黑色斑纹。前胸背板侧缘明显角状突出。前翅具黑褐色云状斑纹，基半部深褐色，后翅外缘无色透明，其余褐色不透明。

蝉科 Cicadidae

成虫侧面

成虫背面

044　绿草蝉　*Mogannia hebes* (Walker, 1858)

分　布　内蒙古、河南、浙江、江西、江苏、安徽、湖北、四川、湖南、台湾、福建、广西、广东。

寄　主　油茶、桑、柿、甘蔗、稻、大豆、茶、柑橘等。

形　态　成虫体长 10～15 mm，体色多样，有绿色、绿褐色、黄绿色等；头部前缘略呈三角形，身体覆盖金色鳞毛；复眼淡灰褐色，复眼旁具黑色斑点或斑纹，单眼淡黄色。前胸背板棕色，前胸背板中纹及前胸缘片绿色。

成虫背面

成虫侧面

成虫头面

045 红蝉 *Huechys sanguinea* (De Geer, 1773)

分　布　陕西、河南、湖北、江苏、浙江、江西、福建、台湾、广东、海南、广西、湖南、四川、云南。

寄　主　油茶、柑橘、桑、龙眼、柿、栗、石榴等。

形　态　成虫体长约 25 mm，头部黑色，额唇基橙红色，复眼黑色；中胸背板两侧有 2 个橙斑；腹部橙红色，翅膀黑色。足黑色。

成虫背面

成虫侧面

046 黑圆角蝉　*Gargara genistae* Fabricius, 1775

别　称　黑角蝉、圆角蝉、桑梢角蝉。
分　布　我国各省份广泛分布。
寄　主　柑橘、桃、山楂、枣、柿、枸杞、桑、大豆等。
形　态　成虫体长 3.9～5.5 mm，体褐色至黑褐色，密生黄色细毛。前胸背板呈圆形鼓起，胸部侧面有稠密的灰白色至浅黄褐色斜立细毛，中后胸两侧及腹基部常有绵毛组成的白斑。前翅无色透明，基部褐色至黑褐色。

聚集为害

成虫侧面

成虫背面

047 锥形禾草铲头沫蝉 | *Clovia conifera* (Walker, 1851)

别　称　松尖铲头沫蝉、条纹柯沫蝉。
分　布　黑龙江、安徽、江西、四川、贵州、云南、福建、广东。
寄　主　桑、玉米、稻、咖啡等。
形　态　成虫体长6～8 mm，头部呈锥形，腹端尖狭；体褐色，头部背面及前胸背板具4～6条黑褐色的条状斑纹；小盾板有1个褐色圆斑；前翅侧缘具一斜向的白色宽带，其端部有1个大白斑。

成虫背面

成虫侧面

048 刘氏长头沫蝉 *Abidama liuensis* Metcalf, 1961

分 布 安徽、贵州。

寄 主 稻。

形 态 成虫体长 8~9 mm；头胸黑色有光泽；小盾片三角形，中部隆起；前翅黑褐色，从爪缝下明显有下陷，近基部有 2 个橙黄色斑，近端部雌虫有一大一小 2 个橙黄色斑，雄虫仅有 1 个橙黄色斑。

成虫侧面

雌成虫

雄成虫

049 稻赤斑沫蝉 *Callitettix versicolor* (Fabricius, 1794)

分　布　陕西、河南、安徽、湖北、浙江、江西、湖南、福建、广东、广西、四川、重庆、贵州、云南。

寄　主　稻、玉米、高粱、甘蔗、大豆、油菜、甘薯、烟草、油茶等。

形　态　成虫体长 11～14 mm，体漆黑色，具光泽。前翅革质，漆黑色，近基部有 2 个白斑。雌虫近端部有一大一小 2 个红斑，雄虫近端部只有 1 个红斑。足和腹部黑色。

沫蝉科 Cercopidae

成虫侧面

雌成虫

雄成虫

沫蝉科 Cercopidae

050 橘黄稻沫蝉 *Callitettix braconoides* (Walker, 1858)

别　称　黄禾沫蝉、竹禾沫蝉。
分　布　安徽、重庆、四川、贵州、云南。
寄　主　甘蔗等禾本科植物。
形　态　成虫体长约 12 mm，体橙黄色。前翅橙黄色，端部 1/5 黑色。胸部腹板及足橙黄色，但各足跗节黑色，前足腿节端部、胫节黑色，中足腿节和胫节连接处、胫节端部黑色，后足胫节端部黑色。

成虫背面

成虫侧面

051　东方丽沫蝉　*Cosmoscarta abdominalis* (Donovan, 1798)

分　布　湖南、广西、广东、海南。

寄　主　油茶、龙眼、荔枝。

形　态　成虫体长 14～17 mm，头及前胸背板紫黑色具光泽；小盾片橘黄色，前翅黑色，翅基或翅端部网状脉纹区之前各有 1 条橘黄色横带，翅基的极阔，近三角形，翅端之前的 1 条较窄，呈波状。

沫蝉科 Cercopidae

成虫背面

成虫侧面

052 斑带丽沫蝉 *Cosmoscarta bispecularis* (White, 1844)

别　称　桑黑斑沫蝉、桑赤斑沫蝉。

分　布　陕西、河南、江苏、上海、安徽、浙江、湖北、重庆、四川、贵州、湖南、江西、台湾、福建、云南、广西、广东、海南。

寄　主　玉米、油茶、向日葵、桑、桃、茶、咖啡等。

形　态　成虫体长13～15 mm；头部、前胸背板；头颜面极鼓起，两侧有横沟；复眼黑色，单眼小而黄色；前胸背板近前缘有2个小黑斑，有时融合，近后缘有2个近长方形的大黑斑；前翅橘红色，但网状区黑色，基部到网状区之间有7个黑斑，基部1个黑斑，其他6个分为两横列，并趋于融合。

成虫侧面

成虫背面

成虫头面

053　红基隆沫蝉　*Cosmoscarta exultans* (Walker, 1858)

别　称　黑胸丽沫蝉。
分　布　江苏、安徽、江西、湖南、四川、贵州、福建。
寄　主　核桃等。
形　态　成虫体长约 11 mm，翅展约 26 mm，体黑色；小盾片红色，微隆起；前翅灰白色半透明，基域血红色，翅基部和中域各有 3 个黑斑，端区黑色。

成虫背面

成虫侧面

054 葡萄斑叶蝉 *Arboridia apicalis* (Nawa, 1913)

别　称　葡萄二星叶蝉、葡萄小叶蝉、葡萄二点叶蝉。

分　布　我国各省份均有发生。

寄　主　葡萄、苹果、梨、桃、山楂、樱桃等。

形　态　成虫体长 3 mm 左右，全身淡黄白色，散生淡褐色斑纹。头前伸，呈纯三角形，头上有 2 个黑色圆斑。小盾板上有 2 个较大的黑斑。前翅为淡黄白色，翅面有不规则形状的淡褐色斑纹。老熟若虫黄白色，长约 2 mm。

成虫

成虫

若虫

若虫聚集为害

为害状

055 葡萄二黄斑叶蝉 *Arboridia koreacola* (Matsumura, 1932)

分 布 辽宁、河北、河南、山东、陕西、山西、江苏、安徽、浙江、湖北。

寄 主 葡萄、苹果、李、梨、樱桃、山楂等。

形 态 成虫体连翅长 2.6~3.1 mm；复眼黑褐色，头顶有 2 个明显的圆形黑斑；前胸背板前缘有 3 个圆形黑斑；小盾片两侧各有 1 个三角形黑褐色斑。前翅黄褐色，端部淡黑褐色，两翅合拢时，中间有 2 个近圆形淡黄褐色斑。

叶蝉科 Cicadellidae

成虫背面

成虫侧面

056 中华阿小叶蝉 *Arboridia sinensis* Guglielmino et al., 2012

分 布 云南。

寄 主 花椒。

形 态 成虫体连翅长 3.4～3.7 mm，头冠黄色，两侧各有 1 个黑褐色斑纹，复眼黑色；小盾片黄色，有 2 个近三角形黑斑；前、后翅浅黄色至浅褐色，半透明。低龄若虫半透明状，浅黄白色至淡黄色，末龄若虫前胸背板及翅芽黑褐色，第 1—4 腹节背面有黑褐色斑纹，从前胸背板至第 4 腹节有 1 条明显的淡黄色中线。

成虫

成虫

若虫聚集为害

若虫

为害状

057 棉叶蝉 *Amrasca biguttula* (Ishida, 1913)

别　称　棉二点叶蝉、棉浮尘子、二点浮尘子、茄叶蝉。
分　布　除新疆外，我国各省份均有发生。
寄　主　棉花、茄、番茄、马铃薯、豆类、烟草、桑、葡萄、柑橘等。
形　态　成虫体长约 3 mm，淡黄绿色。头冠中长与复眼间宽接近相等，在近前缘处有 2 个小黑点，黑点四周白色。前翅黄绿色透明，端部色略灰暗，端部近爪片末端处有 1 个明显的黑色小斑点。5 龄若虫体长约 2 mm，头部复眼内侧有 2 条斜走黄色隆线。

叶蝉科 Cicadellidae

成虫

成虫

若虫

058 小贯小绿叶蝉　　*Empoasca onukii* Matsuda, 1952

分　布　山东、河南、江苏、安徽、浙江、江西、重庆、湖北、湖南、四川、台湾、福建、贵州、广西。

寄　主　茶。

形　态　成虫体连翅长 3.1～3.8 mm；冠缝明显，几达头冠前缘，头冠中有 2 个绿色晕圈；前翅淡黄绿色，翅端透明，微烟黑色。5 龄若虫体长 2.0～2.2 mm，体黄绿色至草绿色。

成虫侧面

成虫背面

若虫

059 小绿叶蝉 *Empoasca flavescens* Fabricius, 1794

- **别　称**　桃叶蝉、桃小浮尘子、桃小绿叶蝉。
- **分　布**　我国各省份均有发生。
- **寄　主**　棉花、桃、杏、李、樱桃、梅、茄、菜豆、十字花科蔬菜、马铃薯、甜菜、葡萄等。
- **形　态**　成虫体长 3.3～3.7 mm，淡黄绿色至绿色。复眼灰褐色至深褐色，无单眼。前胸背板及小盾片淡鲜绿色。前翅近透明，淡黄白色；后翅透明、膜质。若虫体长 2.5～3.5 mm，形态与成虫相似。

叶蝉科 Cicadellidae

成虫背面

成虫侧面

若虫

半　翅　目

060 桃一点斑叶蝉 *Singapora shinshana* (Matsumura, 1932)

分　布　黑龙江、吉林、辽宁、内蒙古、陕西、甘肃、河北、北京、河南、山东、安徽、上海、江苏、浙江、江西、湖北、湖南、重庆、四川、贵州、台湾、福建、广西、广东。

寄　主　桃、李、杏、梨、山楂、苹果、杨梅等。

形　态　成虫体长 3.0～3.3 mm，体淡黄色、黄绿色或暗绿色；头部向前成钝角突出，端角圆，头冠顶端有 1 个大而圆的黑色斑。若虫体长 2.4～2.7 mm，淡黑绿色，复眼紫黑色，翅芽绿色。

群集为害

成虫背面

成虫侧面

若虫

为害状

061 桑斑叶蝉 *Tautoneura mori* (Matsumura, 1910)

分 布 陕西、北京、山东、江苏、安徽、浙江、四川。

寄 主 桑、枣、葡萄、桃、李、梅、柑橘、柿等。

形 态 成虫体连翅长 2.7～2.9 mm，头顶中央有 2 条纵纹；体背浅黄色，具淡黄色和黑褐色斑纹。

叶蝉科 Cicadellidae

成虫

若虫

062 电光叶蝉 *Maiestas dorsalis* (Motschulsky, 1859)

分 布 河北、山西、甘肃、山东、陕西、河南、江苏、上海、安徽、浙江、湖北、重庆、四川、贵州、湖南、江西、福建、台湾、广东、广西、云南、海南。

寄 主 稻、玉米、高粱、粟、甘蔗、小麦、大麦等。

形 态 成虫体长3～4 mm，黄白色；头部黄白色，复眼浅褐色至红褐色；小盾片浅灰色，基角处各具1个浅黄褐色斑点；前翅淡灰黄色，有1条闪电状黄褐色带，周缘色浓。

成虫背面

成虫侧面

若虫

063 条沙叶蝉 *Psammotettix striatus* (Linnaeus, 1758)

分 布 除广东、广西、云南外，我国各省份均有发生。

寄 主 小麦、大麦、黑麦、青稞、燕麦、莜麦、稷、粟、高粱、玉米、稻等。

形 态 成虫体长 4～4.5 mm，灰黄色。头部近前缘有 1 对三角形淡褐色斑纹，斑纹后连接深褐色的中线，中线两侧的中部各有 1 大形不规则褐色斑块；后缘处有 1 对暗褐色豆点形斑纹。复眼深褐色，单眼赤褐色。若虫 3 龄后翅芽显露。

叶蝉科 Cicadellidae

成虫背面

成虫侧面

064 横带叶蝉 *Scaphoideus festivus* Matsumura, 1902

分　布　内蒙古、甘肃、陕西、河南、江苏、浙江、安徽、湖北、湖南、江西、福建、台湾、广东、广西、四川、贵州、云南、海南。

寄　主　稻等禾本科植物。

形　态　成虫体长5～5.5 mm，黄白色，具有黄褐色带状条纹；头冠黄白色，沿前缘有1个黑色横纹，两复眼间有1条黄褐色宽带；前胸背板黄白色，两侧缘具黑点；前翅黄褐色，前缘色浅，半透明，翅面散生灰白色及黑褐色斑纹。

成虫背面

成虫头面

065 窗翅叶蝉 *Mileewa margheritae* Distant, 1908

分 布 陕西、甘肃、安徽、湖北、浙江、台湾、福建、江西、湖南、贵州、重庆、四川、云南、广西、广东、海南。

寄 主 玉米等。

形 态 成虫体连翅长 4.4~5.8 mm，头胸部背面及前翅黑色；小盾片基半部黑色，端半部黄白色；前翅后缘中部、端 2 室和端 3 室基部各有 1 个白色透明斑，其中后缘中部斑大；胸腹部腹面及足黄白色。

成虫展翅

成虫侧面

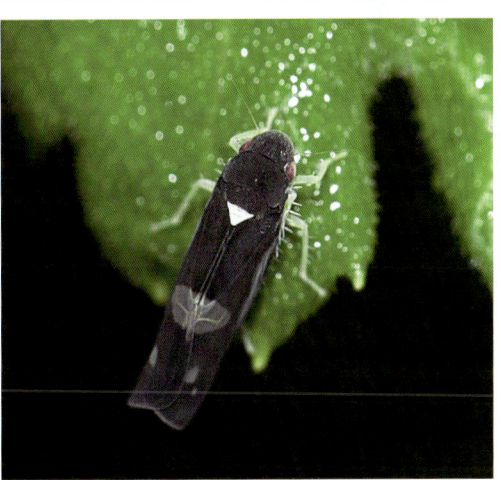

成虫背面

066 大青叶蝉 *Cicadella viridis* (Linnaeus, 1758)

别　称　青叶跳蝉、青叶蝉、大绿浮尘子。

分　布　我国各省份均有发生。

寄　主　食性极杂，可为害160多种植物，包括大豆、花生、稻、玉米、高粱、苹果、梨、柿、桑等。

形　态　成虫体长7～10 mm，雌虫体略大。体青绿色，头淡黄色，颜面淡褐色，两单眼间有2个黑斑；小盾片淡黄绿色，中间有1个横刻纹；前翅绿色，翅端灰白色，半透明。老熟若虫体长6～7 mm，淡黄绿色，胸、腹部背面有4条暗褐色纵纹。

成虫背面

成虫侧面

成虫腹面

成虫头面

若虫

067 黑尾叶蝉 *Nephotettix cincticeps* Uhler, 1896

分 布 我国各省份均有发生。

寄 主 稻、茭白、慈姑、小麦、大麦、看麦娘等。

形 态 成虫体长 4.5～6 mm，黄绿色；头冠复眼间有一黑色横带；前翅鲜绿色，雄虫翅末 1/3 处为黑色，雌虫翅端部淡褐色。末龄若虫体长 3.5～4.0 mm，雄虫腹背黑褐，雌虫淡褐色，头顶有数个褐色斑，中、后胸背面中央各有一倒"八"字形褐纹。

雄成虫

雌成虫

成虫头面

若虫

若虫

068 二条黑尾叶蝉　　*Nephotettix nigropictus* (Stål, 1870)

分　布　我国各省份均有发生。

寄　主　稻、小麦、甘蔗、茭白、柑橘等。

形　态　成虫体长 4～5 mm，黄绿色，具有光泽，体形与二点黑尾叶蝉相似，但头冠有黑色亚缘带；前胸背板和小盾片前缘通常黑色；前翅中部沿爪缝具黑斑。

成虫背面

成虫侧面

069 二点黑尾叶蝉　*Nephotettix virescens* (Distant, 1908)

分　布　我国各省份均有发生。

寄　主　稻、甘蔗、茭白、小麦、粟、柑橘等。

形　态　成虫体长 4～4.5 mm，体黄绿色，具光泽。头冠前缘微淡白色，无黑色亚缘横带；前翅淡蓝绿，前缘淡黄绿色，雄虫前翅端部 2/5 为黑色，中部稍偏基部处有 1 个黑色大斑，雌虫翅端部为淡黄褐色，中部黑点缺如；雄虫腹部背、腹板几乎全为黑色，雌虫胸、腹部腹面全为草黄色。

成虫

070 黑颜单突叶蝉　*Olidiana brevis* (Walker, 1851)

分　布　浙江、湖北、湖南、贵州、四川、云南、福建、广西、广东、海南。

寄　主　龙眼、荔枝。

形　态　成虫体长约 7 mm，体黑褐色，头冠部颜色较浅；前翅深褐色，具 2 条黄色横带，1 条位于前翅基部，1 条位于爪片末端。

成虫

071 色条大叶蝉 *Atkinsoniella opponens* (Walker, 1851)

分　布　江西、福建、广东、海南、广西、重庆、四川、贵州、云南。
寄　主　大豆等。
形　态　成虫体连翅长 4.5～5.5 mm，翠绿色；头冠前缘两侧各具 1 个黑色圆形斑，中央近后缘处有 1 个小菱形黑斑或无；复眼黑色，单眼黄褐色，周围有黑色环；前胸背板前端和基部各具 1 条黑色横带；前翅前缘、后缘、端缘区及爪缝淡黑褐色，亚前缘区有 1 条透明带纹，在革片和爪片中央各有 1 条淡黑褐色宽纵带。

成虫背面

成虫侧面

072 白边大叶蝉 *Kolla atramentaria* (Motschulsky, 1859)

别　称　黑胸边大叶蝉。
分　布　黑龙江、吉林、辽宁、贵州、广东、台湾。
寄　主　稻、茶、麦类、甘蔗、棉花、桑、葡萄、柑橘等。
形　态　成虫体连翅长 6.3～7.7 mm；头、胸部背面黑色；雄成虫小盾片尖角黄褐色，雌成虫小盾片中央有 1 个纵线纹，端半部侧缘及端角灰白色，一些个体中央纵纹宽且端半部全部灰白色；前翅前缘白色透明边宽而明显。

叶蝉科 Cicadellidae

成虫背面

成虫侧面

成虫头胸部

073　黑尾大叶蝉　*Bothrogonia ferruginea* (Fabricius, 1787)

分　布　辽宁、吉林、河北、山东、河南、江苏、浙江、安徽、江西、湖北、四川、贵州、云南、广东、台湾。

寄　主　茶、桑、甘蔗、高粱、玉米、甘薯、油茶、葡萄、柑橘、梨、苹果、桃、大豆、向日葵等。

形　态　成虫体长约13 mm；头部、前胸背板、小盾片橙黄色，头冠中央近后缘有1个明显的圆形黑斑，顶端有1个黑斑；前胸背板有3个黑斑；小盾片中央有1个黑斑；前翅橙黄色稍带褐色，端部黑色。

成虫背面

成虫侧面

若虫

074　琼凹大叶蝉　*Bothrogonia qiongana* Yang & Li, 1980

分　布　贵州、广西、广东、海南。
寄　主　油茶。
形　态　成虫体连翅长 13～15 mm，体橙黄色至红棕色；头、胸部橙黄色，头冠基域中部二单眼间有 1 个圆形黑斑，顶端具 1 个长方形黑斑；前胸背板前缘中部有 1 个黑色斑点，基缘具 2 个较大的黑斑，侧面居中各有 1 个大的不规则形黑斑，少数个体不明显；小盾片中域有 1 个黑斑，尖端黑色；前翅橙黄色或棕红色。

叶蝉科 Cicadellidae

成虫背面

成虫侧面

075　凹缘菱纹叶蝉　*Hishimonus sellatus* (Uhler, 1896)

分　布　辽宁、甘肃、山西、陕西、北京、河北、河南、安徽、浙江、江西、湖北、重庆、四川、贵州、广西、台湾、福建、广东。

寄　主　桑、枣、柑橘、草莓、稻、大豆、芝麻、绿豆、茄、马铃薯等。

形　态　成虫体连翅长3.9～4.6 mm；头和前胸淡黄色微绿，在头冠近前缘处有一浅横槽，头冠前缘有1对横纹，后缘有2个斑点。前翅后缘中部有1个近三角形深色斑，两翅合拢时略呈菱形；翅端部暗褐色。

成虫背面

成虫侧面

076 龙眼扁喙叶蝉　*Idioscopus clypealis* (Lethierry, 1889)

分　布　四川、云南、广西、广东、福建、台湾、海南。
寄　主　龙眼、杧果。
形　态　成虫体连翅长 3.7～3.9 mm，体黄褐色；头冠黄绿色，复眼黑色；小盾片端部浅黄色，两基角带有黑色三角形斑纹；前翅褐色。

叶蝉科 Cicadellidae

成虫背面

成虫侧面

若虫

077 杧果扁喙叶蝉　*Idioscopus nitidulus* (Walker, 1870)

别　称　杧果叶蝉、杧果短头叶蝉。
分　布　福建、台湾、云南、广西、广东、海南。
寄　主　杧果。
形　态　成虫体连翅长 4.4～5 mm，体褐色；头冠淡褐色带有白色斑纹，复眼灰色；前胸背板浅褐色，带有白色、黑色斑纹；小盾片基部有 3 个黑色三角形斑纹；前翅褐色，基部和中部具白色条纹。

成虫背面

成虫侧面

成虫头冠

078 茶扁叶蝉 *Penthimia theae* Matsumura, 1912

- **别 称** 端斑乌叶蝉。
- **分 布** 山东、河南、安徽、浙江、贵州、福建、台湾。
- **寄 主** 茶、油茶。
- **形 态** 成虫体连翅长 3.8～4.3 mm，卵圆形，略扁平；头、胸部背面淡黄褐色，密布黑褐色网纹；腹部上、下面，头、胸部腹面及足黑色；前翅透明，翅脉黑褐色，具 3 条黑褐色蛙纹状横带，翅端部第 2、第 3、第 4 端室中各有一黑褐色小点。

叶蝉科 Cicadellidae

成虫背面

成虫侧面

079 褐飞虱 *Nilaparvata lugens* (Stål, 1854)

分　布　除黑龙江、内蒙古、青海、新疆外，我国各省份均有分布。

寄　主　稻。

形　态　长翅型成虫体连翅长3.6～5 mm，短翅型成虫体长约2.5 mm，体黄褐色至黑褐色；头顶近方形，中胸背板褐色至黑褐色；短翅型成虫前翅伸达腹部第6—7节。若虫共5龄，3—5龄若虫黄褐色至黑褐色，腹部背面有浅色"山"字形斑纹。

长翅型成虫背面

长翅型成虫侧面

短翅型成虫

若虫

田间大量发生

080　灰飞虱　*Laodelphax striatellus* (Fallén, 1826)

分　布　我国各省份均有分布。

寄　主　稻、小麦、玉米、高粱、甘蔗、粟等。

形　态　成虫长翅型体长 4～5 mm，短翅型体长 2.4～2.6 mm，具翅斑。雄成虫小盾片黑色，雌成虫小盾片中央淡黄色或黄褐色，两侧各有 1 个半月形深褐色斑纹。若虫灰黄至黄褐色，腹部背面两则色稍深，中央色浅淡。

飞虱科 Delphacidae

雄成虫

雌成虫

若虫

081 白背飞虱 *Sogatella furcifera* (Horváth, 1899)

分 布 我国各省份均有分布。

寄 主 稻、小麦、玉米、甘蔗、高粱、粟、茭白、稗、李氏禾、看麦娘等。

形 态 长翅型成虫体连翅长3.5～4.6 mm，短翅型成虫体长2.7～3.5 mm，头顶长方形，显著突出于复眼前方，小盾片中央姜黄色或黄白色，两侧为黑褐色；短翅型成虫前翅伸达腹部第6节。若虫共5龄，腹部背面中央有1个灰色"丰"字形斑纹。

长翅型成虫背面

长翅型成虫侧面

成虫头面

短翅型成虫

若虫

082 稗飞虱　　Sogatella vibix (Haupt, 1927)

分　布　辽宁、吉林、河北、陕西、甘肃、河南、山东、江苏、安徽、浙江、湖南、湖北、江西、福建、台湾、广东、广西、海南、贵州、四川、云南。

寄　主　稻、稗草等。

形　态　长翅型成虫体长 2～2.7 mm，体淡黄褐色或黄白色。前翅透明，无翅斑。头顶、前胸背板和中胸背板中部淡黄褐色或黄白色，中胸背板两侧色深。触角和足淡黄褐色。

成虫背面

成虫侧面

083 玉米花翅飞虱　　*Peregrinus maidis* (Ashmead, 1890)

分　布　贵州、福建、台湾、广东、海南。

寄　主　玉米等。

形　态　成虫体长 2.2～2.6 mm，头、前、中胸背板土黄色至淡橙黄色，前、中胸背板两侧色较深。前翅略具淡黄褐色晕，几乎透明，翅斑黑褐色，长翅型成虫端区自横脉中部沿近后缘至翅端具黑褐色弧形斑。各足基节和腿节暗褐色至黑褐色，胫节、腹节淡黄褐色。短翅型成虫前翅端部黑褐色。若虫淡黄白色。

长翅型成虫

短翅型成虫

若虫

084　长绿飞虱　*Saccharosydne procerus* Matsumura, 1931

分　布　吉林、辽宁、北京、河北、山西、四川、陕西、河南、山东、上海、江苏、安徽、湖北、湖南、浙江、江西、福建、云南、广西、广东、海南。

寄　主　茭白、稻等。

形　态　雄成虫体长5~6.1 mm，雌成虫体长5.7~7 mm，细长，体淡绿色，复眼、单眼黑色或红褐色。前胸背板、中胸小盾片各具纵脊3条。若虫共5龄，初乳白色稍透明，1龄后有蜡粉，5龄前翅芽完全覆盖后翅芽。

飞虱科 Delphacidae

成虫背面

成虫侧面

卵

低龄若虫

若虫聚集为害

085 甘蔗扁飞虱　　Eoeurysa flavocapitata Muir, 1913

分 布　广东、广西、福建、海南。

寄 主　甘蔗、高粱。

形 态　成虫体长约 4 mm，头顶、前胸背板、翅基片黄白色，其余部位暗褐色或黑褐色；前翅 2/3 处浅褐色，末端 1/3 处具 1 条黄白色横带；后足胫距有缘齿 17～19 个。末龄若虫体长约 3.2 mm，淡黄色，扁长椭圆形；腹部末 2 节背板深褐色；前足、中足黑褐色，后足淡黄色。

成虫

若虫

086 斑衣蜡蝉 *Lycorma delicatula* (White, 1845)

别　称　樗鸡、椿皮蜡蝉。
分　布　吉林、辽宁、北京、天津、河北、山西、陕西、宁夏、甘肃、河南、山东、江苏、安徽、浙江、江西、湖北、湖南、福建、台湾、四川、重庆、贵州、云南、广西、广东、海南、西藏。
寄　主　葡萄、花椒、樱桃、石榴、苹果、海棠、山楂、桃、杏、李、香椿、臭椿等。
形　态　成虫体长 15~20 mm，雄虫较小。复眼黑色向两侧突出。触角 3 节，红色。前翅革质，有黑斑 20 余个，端部黑色，脉纹淡白色。后翅基部 1/3 红色。初孵若虫白色，不久即变为黑色，体上有许多小白斑。第 4 龄若虫体背呈红色，翅芽显露。

蜡蝉科 Fulgoridae

成虫

成虫

成虫展翅

蜡蝉科 Fulgoridae

卵块

初孵若虫

低龄若虫

高龄若虫

葡萄叶片受害状

087　龙眼鸡　　*Pyrops candelaria* (Linnaeus, 1758)

别　称　龙眼蜡蝉、龙眼樗鸡。
分　布　江西、湖南、云南、贵州、福建、广西、广东、海南。
寄　主　龙眼、荔枝、橄榄、杧果、柚等。
形　态　成虫体长 37～42 mm，体色艳丽。头额延伸如长鼻，额突背面红褐色，腹面黄色，散布许多白点。前翅底色黑褐色，翅脉绿色，翅基部有 1 条黄色横带，近基部 1/3 处有 2 条黄色横带，前翅端半部散布着十多个大小不一的橙黄色圆斑，横带和圆斑边缘常围有白色蜡粉。

蜡蝉科 Fulgoridae

成虫背面

成虫侧面

088 拉氏东方蜡蝉 Pyrops lathburii (Kirby, 1818)

别　称　枇果蜡蝉、枇果鸡。
分　布　福建、广东、海南、广西、云南。
寄　主　枇果。
形　态　成虫体长 24～41 mm，头突黑色，顶端形成 1 个淡黄色的小球；前翅墨绿色，散布许多大小不一的橙红色斑，斑点周围有白边；后翅橙黄色，顶端 1/3 黑褐色。

成虫背面

成虫侧面

成虫展翅

089 粉白粒脉蜡蝉 *Nisia atrovenosa* (Lethierry, 1888)

别　称　粉白花虱、花稻虱、雪白粒脉蜡蝉、莎草花虱。

分　布　陕西、甘肃、江苏、浙江、安徽、湖南、江西、四川、福建、广东、云南、贵州。

寄　主　稻、甘蔗、茭白、棉花、柑橘等。

形　态　成虫体长约4 mm，淡褐色；头顶有2条明显的纵隆线；小盾片灰褐色，中线稍隆起；前翅宽大，灰白色，不透明，翅脉褐色，明显。

粒脉蜡蝉科 Meenoplidae

成虫侧面

成虫背面

成虫头面

090 红袖蜡蝉 *Diostrombus politus* Uhler, 1896

别　称　红长翅蜡蝉。

分　布　黑龙江、吉林、辽宁、甘肃、山东、江苏、安徽、浙江、江西、湖南、湖北、四川、重庆、云南、贵州、台湾、福建、海南。

寄　主　玉米、稻、小麦、粟、高粱等。

形　态　成虫体长约 4 mm，翅展约 18 mm，体金红色；头部明显窄于前胸背板，复眼银灰色；小盾片较大，具 3 条纵脊；前翅茶褐色，透明，前缘色略深，翅脉褐色；后翅大小不及前翅 1/3；足细长，淡红色，前中足胫节、跗节均为褐色；腹部赤红色，雄成虫尾器钳状、发达，端部褐色，尖端黑褐色。

成虫头面

成虫侧面

成虫背面

091 甘蔗斑袖蜡蝉 *Proutista moesta* (Westwood, 1851)

分 布 福建、台湾、广东、云南、海南。

寄 主 甘蔗。

形 态 成虫体连翅长 6～7 mm，体黑色，略带褐色。头顶、额、唇基中部的大部分、触角、前胸背板的中脊、中胸背板后缘、腹部背面末端黄白色至黄褐色。前翅深褐色，前缘具圆形或长方形透明斑 13 个左右，中域长条形斑 6 个，后缘不规则形斑 5～6 个。后翅淡褐色，半透明。

袖蜡蝉科 Derbidae

成虫头面

成虫侧面

092　月纹象蜡蝉　*Orthopagus lunulifer* (Uhler, 1896)

分　布　北京、山东、江苏、浙江、福建、广东、广西、云南、四川、西藏。
寄　主　桑、油茶。
形　态　成虫体连翅长 11～15 mm，体黄褐色，具褐色斑点，有时色浅，仅头部具黑褐色斑；中胸背板具 3 条纵脊，小盾片端部白色；翅透明，翅痣处具三角形黑斑，翅外缘大部至臀角黑色；前、中足胫节具黑褐色环斑。

成虫背面

成虫侧面

093 瘤鼻象蜡蝉 *Saigona fulgoroides* (Walker, 1858)

分 布 北京、山东、江苏、安徽、浙江、江西、湖北、湖南、台湾、福建、贵州、四川、广西、广东。

寄 主 桑。

形 态 成虫体连翅长约 15 mm；头向前平直突出，中部有 3 对瘤状突起，端部呈棒槌形；复眼深褐色。中胸背板有一乳黄色纵带；翅透明，前翅翅痣深褐色。

成虫背面

成虫侧面

094 伯瑞象蜡蝉 *Raivuna patruelis* Stål, 1859

别　称　伯瑞彩象蜡蝉、苹果象蜡蝉。

分　布　黑龙江、吉林、辽宁、新疆、北京、河北、甘肃、陕西、山西、山东、河南、江苏、安徽、浙江、江西、湖北、湖南、贵州、四川、云南、台湾、福建、广西、广东、海南。

寄　主　稻、甘蔗、桑、甘薯、苹果、杧果等。

形　态　成虫体长8～11 mm，头尖而长，头喙背面和腹面具3条绿色带，但头背中带仅在两复眼间可见；前、中胸背板具5条绿色纵带，带间黄棕色；腹背常具黑斑；翅透明。

成虫侧面

成虫背面

成虫头面

095 斑帛菱蜡蝉 *Borysthenes maculatus* (Matsumura, 1914)

- **分 布** 安徽、四川、湖南、台湾、福建、广西、广东。
- **寄 主** 茶、柑橘。
- **形 态** 成虫体连翅长约 8 mm；头、胸黄色，复眼红色；前翅宽阔，灰白色，半透明，散布有许多不规则的大型褐斑。

成虫背面

成虫侧面

096 恶性席瓢蜡蝉 *Dentatissus damnosus* (Chou & Lu, 1985)

分 布 辽宁、北京、陕西、山西、山东、江苏、安徽、湖北、四川、贵州、云南、广东。

寄 主 苹果、梨、枣、桑、玉米等。

形 态 成虫体连翅长 4.9～6.4 mm，体黄褐色至褐色。前胸背板暗褐色，中线两侧各具 1 个小凹陷点；中胸背板淡黄褐色至褐色。前翅褐色，具暗褐色斑，翅中部明显隆起，端部斜截形。前、中足暗褐色，后足褐色。若虫腹末有 1 束白色或杂有褐色的蜡丝。

成虫背面

成虫侧面

若虫

097 扇扁足瓢蜡蝉 *Neodurium postfasciatum* Fennah, 1956

分　布　湖北、云南。

寄　主　花椒。

形　态　成虫体长 5～6 mm，褐色；头顶近长方形，前缘钝角突出，后缘近直角凹入；复眼黑褐色，椭圆形；前胸背板淡黄色，前缘圆弧形，后缘略弧形，前缘中部、后缘中部和两侧有深色斑；前翅暗褐色，前缘近顶角处和近基角处各有一半透明区，翅脉黄褐色；足黄褐色，间有黑褐色斑纹，前足股节端部叶状膨胀，具暗褐色黑带，前足胫节具近叶状边缘。低龄若虫红色，体背颜色较浅；老熟若虫体褐色，密布黄白色斑点，腹末有 1 对肛梳。

瓢蜡蝉科 Issidae

成虫

低龄若虫

高龄若虫

098 白蛾蜡蝉 *Lawana imitata* (Melichar, 1902)

别　称　白翅蜡蝉、紫络蛾蜡蝉。

分　布　湖北、浙江、台湾、云南、福建、广西、广东。

寄　主　柑橘、荔枝、龙眼、杧果、桃、李、梅、波罗蜜、咖啡、石榴、无花果、木瓜、梨、胡椒等。

形　态　成虫体长 16~21 mm，黄白色或淡绿色，被白色蜡粉。头尖，触角刚毛状，复眼圆形黑褐色。中胸背板上具 3 条纵脊。前翅略呈三角形，粉绿色或黄白色，具蜡光。

成虫黄白色个体

成虫淡绿色个体

099 碧蛾蜡蝉 *Geisha distinctissima* (Walker, 1858)

别　称　黄翅羽衣、橘白蜡虫、碧蜡蝉。

分　布　吉林、辽宁、河北、山西、陕西、河南、山东、江苏、安徽、浙江、湖北、湖南、江西、福建、四川、贵州、云南、广西、广东、海南、台湾。

寄　主　茶、油茶、柑橘、龙眼、栗等。

形　态　成虫淡绿色，雌成虫体长7～8 mm，雄成虫体长6～7 mm。触角基部2节粗，端部呈芒状，复眼紫褐色。中胸背板有4条赤褐色纵纹，中间2条较明显。前翅近长方形，翅脉丰富，呈赤褐色。

蛾蜡蝉科 Flatidae

成虫侧面

成虫背面

100 褐缘蛾蜡蝉　　Salurnis marginella (Guérin-Méneville, 1829)

别　称　绿蛾蜡蝉、褐边蛾蜡蝉、青蛾蜡蝉。

分　布　河南、安徽、福建、浙江、湖南、湖北、江西、四川、广东、广西、海南、台湾。

寄　主　茶、龙眼、荔枝、柑橘、桑等。

形　态　成虫体连翅长 9～11 mm，前胸背板前缘强烈凸起，后缘弧形凹入，具 2 条红色条纹；中胸背板具 2 条纵纹，中域平坦；前翅棕黄色，顶角阔圆，后爪缝缘处有 1 个棕黄色的圆斑，整个翅面外缘有 1 条棕色色带。若虫绿色，胸背无蜡絮，有 4 条红褐色纵纹，腹背布白色蜡絮，腹末有 2 束白绢状长蜡丝。

成虫侧面

成虫背面

若虫

101 透翅疏广蜡蝉 *Euricania clara* Kato, 1932

分 布 北京、陕西、甘肃、辽宁、河北、山东、安徽、湖北、湖南、西藏、重庆、四川、贵州、云南。

寄 主 桑、栗、枸杞等。

形 态 成虫体长 5~6 mm；前翅透明，前缘具宽褐色带，近中部有 1 个明显的黄褐色斑；翅中部无黑褐色横带。

广翅蜡蝉科 Ricaniidae

成虫聚集为害

成虫背面

成虫侧面

广翅蜡蝉科 Ricaniidae

102 带纹疏广蜡蝉 *Euricania facialis* Walker, 1858

别　称　带纹广翅蜡蝉、褐斑蜡蝉。

分　布　北京、山西、山东、河南、上海、江苏、浙江、湖北、江西、贵州、福建、台湾、广东。

寄　主　柑橘、桃、杏、梨、石榴、桑、茶、枣、花椒、辣椒、芝麻等。

形　态　成虫体长 6.5~7 mm，虫体大部分褐色至栗褐色，中胸盾片近黑褐色，前翅透明，略带黄褐色，翅脉全褐色，翅面近基部中央具 1 个褐色小斑，周缘具宽阔的褐色环带，前缘宽带被中央及外方 1/4 处的两个黄褐色四边形中断，翅中央具 1 条栗褐色横带，其中央常不明显。

成虫背面

若虫

103 眼纹疏广蜡蝉 *Pochazia ocellus* Walker, 1851

别　称　眼纹广翅蜡蝉、桑广翅蜡蝉。
分　布　河北、江苏、浙江、湖北、江西、湖南、台湾、广西、广东、海南。
寄　主　柑橘、茶、桑、油茶、桃、蓖麻等。
形　态　成虫体长 5~6 mm，翅展 15~16 mm，身体大部分黄褐色至栗褐色，中胸盾片颜色更深；前翅大部分无色透明，翅面近基部具 1 个栗褐色小斑，周缘具栗褐色宽带，前缘带宽，被中央及近端部处的 2 个黄褐色三角形斑中断，翅中央具 1 条宽阔的栗褐色横带，横带中央呈圆环状眼斑。

广翅蜡蝉科 Ricaniidae

成虫

成虫

104 圆纹宽广蜡蝉　　*Pochazia guttifera* Walke, 1851

分　布　湖北、湖南、贵州、广西。

寄　主　柑橘、油茶等。

形　态　成虫体长 8.1～10.2 mm，体栗褐色。中胸背板近黑色；前翅不透明，前缘端部 1/3 处具 1 个三角形略透明的浅色斑，外缘有 2 个较大的半透明斑，翅面中部透明斑小，在透明斑外围具 1 个黑色环状斑；翅面散布黄色、白色蜡粉。

成虫背面

成虫侧面

105　缘纹广翅蜡蝉　*Ricania marginalis* (Walker, 1851)

分　布　安徽、湖北、浙江、湖南、广西、广东。

寄　主　茶、油茶、咖啡、桃等。

形　态　成虫体长 6.5～8 mm，体黄褐色至深褐色。前翅深褐色，前缘外方 1/3 处有 1 个三角形大透明斑，其内下方有 1 个近圆形透明斑，此斑内方有 1 个黑褐色圆形小斑；前翅外缘有 2 个不规则形透明斑，均与外缘相接。

广翅蜡蝉科　Ricaniidae

成虫背面

成虫侧面

106 八点广翅蜡蝉 *Ricania speculum* (Walker, 1851)

分　布　陕西、河南、安徽、江苏、浙江、江西、湖北、湖南、重庆、四川、云南、贵州、福建、广西、广东、台湾、海南。

寄　主　苹果、梨、桃、杏、李、梅、樱桃、枣、栗、山楂、柑橘、咖啡、可可、茶、油茶等。

形　态　成虫体长6～8 mm，体褐色至黑褐色。中胸背板大，有5条脊。前翅褐色至烟褐色，前缘近端部2/5处有1个近半圆形透明斑，斑的外下方有1个不规则形透明斑，内下方有1个较小的长圆形透明斑；外缘有2个较大的透明斑，其中后斑内常具1个小褐斑。若虫体长4～5 mm，腹末有蜡丝10条，弯曲并张开，蜡丝长12～15 mm。

成虫背面

成虫侧面

若虫

产卵痕

卵

107 斑点广翅蜡蝉　　*Ricania guttata* (Walker, 1851)

分　布　山西、河南、陕西、江苏、浙江、四川、湖北、湖南、福建、广东、广西、云南、台湾、香港。

寄　主　龙眼、桃、甘蔗等。

形　态　成虫体长 6.0～7.2 mm，体褐色。头与前胸背板宽相近，前胸背板具中脊，中胸背板中脊直，亚侧脊明显。前翅褐色，前翅前缘约 2/3 处有 1 个近三角形透明斑，翅面中部有 1 个近圆形小斑，具深褐色宽边，有的个体在外缘近顶角处有 1 个透明斑。

成虫

成虫

108 钩纹广翅蜡蝉　　*Ricania simulans* Walker, 1851

分　布　黑龙江、山东、四川、浙江、江西、贵州、台湾、福建、广西、广东。

寄　主　苹果、梨、桃、柑橘、茶、油茶、桑、苎麻等。

形　态　成虫体长 7～9 mm，体褐色至深褐色。前翅二横带宽而透明，外横带中断，前段末端内弯。前缘近端部 2/5 处有 1 个三角透明斑，近顶角有 1 个黑褐色隆起眼斑。

成虫背面

成虫侧面

109 褐带广翅蜡蝉 *Ricania taeniata* Stål, 1870

别　称　裙带蜡蝉。
分　布　陕西、江苏、上海、安徽、浙江、湖北、江西、贵州、广西、台湾、广东。
寄　主　稻、甘蔗、柑橘等。
形　态　成虫体长约 4.5 mm，头、胸部背面褐色，腹面颜色较浅，腹部黄褐色；前翅黄褐色，基部和前缘颜色较深，翅面具 4 条深色直横带，中央的 2 条较宽，外方的 1 条褐色横带极细，近外缘的 1 条颜色更深且宽。

成虫背面

成虫头面

110 可可广翅蜡蝉　　*Ricania cacaonis* Chou & Lu, 1977

分　布　江苏、浙江、湖南、贵州、广东、云南、海南等。

寄　主　可可、茶、柑橘、桃、杨梅等。

形　态　成虫体长 6～7 mm，体褐色至深褐色。复眼褐色，前胸背板具中脊。前翅淡褐色至黑褐色，前缘域与外缘域色较深，前缘外侧距翅末 1/3 处有 1 个三角形的半透明斑。

成虫

111 山东广翅蜡蝉　　*Ricania shantungensis* Chou et Lu, 1977

分　布　山东、江苏、安徽、浙江等。

寄　主　柿、山楂、酸枣。

形　态　成虫体长约 8 mm，前翅淡褐色略显紫红，被稀薄淡紫红色蜡粉。前翅宽大，底色暗褐至黑褐；前缘外 1/3 处有 1 个纵向狭长半透明斑；外缘后半部脉间各有 1 个近半圆形淡黄色小点。

成虫

112 柿广翅蜡蝉　　*Ricanula sublimata* (Jacobi, 1916)

分　布　黑龙江、山东、湖北、安徽、贵州、福建、台湾、广东。

寄　主　柿、山楂、柑橘、桃、杏、梨、枣、咖啡、葡萄、辣椒、番茄、冬瓜、丝瓜、南瓜等。

形　态　成虫体长 6～11.1 mm，头、胸部背面黑褐色，腹面深褐色，腹部端部数节深褐色；头、胸部及前翅表面常被绿色蜡粉；前翅不透明，前缘外侧深褐色，逐渐向中域及后缘变浅，前缘外方 1/3 处略微凹入，具 1 个三角形至半圆形的淡黄褐色斑。

成虫背面

成虫侧面

113 丽纹广翅蜡蝉　　Ricanula pulverosa (Stål, 1865)

别　称　粉黛广翅蜡蝉。
分　布　湖南、台湾、广东、海南。
寄　主　柑橘、橙、茶。
形　态　成虫体长 5～6 mm，翅展 15～16 mm，额、足及前胸背板黑褐色，前翅褐色；前缘斑白色或淡黄色，斑纹中有 2 根较细的黑褐色斜纹；前缘和外缘均平直，顶角处有 1 个白色或淡黄色的小斑纹和 2 个细小的黑点或褐色小圆点。

成虫背面

成虫侧面

114 胡椒宽广蜡蝉　*Ricanoides pipera* (Distant, 1914)

分　布　广西、广东、海南、台湾。
寄　主　胡椒。
形　态　成虫体长 6～7 mm；头、胸部背面黑褐色；前翅褐色，前缘、外缘色深，前缘近中部有 1 个较小的三角形黄褐色斑，翅中部和后缘的各翅室色深，近顶角处有 1 个黑褐色小圆斑。

成虫

成虫

115　桑异脉木虱　　Anomoneura mori Schwarz, 1896

别　称　桑木虱。

分　布　辽宁、陕西、河北、河南、山东、江苏、安徽、湖北、浙江、重庆、四川、贵州、台湾、广东。

寄　主　桑。

形　态　成虫体长 3～3.5 mm，初羽化时淡绿色，后变为黄褐色；头短阔，复眼半球形，红褐色；前翅长圆形，半透明，有黄褐纹及黑褐纹，后翅透明。若虫长约 2 mm，体扁平，淡绿色，翅芽初呈突起状，腹末有蜡丝，3 龄前 3 束，3 龄后变为 4 束，最长可达 25 mm。

若虫为害状

成虫

若虫

116 梨木虱 *Cacopsylla chinensis* (Yang & Li, 1981)

别　称　中国梨木虱、中国梨喀木虱。
分　布　陕西、宁夏、内蒙古、吉林、辽宁、北京、河北、陕西、山东、安徽、湖北等。
寄　主　梨。
形　态　成虫有夏型有冬型之分。夏型雌成虫体长 2.8～2.9 mm，雄成虫体长 2.3～2.6 mm，体色多变，由绿至黄色。冬型雌成虫体长 3.0～3.1 mm，雄成虫体长 2.8～3.2 mm，体褐色，有黑褐斑纹，头顶及足色较浅，前翅臀区有明显褐斑。末龄若虫绿色，翅芽突出两侧。

若虫聚集为害

成虫

成虫

卵

为害状

117 柑橘木虱 *Diaphorina citri* (Kuwayama, 1908)

别　称　柑橘呆木虱。

分　布　浙江、江西、湖南、贵州、四川、云南、福建、广西、广东等。

寄　主　柑橘。

形　态　成虫体长约 3 mm，体青灰色，有褐色斑纹；前翅半透明，散布褐色斑纹，后翅无色透明。若虫共 5 龄，末龄体长约 6 mm，扁椭圆形，暗黄色，3 龄后变为黄褐相间；各龄腹部周缘分泌有短蜡丝。

若虫为害状

成虫侧面

成虫背面

若虫

卵

118　沙枣个木虱　*Trioza magnisetosus* (Loginova, 1964)

分　布　新疆、内蒙古、宁夏、甘肃、陕西等。
寄　主　枣、酸枣、沙枣、苹果等。
形　态　成虫体长 2.2～3.5 mm，雄虫略小，初羽化成虫草绿色，后变黄绿色或麻褐色；触角丝状，末端 2 节黑色；前胸背板有 2 条黄色纵带，中胸背板有 4 条黄色纵带；翅膀透明；腹部背面各节有褐色纵纹。若虫体椭圆形，扁平。老熟若虫体长 2～3.4 mm，灰绿色，密被刚毛。

成虫

成虫

若虫

若虫

为害状

119　枸杞线角木虱　*Bactericera gobica* (Loginova, 1972)

分　布　北京、河北、山西、陕西、甘肃、宁夏、新疆。

寄　主　枸杞。

形　态　成虫体连翅长约 3.7 mm。头顶褐色至黑褐色，复眼赭色，触角黄色至黄褐色，第1、第9、第10节黑色，第4、第6、第8节端部黑褐色。胸部黄褐色至黑褐色。前翅透明，浅污黄色，缘纹3个。腹部褐色至黑褐色，背板第3节前半部被白粉，形似腰带。卵橘黄色，长卵形，顶部略尖，具卵柄。若虫共5龄，体扁平，椭圆形，黄褐色。

成虫背面

成虫侧面

若虫

120 龙眼角颊木虱 *Cornegenapsylla sinica* Yang Li, 1982

别　称　龙眼木虱。

分　布　广西、云南、福建、广东。

寄　主　龙眼。

形　态　雌成虫体长 2.1～2.5 mm，虫体背面黑色，腹面黄色；头部短而宽，有 1 对向前平伸的颊锥，呈圆锥状；翅透明，前翅具显著的黑色条纹，臀角黑褐色，翅脉黄褐色，脉序呈"介"字形分支；后翅狭条形，稍短于前翅，透明无斑，脉褐色。若虫共 5 龄，1、2 龄若虫浅黄色，3 龄若虫初见翅芽但不明显，体形椭圆，背面有红褐色条纹；4、5 龄若虫体长 0.7～0.8 mm，翅芽明显，椭圆形，黄色。

叶正面为害状

叶背面为害状

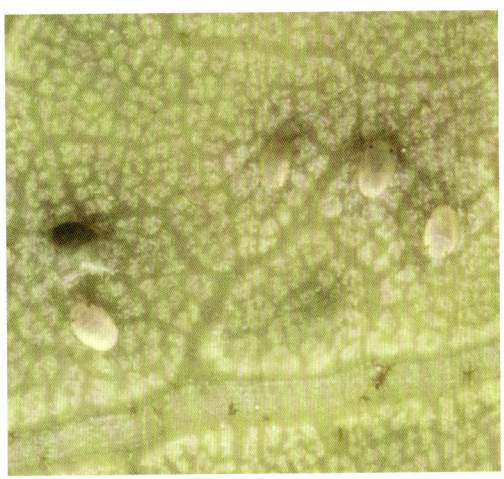

若虫

121 烟粉虱 *Bemisia tabaci* (Gennadius, 1889)

别　称　棉粉虱、甘薯粉虱。

分　布　新疆、陕西、山西、山东、北京、河北、四川、湖北、安徽、江西、浙江、上海、云南、贵州、福建、海南、广西、广东、台湾。

寄　主　旋花科、大戟科、锦葵科、十字花科、葫芦科、豆科、茄科、菊科等作物。以黄瓜、菜豆、茄、番茄、甜椒、莴笋受害最重。

形　态　成虫体长 1 mm 左右，翅白色，腹部黄色。静止时两翅略呈"八"字形，从上方可见黄色的腹部。若虫共 5 龄，淡黄至灰黄色。2 龄以后若虫固定在叶片背面取食不动，扁卵形，似介壳虫。

为害状

成虫

卵

若虫　　　　　　　　　伪蛹

122 温室白粉虱 *Trialeurodes vaporariorum* (Westwood, 1856)

分 布 我国各省份均有发生。

寄 主 黄瓜、番茄、茄、辣椒、生菜等47科200多种植物。

形 态 成虫体长0.8~1.4 mm。淡黄白色至白色。翅面覆有白色蜡粉，停息时双翅在体上合成屋脊状，翅端半圆状遮住整个腹部，沿翅外缘有1排小颗粒。若虫共4龄。3龄若虫体长约0.5 mm，淡绿色或黄绿色，足和触角退化，紧贴在叶片上营固着生活。

为害状

成虫

123 黑刺粉虱 *Aleurocanthus spiniferus* (Quaintance, 1903)

别　称　橘刺粉虱、刺粉虱、黑蛹有刺粉虱。

分　布　安徽、江西、江苏、湖北、湖南、台湾、四川、云南、广西、广东、海南。

寄　主　柑橘、枇杷、苹果、梨、葡萄、柿、栗、龙眼、香蕉、橄榄、茶等。

形　态　成虫体长 0.8～1.4 mm，体橙黄色，翅覆盖有白色粉状物。复眼肾形，玫瑰红色。前翅紫褐色，有 7 个白色斑纹。若虫扁平，椭圆形，体长约 0.65 mm，体黑色，体周具锯齿状白色蜡质物，体背有刺 14 对。

幼虫为害状

若虫

成虫

124 蔗斑翅粉虱　*Neomaskellia bergii* (Signoret, 1868)

分　布　广西、福建、台湾、海南。
寄　主　甘蔗。
形　态　成虫体连翅长约 2 mm，头、胸紫褐色；前翅黄白色，有暗褐色宽横带 2 条，两带间散有暗褐色小斑；后翅白色，前翅和后翅中间均有 1 条中脉；腹末背管状孔四周暗褐色。卵椭圆形，初产时淡黄色，后逐渐变为暗褐色。若虫椭圆形，扁平，长约 0.8 mm；初为鲜黄色，后变黄褐色，体周围分泌有白色蜡质物。

粉虱科　Aleyrodidae

成虫及卵

若虫

粉虱科 Aleyrodidae

125 螺旋粉虱 *Aleurodicus dispersus* Russell, 1965

分　布　海南。

寄　主　桑、番木瓜、番石榴、辣椒、茄、番茄、冬瓜、苦瓜等。

形　态　成虫体长约2 mm，初羽化时黄色半透明，成熟时不透明；头部呈三角形；翅面覆有白粉；若虫半透明至淡黄色，背面隆起，体背、体侧可分泌出絮状蜡粉和蜡丝，蜡丝最长可达虫体10倍以上。

为害状

为害状

成虫

产卵痕

若虫

126　橘绵粉虱　*Alerothrixus floccosus* (Maskell, 1896)

分　布　海南。

寄　主　柑橘、番石榴、番荔枝、咖啡、柿、杧果、茄等。

形　态　成虫体长约1 mm；体淡黄色，翅白色，体、翅及足被白色蜡粉。停息时前翅呈屋脊形，两翅不重叠。若虫椭圆形，扁平，体四周具絮状蜡丝。

为害状

成虫　　　　　　　　　　若虫

127　小巢粉虱　*Paraleyrodes minei* Iaccarino, 1990

分　布　香港、海南。

寄　主　柑橘、柚子、荔枝、柠檬、椰子、芋等。

形　态　成虫体长 1~1.1 mm，体淡黄色；复眼红色；体和翅表面具白色蜡粉；若虫卵圆形，体两侧有玻璃丝状蜡丝，蜡丝断裂后堆积在身体四周，近似鸟巢状。

成虫

成虫及卵

若虫

128　柑橘粉虱　*Dialeurodes citri* (Ashmead, 1885)

别　称　柑橘绿粉虱、茶园橘黄粉虱、通草粉虱。

分　布　河北、北京、山东、湖南、湖北、浙江、上海、江苏、安徽、台湾、福建、四川、云南、广西、广东、海南。

寄　主　柑橘、茶、油茶、石榴、柿、栗、咖啡、杨梅等。

形　态　成虫体长 1～1.2 mm，体淡黄色，全体覆有白色蜡粉，复眼红褐色，翅白色。若虫淡黄绿色，椭圆形，扁平，体周围有小突起 17 对，并有白色蜡丝呈放射状。

粉虱科 Aleyrodidae

成虫

若虫

伪蛹

半翅目

129 茶蚜 *Aphis aurantii* Boyer de Fonscolombe, 1841

别　称　橘二叉蚜、茶二叉蚜。

分　布　山东、江苏、浙江、安徽、江西、福建、台湾、湖北、湖南、广东、海南、广西、四川、贵州、云南等。

寄　主　茶、油茶、柑橘、无花果等。

形　态　有翅成蚜体长约 1.7 mm，黑褐色有光泽，前翅中脉分二叉；无翅成蚜肥大，近卵圆形，棕褐色至黑褐色，触角黑色，各节基部乳白色。若虫体长约 0.4 mm，浅棕色或淡黄色，无翅，外形与成虫相似。

为害状

有翅成蚜侧面

有翅成蚜背面

无翅成蚜

若蚜

130 豆蚜 *Aphis craccivora* Koch, 1854

别　称　苜蓿蚜、花生蚜。

分　布　除西藏外，我国各省份均有发生。

寄　主　豇豆、菜豆、豌豆、蚕豆、苜蓿等豆科作物。

形　态　有翅胎生雌蚜体长 1.5～1.8 mm，黑色或黑绿色，有光泽，翅基、翅痣和翅脉均为橙黄色。无翅胎生雌蚜体长 1.8～2 mm，体较肥胖，黑色或紫黑色有光泽，体被很薄的蜡粉。足黄白色、胫节、腿节端部和跗节黑色。若蚜体小，灰紫色，体节明显，体上具薄蜡粉。

为害状

有翅成蚜背面

有翅成蚜侧面

无翅成蚜

若蚜

蚜科 Aphididae

蚜科 Aphididae

131　大豆蚜　*Aphis glycines* Matsumura, 1917

分　布　我国各省份均有发生。

寄　主　第1寄主鼠李；第2寄主大豆、野大豆等。

形　态　有翅孤雌蚜长1.2～1.6 mm，长椭圆形，头、胸黑色，额瘤不显著。无翅孤雌蚜长1.3～1.6 mm，长椭圆形，黄色或黄绿色。若虫形态与成虫基本相似，腹管短小。

有翅成蚜及若蚜

无翅成蚜及若蚜

132 棉蚜 *Aphis gossypii* Glover, 1877

别　称　瓜蚜。

分　布　除西藏外，我国各省份均有发生。

寄　主　花椒、石榴、柑橘、荔枝、枇杷、无花果、杨梅、梨、桃、李、杏、梅、山楂等。

形　态　干母体长约 1.6 mm，茶褐色至暗绿色，复眼红色。无翅胎生雌蚜体长 1.5～1.9 mm，体表常被白蜡粉，有黄、青、深绿或暗绿等体色。有翅胎生雌蚜长 1.2～1.9 mm，体黄色、浅绿色或深绿色，头、胸部黑色。有翅雄蚜体长卵形，较小，腹背各节中央各有 1 条黑色横带。无翅若蚜共 4 龄，夏季体淡黄或黄绿色，春、秋季为蓝灰色。有翅若蚜同无翅若蚜相似。

为害棉花

为害柑橘

有翅成蚜

无翅成蚜

越冬卵

133 绣线菊蚜　*Aphis spiraecola* Patch, 1914

别　称　苹果黄蚜。

分　布　我国各省份均有发生。

寄　主　苹果、海棠、梨、木瓜、桃、李、山楂、绣线菊、柑橘、杏、枇杷、樱桃等。

形　态　无翅胎生雌蚜体长约 1.5 mm，黄色或黄绿色。头淡黑色，复眼黑色。有翅胎生雌蚜体近纺锤形，头、胸部黑色。若蚜鲜黄色，触角、复眼、足、蜜管均为黑色。

为害苹果

有翅成蚜背面

有翅成蚜侧面

无翅成蚜及若蚜

若虫

134 甘蓝蚜 *Brevicoryne brassicae* (Linnaeus, 1758)

别 称 菜蚜。

分 布 我国各省份均有发生。

寄 主 多种十字花科作物。

形 态 有翅成蚜体长约 2.2 mm，头、胸部黑色，复眼赤褐色，无额瘤。腹部黄绿色，两侧各有 5 个黑点，全身覆有明显的白色蜡粉。无翅成蚜体长 2.5 mm 左右，体暗绿色，被有较厚的白蜡粉，头部背面黑色，复眼黑色，无额瘤。

蚜科 Aphididae

为害状

有翅成蚜背面

有翅成蚜侧面

135 萝卜蚜 *Lipaphis erysimi* (Kaltenbach, 1843)

别　称　菜蚜。

分　布　我国各省份均有发生。

寄　主　萝卜、白菜、油菜等十字花科作物。

形　态　有翅成蚜体长约 1.6 mm，长椭圆形。头胸部黑色，腹部黄绿色，薄被蜡粉。无翅成蚜体长约 2 mm，长椭圆形，绿色或黑绿色，被薄粉，表皮粗糙，有菱形网纹。

为害油菜角果

为害油菜花序

有翅成蚜

无翅成蚜及若蚜

若蚜

136 桃蚜 *Myzus persicae* (Sulzer, 1776)

别 称 烟蚜、菜蚜、桃赤蚜。

分 布 我国各省份均有发生。

寄 主 桃、李、杏、梅、樱桃、苹果、梨、山楂、柑橘、柿等300余种植物。

形 态 有翅胎生雌蚜体长约2 mm，头黑色，额瘤显著，复眼赤褐色。胸部黑色，腹部暗绿色，有黑色斑纹。无翅胎生雌蚜体长约2 mm，全体绿色，或黄绿色，或桃红色。若蚜与无翅胎生雌蚜相似，体较小。

为害状

有翅成蚜背面

有翅成蚜侧面

若虫

若虫

137 桃粉蚜 *Hyalopterus amygdali* (Blanchard, 1840)

别　称　桃粉大尾蚜、桃粉吹蚜、桃粉大尾蚜、桃粉绿蚜、梅粉蚜。
分　布　我国各省份均有发生。
寄　主　桃、李、杏、樱桃、山楂、梨、梅及禾本科植物等。
形　态　成虫体长约 2.3 mm，草绿色，被覆白粉。有翅雌成蚜体淡黄、淡黄褐色，额瘤明显。无翅雌成蚜头部黑色，体色深绿、黄绿、黄褐、暗黄褐色，复眼赤褐色，额瘤明显。若蚜绿色。

为害状

有翅成蚜和若蚜

无翅成蚜和若蚜

138 豌豆修尾蚜 | *Megoura japonica* Okamoto & Takahashi, 1927

别　称　蚕豆修尾蚜。
分　布　我国各省份均有发生。
寄　主　豌豆、蚕豆、大豆等。
形　态　无翅成蚜体长 3.7～4 mm，草绿色，头、前胸黑色，中、后胸背板有缘斑。有翅成蚜头、胸黑色，腹部色浅。

有翅成蚜及若蚜

无翅成蚜

若蚜

139　葱蚜　*Neotoxoptera formosana* (Takahashi, 1921)

别　称　台湾韭蚜、葱小瘤蚜。

分　布　山西、北京、四川、台湾、贵州、云南等。

寄　主　韭、野蒜、葱、洋葱。

形　态　有翅孤雌蚜卵圆形，长 2.2 mm，黑色，有光泽。无翅孤雌蚜体长 2 mm，卵圆形黑色或黑褐色，头部、前胸黑色，中胸、后胸具黑缘斑。

为害状

有翅成蚜

无翅成蚜及若蚜

140 高粱蚜 *Melanaphis sacchari* (Zehntner, 1897)

别　称　甘蔗蚜、甘蔗黄蚜。
分　布　我国各省份均有发生。
寄　主　甘蔗、高粱、荻。
形　态　无翅胎生雌蚜卵圆形，长 1.8 mm，黄色或淡紫色。触角、喙、足淡色，第 5 节触角顶端及第 6 节、喙顶端、及足跗节黑色。有翅胎生雌蚜长卵形，长 2 mm，头、胸部黑色，腹部淡色，有黑色斑纹，触角、喙、足大体黑色，翅脉黑色。

为害状

有翅成蚜及若蚜

141 玉米蚜 *Rhopalosiphum maidis* (Fitch, 1856)

别　称　玉米缢管蚜。

分　布　我国各省份均有发生。

寄　主　玉米、高粱、小麦、大麦、稻等。

形　态　无翅雌蚜体长1.8～2.2 mm，暗绿色，复眼为红褐色，触角6节。有翅胎生雌蚜体长1.8～2 mm，体色为深绿色，头胸部黑色稍亮，复眼为暗红褐色。若蚜淡绿色。

为害状

有翅成蚜

无翅成蚜及若蚜

142 禾谷缢管蚜 *Rhopalosiphum padi* (Linnaeus, 1758)

别 称 粟缢管蚜、小米蚜、麦缢管蚜、禾缢管蚜、黍蚜。

分 布 我国各省份均有发生。

寄 主 第1寄主桃、李、榆叶梅；第2寄主小麦、大麦、稻、高粱、玉米及禾本科杂草。

形 态 无翅孤雌蚜体长约1.9 mm，腹部橄榄绿至黑绿色，杂以黄绿色纹，被有薄粉，触角黑色。有翅孤雌蚜体长2.1 mm，长卵形，头、胸部黑色，腹部深绿色，具黑色斑纹。

为害状

有翅成蚜背面

有翅成蚜侧面

无翅成蚜

若蚜

蚜科 Aphididae

143 荻草谷网蚜 *Sitobion miscanthi* (Takahashi, 1921)

别　称　麦长管蚜。

分　布　我国各省份均有发生。

寄　主　小麦、玉米、高粱、甘蔗、稻。

形　态　无翅孤雌蚜体长 3.1 mm，长卵形，草绿色至橙红色，头部略显灰色，腹侧具灰绿色斑。有翅孤雌蚜体长 3 mm，椭圆形，绿色，触角黑色。有翅胎生雌蚜体长约 2.2 mm，头、胸部暗绿至暗褐色。触角长于体长。无翅胎生雌蚜长约 2.4 mm，草绿色，头部额庞显著，触角与体等长或稍短。

为害状

有翅成蚜侧面

有翅成蚜背面

无翅成蚜

若蚜

144 麦二叉蚜 *Schizaphis graminum* (Rondani, 1852)

分 布 我国各省份均有发生。

寄 主 小麦、大麦、燕麦等。

形 态 无翅孤雌蚜体长约 2 mm，卵圆形，淡绿色，背中线深绿色，腹管浅绿色，顶端黑色。触角黑色，长度超过体长之半。有翅孤雌蚜体长约 1.8 mm，长卵形，绿色，前翅中脉二叉状。

蚜科 Aphididae

为害状

无翅成蚜及若蚜

145 梨二叉蚜 *Schizaphis piricola* (Matsumura, 1917)

别　称　梨蚜、梨腻虫、梨卷叶蚜。
分　布　我国各省份均有发生。
寄　主　梨。
形　态　无翅胎生雌蚜体长约2 mm，绿色或褐绿色，有时被有白色蜡粉。复眼暗红色，各足腿节和胫节端部以及跗节均为褐色。有翅胎生雌蚜体略小，长卵形，灰绿色，头部额瘤微突出，复眼暗红色。若虫绿色，似无翅胎生雌成虫。

为害状

群集为害

无翅成蚜及若蚜

146 胡萝卜微管蚜　　*Semiaphis heraclei* (Takahashi, 1921)

分　布　我国各省份均有发生。

寄　主　芹菜、茴香、香菜、胡萝卜、水芹等。

形　态　有翅成蚜体长 1.5～1.8 mm，黄绿色，有薄粉，头、胸部黑色，中额瘤突起，腹部淡色。无翅成蚜黄绿至土黄色，有薄粉，体长 2.1 mm；头部灰黑色，胸、腹部淡色；前胸背有皱纹，缘瘤部明显。

为害芹菜

无翅成蚜及若蚜

147 莴苣指管蚜 *Uroleucon formosanum* (Takahashi, 1921)

分　布　我国各省份均有发生。

寄　主　莴笋、苦荬菜等。

形　态　无翅孤雌蚜体长 3.3 mm，纺锤状，体土黄色或红黄褐色至紫红色，头顶骨化深色，腹部毛基斑黑色，体表光滑，背毛粗短；触角和喙细长，腹管长管状。无翅胎生雌蚜头、胸部黑色，腹部色浅。

为害状

有翅成蚜

若蚜

148 橘蚜 *Toxoptera citricidus* Kirkaldy, 1907

分 布 山东、江苏、浙江、江西、湖南、四川、台湾、福建、云南、广东。

寄 主 柑橘、茶、花椒、梨、桃等。

形 态 无翅胎生雌蚜体长约 1.3 mm，漆黑色，足胫节端部及爪黑色。有翅胎生雌蚜前翅有淡黄褐色翅痣，前翅中脉 3 分叉。无翅雄蚜体深褐色，后足胫节膨大。若蚜体褐色至黑褐色，复眼黑红色，分无翅和有翅 2 种。

为害柑橘

无翅成蚜

若蚜

149 核桃全斑蚜 *Panaphis juglandis* (Goeze, 1778)

分 布 新疆、贵州、云南。

寄 主 核桃。

形 态 有翅成虫的体长为 3.5～4.3 mm，前翅的翅脉端为黑色，腹管短而呈截锥形；其头部和胸部均呈暗褐色，腹部黄绿色并具深褐色横带。若蚜腹部背面密布排列整齐的棕色斑块。

为害状

有翅成蚜背面

有翅成蚜侧面

无翅成蚜及若蚜

若蚜

150 板栗大蚜 *Lachnus tropicalis* (van der Goot, 1916)

别　称　栗大黑蚜、栗枝大蚜、栗枝黑大蚜。

分　布　黑龙江、吉林、辽宁、河北、北京、山西、陕西、河南、山东、江苏、安徽、湖北、四川、湖南、江西、浙江、福建、广东、广西、贵州、云南等。

寄　主　栗、白栎、麻栎等。

形　态　无翅胎生雌蚜体长 3.1~5 mm，体黑色，有光泽，体背密被细毛，腹部肥大。有翅胎生雌蚜体长 3.9~4.2 mm，体黑色，腹部色较淡，翅膜质黑色，翅脉黑色。若虫形似无翅胎生雌蚜，体小，色较淡，后随龄期渐变为深褐色至黑色。

蚜科 Aphididae

为害状

有翅成蚜侧面

有翅成蚜背面

半翅目

151 栗斑蚜 *Tuberculatus castanocallis* (Zhang & Zhong, 1981)

别　称　栗斑翅蚜。

分　布　辽宁、北京、山西、河北、山东、河南、江苏、浙江、四川、湖南、广西、云南。

寄　主　栗、茅栗。

形　态　有翅胎生雌蚜体长约 1.5 mm，暗绿色至赤褐色，披白色绵状物，头、触角及足带淡黄色，腹部背面中央和两侧有黑色纹，沿翅脉有淡黑色带状斑纹。无翅胎生雌蚜体长约 1.5 mm，略呈长三角形，暗绿色至淡赤褐色，被白色粉状物，腹背中央及两侧有黑色及褐色斑点。

有翅成蚜

若蚜

152 粉栗斑蚜 *Tuberculatus cereus* (Zhang & Zhong, 1981)

分 布 北京、山东、安徽。

寄 主 栗。

形 态 有翅孤雌蚜体长 1.8～2.1 mm，体暗红褐色，斑瘤黑褐色，被白色蜡粉；前翅各脉镶宽黑边，翅痣黑色；第1—3腹节各有1对截形中瘤，尾片瘤状，腹管黑色。若蚜与成虫相似。

有翅成蚜
侧面

有翅成蚜背面

若蚜

153 缘瘤栗斑蚜 *Tuberculatus margituberculatus* (Zhang et Zhong, 1981)

分　布　辽宁、河北、北京、陕西、山东、安徽、浙江、江西、福建、湖南、广西、云南。

寄　主　栗。

形　态　有翅孤雌蚜体长 1.7～1.9 mm，体黄色或黄绿色，稍被白蜡粉，有褐色或黑色斑。第1—7腹节各有中瘤和缘瘤各1对，缘瘤以第4腹节最大；前翅径分脉仅可见镶黑边的基部1/3。若蚜淡黄白色。

有翅成蚜侧面

有翅成蚜背面

若蚜

154 桃瘤蚜　*Tuberocephalus momonis* (Matsumura, 1917)

别　称　桃瘤头蚜、桃纵卷瘤蚜。
分　布　除新疆、西藏外，我国各省份均有发生。
寄　主　桃、樱桃、梅、梨等。
形　态　有翅孤雌蚜体长 1.7 mm，淡黄色至黄绿色。无翅孤雌蚜体长 1.7 mm，卵圆形；头部黑色，胸、腹部灰绿色至绿褐色，背面有黑色斑纹。若蚜与无翅胎生雌蚜相似，淡黄或浅绿色。

蚜科 Aphididae

为害状

若蚜

无翅成蚜

半　翅　目

155 樱桃瘿瘤头蚜 *Tuberocephalus higansakurae* (Monzen, 1927)

分　布　青海、陕西、北京、河北、河南、安徽、浙江、贵州、四川。
寄　主　樱桃。
形　态　有翅孤雌蚜体长约 1.7 mm，头、胸黑色，腹部淡色，第 3—6 腹节各有 1 条宽横带或破碎狭小的斑。无翅孤雌蚜体长约 1.4 mm，头黑色，胸、腹背面骨化深色，各节间淡色；体表粗糙，有颗粒状构成的网纹；腹管圆筒形，尾片短，圆锥形。

为害状

虫瘿内的若蚜

若蚜

156　甘蔗绵蚜　*Ceratovacuna lanigera* Zehntner, 1897

分　布　浙江、江西、湖南、福建、台湾、四川、广东、广西、云南、海南。
寄　主　甘蔗。
形　态　有翅成蚜体长 2.5 mm，头、胸黑褐色，腹部及足黄褐色至暗绿色。无翅成蚜体长 2.5 mm，卵圆形，体色不一，有黄褐色、橙黄色、黄绿色等，背面有白色绵絮状蜡质。

若蚜

无翅成蚜

157　苹果绵蚜　*Eriosoma lanigerum* (Hausmann, 1802)

别　称　赤蚜、血色蚜、绵蚜。

分　布　辽宁、河北、河南、陕西、山西、山东、天津、江苏、云南、西藏等。

寄　主　苹果、海棠、梨、李、山楂等。

形　态　无翅胎生雌蚜体长约 2 mm，红褐色。头部无额瘤，复眼暗红色，腹部背面覆盖白色绵毛状物。有翅胎生雌蚜体长较无翅胎生雌蚜稍短。有性雌蚜体长 1 mm 左右，头、触角和足均为黄绿色。若虫体略呈圆筒形，赤褐色，体表覆盖白色棉絮状物。

为害状

若虫

158 桑白蚧 *Pseudaulacaspis pentagona* (Targioni-Tozzetti, 1886)

别　称　桑白盾蚧、桑介壳虫、桃介壳虫、桑盾蚧。

分　布　我国各省份均有发生。

寄　主　桑、桃、李、杏、樱桃、苹果、梨、葡萄、核桃、梅、柿、枇杷、柑橘等。

形　态　雌成虫体长 0.9～1.2 mm，淡黄至橙黄色；介壳灰白至黄褐色，近圆形，长 2～2.5 mm，略隆起，有螺旋形纹，壳点黄褐色，偏生一方。雄成虫体长 0.6～0.7 mm，橙黄至橘红色。初孵若虫淡黄褐色，扁椭圆形。

盾蚧科 Diaspididae

为害状

雌介壳及初孵若虫

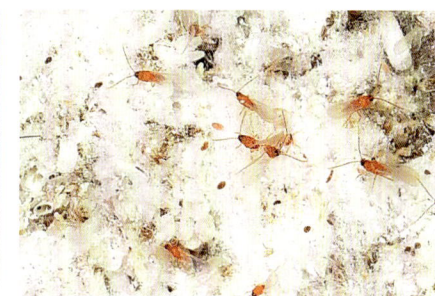

雄成虫

雄介壳

低龄若虫

159 考氏白盾蚧 *Pseudaulacaspis cockerelli* (Cooley, 1897)

别　称　椰袋盾蚧、全瓣臀凹盾蚧。

分　布　四川、浙江、广西、台湾、福建、广东。

寄　主　茶、山茶等。

形　态　雌成虫巴梨形，黄色，体长 1.4 mm 左右。雌介壳鸭梨形，白色，长 2 mm，宽 1.5 mm。雄介壳长形，白色，长 1 mm，宽 0.4 mm，背部略显一纵脊。

为害状

雌介壳

160 矢尖蚧 *Unaspis yanonensis* (Kuwana, 1923)

别　称　矢尖盾蚧。
分　布　辽宁、北京、山西、陕西、甘肃、青海、四川、云南、西藏、贵州、浙江、福建。
寄　主　柑橘类、龙眼、番石榴、茶等。
形　态　雌成虫介壳黄褐色或棕褐色，边缘灰白色，长 2～3.5 mm，前端尖，后端宽，中央有一纵脊。雌成虫体长形，橘黄色，长 2.5 mm。雄成虫介壳狭长，长 1.3～1.6 mm，粉白色，雄成虫体橘黄色，长 0.5 mm。1 龄若虫草鞋形，橙黄色。

为害状

雌介壳

雌介壳及若虫

盾蚧科 Diaspididae

161 糠片蚧 *Parlatoria pergandii* Comstock, 1881

别　称　糠片盾蚧、灰点蚧、圆点蚧。
分　布　辽宁、内蒙古以南地区均有发生。
寄　主　柑橘、柠檬、无花果、苹果、梨、樱桃、梅、葡萄、柿、茶等。
形　态　雌介壳长 1.5～2 mm，不规则，灰白色或灰褐色，介壳边缘为黄、棕色，因其形状和颜色似糠壳而得名。雄介壳长约 1.3 mm，灰白色。初孵幼虫扁平，椭圆形，淡紫红色，眼黑褐色。

为害状

雌介壳

162　茶梨蚧　*Pinnaspis theae* (Maskell, 1891)

分　布　湖北、安徽、浙江、江西、湖南、福建、台湾、四川、贵州、云南、广东、广西、海南。

寄　主　茶、油茶、柑橘、梨等。

形　态　雌介壳长约 3 mm，长椭圆形，淡褐色或黄褐色，后部较宽，头端有 2 个棕褐色蜕皮壳点。雄介壳长形，长约 2.5 mm，两侧平行，背面被有白色蜡质，有 2 条平行的纵沟，形成 3 条纵脊。

为害状

雄介壳

163 褐圆蚧 *Chrysomphalus aonidum* (Linnaeus, 1758)

别　称　黑褐圆盾蚧、茶褐圆蚧、莺紫褐圆蚧。

分　布　辽宁、河北、陕西、山西、宁夏、河南、山东、江苏、安徽、浙江、江西、湖北、湖南、福建、广东、广西、海南等。

寄　主　柑橘、柠檬、椰子、香蕉、无花果、栗、茶等。

形　态　雌成虫介壳圆形，直径约 2 mm，紫褐色，边缘淡褐色，中央隆起，壳点在中央，呈脐状，颜色黄褐或全黄；虫体倒卵形，头胸部最宽。雄成虫介壳紫褐色，长约 1 mm，边缘部分为白色或灰白色，长椭圆形，后端延长，灰白色；虫体橙黄色。

为害状

雌介壳

164 红圆蚧 *Aonidiella aurantii* (Maskell, 1879)

别　称　红圆蹄盾蚧。
分　布　浙江、江苏、上海、福建、台湾、湖北、湖南、广东、广西、贵州等。
寄　主　茶、油茶、柑橘、无花果、杧果、苹果、梨、桃、李、梅、山楂、葡萄、柿、核桃等。
形　态　雌介壳圆形，直径约 1.8 mm，橙红色至红褐色，边缘淡橙黄色，扁平，中央稍隆起。雄介壳长椭圆形，长 1.1～1.3 mm，黄灰色。雌成虫体长约 1.1 mm，橙红色至红褐色。

盾蚧科 Diaspididae

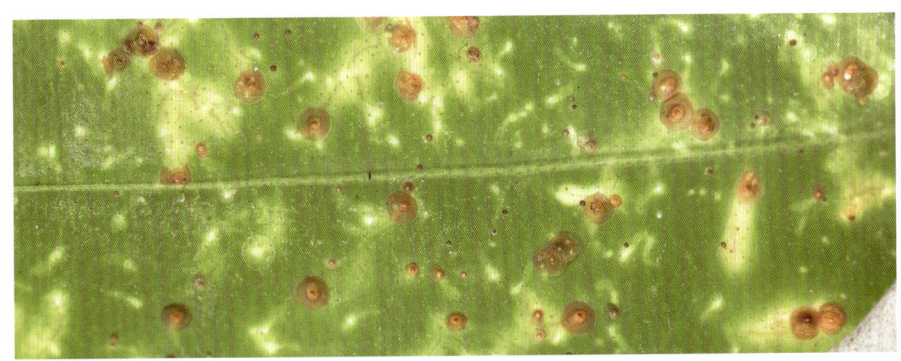
雌介壳

165 甘蔗粉蚧 *Saccharicoccus sacchari* (Cockerell, 1895)

别　称　蔗茎红粉蚧、甘蔗粉红粉蚧、糖粉蚧。
分　布　河南、江西、福建、贵州、四川、广东、广西、海南、云南、西藏。
寄　主　甘蔗。
形　态　雌成虫体长 4～5 mm，椭圆形，稍扁平，外观臃肿肥大，背部硕厚，暗桃红色至棕红色，外披白色粉状蜡粉。若虫与成虫近似，体长椭圆形而扁平，全身浅桃红色，体表披有白色粉状蜡质。

粉蚧科 Pseudococcidae

雌成虫

半　翅　目

166 菠萝粉蚧 *Dysmicoccus brevipes* (Cockerell, 1893)

别　称　菠萝洁粉蚧、菠萝根粉蚧。
分　布　福建、广西、广东、海南。
寄　主　菠萝、柑橘、香蕉、番荔枝、咖啡、甘蔗、花生、桑等。
形　态　雌成虫体长约 2.5 mm，体被大量白色蜡粉、边缘有蜡质突出；雄成虫体微小，呈黄褐色，具透明的翅，平置体背上，腹端有 1 对细长的蜡质物。若虫共 3 龄，3 龄若虫触角 7 节，后足跗节比胫节稍短，腹端的 1 对长毛明显地较后足跗节上的毛长。

为害状

雌成虫

若虫

167 新菠萝灰粉蚧 *Dysmicoccus neobrevipes* Beardsley, 1959

分 布 云南、广东、海南、台湾。

寄 主 菠萝、香蕉、番荔枝、柑橘、石榴、南瓜、番茄、可可、剑麻等。

形 态 雌成虫椭圆形，长 2.5～4.5 mm。体被白色蜡粉，体侧有 17 对刺孔群，腹末有 2 根臀瓣刺显著伸长，肛门位于腹部最后 1 节，肛环呈圆形。

雌成虫

雌成虫及若虫

168 堆蜡粉蚧 *Nipaecoccus viridis* (Newstead, 1894)

别　称　橘鳞粉蚧、柑橘堆蜡粉蚧、柑橘堆粉蚧。

分　布　河北、山东、陕西、浙江、江西、湖北、四川、湖南、贵州、云南、台湾、福建、广西、广东等。

寄　主　柑橘、菠萝、杧果、龙眼、葡萄、枣等。

形　态　雌成虫体椭圆形，暗紫色；体被白色蜡粉。雄成虫体褐色，翅1对；腹端有白色蜡质长尾刺1对。若虫体形与雌成虫相似，紫色，初孵时体表无蜡粉，固定取食后分泌白色粉状物。

为害状

雌蚧体覆厚白色蜡粉

169 扶桑绵粉蚧 *Phenacoccus solenopsis* Tinsley, 1898

别　称　棉花粉蚧。

分　布　天津、江苏、浙江、安徽、福建、江西、山东、湖北、湖南、广东、广西、云南、新疆。

寄　主　棉花、番茄、茄、辣椒、马铃薯、南瓜、蕹菜、甘薯、玉米等。

形　态　雌成虫卵圆形，长 2.5～5 mm，体背有白色薄蜡粉，在体节分节处蜡粉少或无，显出皮层的颜色；足红色，足通常发达，可以爬行；体缘有蜡突，均短粗，腹部末端 4～5 对较长；雄成虫体微小，红褐色，腹部末端具有 2 对白色长蜡丝；前翅正常，发达。

粉蚧科　Pseudococcidae

为害茄

雌成虫背面

雌成虫腹面

雄成虫

若虫

170 柿长绵粉蚧　　*Phenacoccus pergandei* Cockerell, 1896

- **别　称**　柿长绵蚧、柿粉蚧。
- **分　布**　江苏、安徽、山东、河南、河北等。
- **寄　主**　柿、黑枣。
- **形　态**　雌成虫椭圆形，体长 1.5 mm，暗紫色，体节明显，背面具刺毛，腹缘有白色细蜡丝；雌介壳由白色绵状物构成，表面有稀疏蜡毛，草鞋状，正面隆起。雄成虫体长 1～1.2 mm，紫红色，翅灰白色。若虫紫红色，卵圆形。

雌介壳

卵囊

若虫

171 康氏粉蚧 *Pseudococcus comstocki* (Kuwana, 1902)

别　称　桑粉蚧、梨粉蚧、李粉蚧。

分　布　我国广泛分布。

寄　主　苹果、梨、桃、李、枣、梅、山楂、葡萄、杏、核桃、柑橘、无花果、荔枝、杧果、石榴、栗、柿等。

形　态　雌成虫无翅，体长3～5 mm，略呈椭圆形，扁平，粉红色，体外被白色蜡粉；雄成虫体长约1 mm，紫褐色，有翅1对。若虫淡黄色，椭圆形，扁平，形似雌成虫。

为害杧果

雌成虫及若虫

172　南洋臀纹粉蚧　*Planococcus lilacinus* (Cockerell, 1905)

别　称　橘紫粉蚧、紫臀纹粉蚧、南洋刺粉蚧、咖啡粉蚧、可可粉蚧。

分　布　福建、台湾、广东、广西、海南、云南。

寄　主　咖啡、可可、火龙果、香蕉、杨梅、番石榴、番荔枝等。

形　态　雌成虫宽卵形，体长 1.3～2.5 mm。腹部背面分节明显，体表白色蜡粉状分泌物在各体节背部呈彼此分离的块状。体缘具 18 对几乎等长的蜡丝。

雌成虫

雌成虫及若虫

173 橘粉蚧 *Planococcus citri* (Risso, 1813)

别　称　橘臀纹粉蚧、柑橘粉蚧、紫苏粉蚧。
分　布　辽宁、山西、山东、江苏、上海、浙江、福建、湖北、广东、四川等。
寄　主　柚、柑橘、橙、茶、菠萝、柿、桑、咖啡、葡萄等。
形　态　雌成虫体长 2.5 mm，黄褐色至青灰色，椭圆形，体被白蜡粉；体四周有白色蜡丝 18 对，尾端长；后期背部显现出 1 条青灰色纵纹。雄成虫体长 1.6 mm，触角 9 节，复眼红色，体被白蜡粉，体末有白色蜡丝 2 根。

粉蚧科 Pseudococcidae

雌成虫

174 银毛吹绵蚧 *Icerya seychellarum* (Westwood, 1855)

分　布　河北、河南、陕西以南有分布。
寄　主　柑橘、枇杷、杧果、石榴、桑等。
形　态　雌成虫体长 4~6 mm，橘红或暗黄色，椭圆形或卵圆形，被块状白色绵毛状蜡粉。整个虫体背面有许多呈放射状排列的银白色细长蜡丝。雄体长 3 mm，紫红色。

珠蚧科 Margarodidae

雌成虫

半　翅　目

珠蚧科 Margarodidae

175 吹绵蚧　*Icerya purchasi* Maskell, 1878

别　称　绵团蚧。

分　布　我国各省份广泛分布。

寄　主　柑橘、苹果、梨、桃、樱桃、枇杷、杨梅、柠檬、葡萄、柿、栗、石榴、茶等250多种植物。

形　态　雌成虫体椭圆形，长5～6 mm，橘红色，背面隆起，体被白色粉状蜡质物，呈条状纵向排列。雄成虫长约3 mm，胸部黑色，腹部橘红色。1龄若虫椭圆形，红色；眼和触角黑色。

雌成虫

若虫

176　草履蚧　*Drosicha corpulenta* (Kuwana, 1902)

别　称　草履硕蚧、草鞋介壳虫、柿草履蚧。
分　布　北起吉林，南到云南均有分布。
寄　主　核桃、柿、苹果、梨、桃、栗等。
形　态　雌成虫扁椭圆形，似鞋底状，长约 10 mm，无翅，灰褐色或灰红色，背面隆起，有横皱褶和纵沟，被白色蜡粉。雄成虫体长 5～6 mm，体紫红色，有 1 对翅，淡黑色至紫蓝色；若虫与雌成虫相似，但体小，色较深。

珠蚧科 Margarodidae

雄成虫

雌成虫

若虫

绒蚧科 Eriococcidae

177 柿绒蚧 *Asiacornococcus kaki* (Kuwana, 1931)

别　称　柿毡蚧、柿虱。

分　布　河北、山东、陕西、山西、河南、安徽、广东、广西。

寄　主　柿、梨、枣等。

形　态　雄成虫体长1～1.2 mm，紫红色；触角细长，无复眼；翅1对、透明。雌成虫体长1.5 mm，紫红色，椭圆形，有弯曲白色的细毛状蜡质分泌物着生于腹部边缘，腹部较平滑；体被有圆锥状刺毛及白色毛毡状介壳，尾部卵囊由白色絮状物构成。

为害状

雌成虫

雌成虫及若虫

178 石榴绒蚧 *Acanthococcus lagerstroemiae* (Kuwana, 1907)

别　称　紫薇绒蚧。

分　布　辽宁、陕西、河北、北京、天津、山西、安徽、江苏、浙江、湖北、湖南、贵州、四川。

寄　主　石榴等。

形　态　雌成虫卵圆形，体长约 3 mm，紫红色，遍生细微刚毛，体背还被少量白色蜡粉，外观略成灰色；近产卵时分泌蜡质，形成白色毡状蜡囊，灰白色，长椭圆形。雄成虫体长约 1 mm，紫色或褐色，前翅半透明。

为害状

雌成虫

若虫

绒蚧科 Eriococcidae

179 角蜡蚧 *Ceroplastes ceriferus* (Fabricius, 1798)

别　称　角蜡虫。

分　布　河北、山东、江苏、浙江、湖北、湖南、福建、广东、广西、贵州、四川、云南。

寄　主　茶、柑橘、枇杷、无花果、荔枝、杨梅、杧果、石榴、苹果、梨、桃、李、杏、樱桃等。

形　态　雌成虫短椭圆形，长 5 mm，紫褐色，蜡壳灰白色略显粉红色。雄成虫体长 1.3 mm，赤褐色。初龄若虫扁椭圆形，红褐色。雄虫蜡壳椭圆形，长 2～2.5 mm，背面隆起较低，周围有 13 个蜡突。雄蛹长 1.3 mm，红褐色。

为害状

雌介壳

雌介壳侧面

180　日本龟蜡蚧　*Ceroplastes japonicus* Green, 1921

别　称　日本蜡蚧、枣龟蜡蚧、龟蜡蚧。

分　布　我国各省份广泛分布。

寄　主　枣、柿、柑橘、无花果、杧果、苹果、梨、山楂、桃、杏、李、樱桃、梅、石榴、栗、茶等100多种植物。

形　态　雌成虫体长3~5 mm，宽3~4 mm，蜡壳为灰白色，近半球形，边缘有弧形突出和相应的弧形凹入各8个，背面有龟甲状纹。初孵若虫卵圆形，淡橙黄色。若虫雌雄分化后，雌虫蜡壳为半球形，形似龟甲；雄虫蜡壳为长椭圆形，边缘呈星芒状。

蜡蚧科 Coccidae

为害状

雌介壳

181 红蜡蚧 *Ceroplastes rubens* Maskell, 1893

分　布　我国各省份均有发生。

寄　主　柑橘、茶、苹果、梨、樱桃、柿、荔枝、杨梅、无花果、杧果、石榴等。

形　态　雌成虫椭圆形，背面稍隆起，长约 2.5 mm，紫红色。体上覆盖红色厚蜡壳，老熟时深红色，背面中央部分隆起成半球形，顶部凹陷成脐状，两侧共有 4 条弯曲的白色蜡带。雄成虫长约 1 mm，体暗红色。若虫扁平椭圆形，红褐色至紫红色。

为害状

雌成虫

182 无花果蜡蚧　*Ceroplastes rusci* (Linnaeus, 1758)

别　称　榕龟蜡蚧。
分　布　广东、四川、云南。
寄　主　无花果、杧果、番荔枝、番石榴、柠檬、荔枝等。
形　态　雌成虫前期虫体表皮膜质，略隆起，后期虫体表皮稍硬化，体背部隆起为半球形。体长 2～3.5 mm，宽 1.5～2.5 mm，淡褐色。体背有 8 个无腺区。背刺锥状，端钝。

蜡蚧科 Coccidae

为害状

雌介壳

半翅目

183 褐软蚧 *Coccus hesperidum* Linnaeus, 1758

分 布 我国广泛分布。

寄 主 柑橘、苹果、桃、枣、茶等。

形 态 雌成虫扁平或背面稍有隆起，长 3～4 mm。体两侧不对称，向一边略弯曲。体背颜色变化大，有浅黄褐色、榄绿色、棕色、红褐色等，体背具 2 条褐色横带并常具各种图案。若虫体长椭圆形，扁平，淡黄褐色。

雌成虫

若虫

184 扁平球坚蚧 *Parthenolecanium corni* (Bouché, 1844)

别　称　东方盔蚧、水木坚蚧、褐盔蜡蚧、糖槭蚧。
分　布　黑龙江、吉林、辽宁、内蒙古、新疆、甘肃、宁夏、青海、陕西、山西、河北、河南、山东、江苏、浙江、安徽、湖北、湖南、四川。
寄　主　桃、杏、李、葡萄、梨、苹果、核桃、山楂等。
形　态　雌成虫体长约 6 mm，长椭圆形，黄褐色至暗褐色，体背稍隆起，至边缘渐平。体背中部有隆脊，两侧各有 2 列大凹点，外侧的较小，周缘有较规则的放射状褶皱。

蜡蚧科 Coccidae

为害状

雌成虫

185 朝鲜球坚蚧 *Didesmococcus koreanus* Borchsenius, 1955

别　称　朝鲜球蚧、杏球坚蚧、杏毛球坚蚧、桃球坚蚧。

分　布　黑龙江、吉林、辽宁、内蒙古、河北、北京、山西、陕西、宁夏、甘肃、河南、江苏、安徽、浙江、湖北、湖南、江西、四川、贵州、云南、青海、新疆、西藏。

寄　主　桃、李、海棠、苹果、杏等。

形　态　雌成虫近球形，长 4.5 mm，前、侧面上部凹入，后面近垂直。初期介壳软，黄褐色，后期硬化红褐至黑褐色，表面有极薄的蜡粉。雄成虫体长 1.5～2 mm，头、胸部赤褐，腹淡黄褐色。初孵若虫长椭圆形，体扁平，淡褐色至粉红色。

为害状

雌成虫

186 瘤大球坚蚧 *Eulecanium gigantea* (Shinji, 1935)

别　称　枣球蜡蚧。
分　布　陕西、河北、河南、山东、江苏、安徽、宁夏、内蒙古、新疆。
寄　主　枣、苹果、梨、杏、桃、李、核桃等。
形　态　雌成虫近球形，直径约18 mm；体背面常红褐色，并有由灰黑色斑组成的花斑图案，通常有1条中纵带，2条锯齿状的边缘带，两带之间有8个斑点呈列状分布。

为害状

雌成虫侧面

卵

187　日本纽绵蚧　*Takahashia japonica* (Cockerell, 1896)

别　　称　桑纽蚧。

分　　布　江苏、安徽、上海、湖南、湖北、福建。

寄　　主　石榴、山核桃、桑等。

形　　态　雌成虫体长约8 mm，体边缘的锥刺短，顶尖；触角粗短，7节；足短小，在胫节和跗节之间无硬节片；尾裂短，肛片近体末端，左右两端组成四方形；腹面多孔腺密集在头胸部及腹部的亚中区；五孔腺小，稀疏散布在气沟处，背面有厚边的3~5孔腺，管腺在背腹两面散布。卵囊白色，细长筒形，除两端固着外，中段悬空呈扭曲状或呈"U"形。

为害状

雌成虫及卵囊

188　中黑盲蝽　*Adelphocoris suturalis* (Jakovlev, 1882)

别　称　中黑苜蓿蝽。
分　布　我国各省份均有发生。
寄　主　棉花、苜蓿、甜菜、大豆、桑、胡萝卜、马铃薯、大麦、小麦等。
形　态　成虫体长 6~7 mm，褐色，被有黄色细毛。前胸背板淡绿色，中央有 2 个黑色圆形斑点。小盾片、爪片内缘与端部、楔片内方、革片近膜区部分黑褐色，革片中央有 1 个色较浓的楔形纵斑。

盲蝽科 Miridae

成虫背面

成虫侧面

189 苜蓿盲蝽 *Adelphocoris lineolatus* (Goeze, 1778)

分 布 黑龙江、吉林、辽宁、内蒙古、天津、北京、河北、山西、宁夏、甘肃、青海、山东、陕西、江苏、浙江、安徽、江西、湖北、广西、四川、云南、西藏、新疆。

寄 主 棉花、玉米、马铃薯、豌豆、菜豆、南瓜、苜蓿等。

形 态 成虫体长 8～8.5 mm，头小三角形，端部向前突出。触角褐色丝状。前胸背板后半部有2个黑色圆斑，小盾片中央有2个半"丁"字形褐色纹。若虫暗绿色，全身被黑色刚毛。

成虫背面

成虫侧面

若虫

190 黑唇苜蓿盲蝽　*Adelphocoris nigritylus* Hsiao, 1962

别　称　黑唇盲蝽。
分　布　黑龙江、吉林、辽宁、内蒙古、北京、天津、河北、山东、河南、山西、陕西、宁夏、甘肃、江苏、安徽、江西、贵州、四川、海南。
寄　主　马铃薯、棉花、麻、十字花科蔬菜等。
形　态　成虫体长 7～8.2 mm，长椭圆形，淡褐色，微带绣褐色；触角第 1 节污黄色或同体色，最基部常深色；小盾片黑褐色，中纵纹淡色；前翅楔片淡黄白色，端部黑褐色，有红色晕，膜片烟黑褐色。

成虫背面

成虫侧面

191 三点苜蓿盲蝽　*Adelphocoris fasciaticollis* Reuter, 1903

分　布　黑龙江、内蒙古、新疆、江苏、安徽、江西、湖北、四川等。

寄　主　棉花、芝麻、大豆、玉米、高粱、小麦、番茄、苜蓿、马铃薯等。

形　态　成虫体长 6.5～7 mm，褐色，被黄细毛。头小，三角形，向前突。触角黄褐色。前胸背板后缘有 1 条黑色横纹，前缘有 2 个黑斑。若虫体色鲜橙黄色，体被黑细毛。

成虫

192 斯氏后丽盲蝽　*Apolygus spinolae* (Meyer-Dür, 1843)

分　布　黑龙江、内蒙古、北京、天津、陕西、山西、甘肃、河南、浙江、四川、云南、广东。

寄　主　棉花。

形　态　成虫体长 4.2～6 mm，体绿色至黄绿色，被细毛。楔片末端色深，淡黑褐色至黑褐色。膜片透明，色浅，散布少量淡褐色斑，基内角暗褐色。后足股节端部有 2 个褐色环。

成虫

193 绿盲蝽 *Apolygus lucorum* (Meyer-Dür, 1843)

别　称　绿后丽盲蝽。
分　布　我国各省份均有发生。
寄　主　桑、茶、棉花、豆类、麻类、苹果、梨、桃等。
形　态　成虫体长 5～5.5 mm，雌虫稍大。黄绿色至浅绿色，全身被细毛。触角比身体短，4 节，小盾片、前翅革片、爪片绿色，楔片末端淡黄绿色，膜质部暗灰色。

成虫背面

成虫侧面

盲蝽科 Miridae

194 甘薯跳盲蝽　*Halticus minutus* Reuter, 1885

| 别　称 | 小黑跳盲蝽、花生盲蝽、甘薯蚤。
| 分　布 | 陕西、河南、安徽、江西、浙江、台湾、福建、四川、云南、广西、广东。
| 寄　主 | 甘薯、花生、黄瓜、丝瓜、茄、大豆、菜豆等。
| 形　态 | 成虫体长约2 mm，黑色，有光泽；触角细长，黄褐色；前胸背板短宽，前缘和侧缘直，后缘向后突出呈弧形；小盾片为等边三角形；前翅革区黑褐色，膜区烟色；足黄褐至黑褐色，后足腿节特别粗、内弯。

为害状

成虫

若虫

195 条赤须盲蝽 *Trigonotylus coelestialium* (Kirkaldy, 1902)

分 布 黑龙江、吉林、辽宁、内蒙古、宁夏、新疆、河北、陕西、山东、河南、山西、江苏、湖北、安徽、江西、四川、云南。

寄 主 小麦、玉米、大豆、油菜、稻等。

形 态 成虫体长4～6 mm，体绿色，狭长。头向前平伸，呈三角形，头顶中央有一褐色纵沟。触角红色，第1节具3条红色纵纹。前胸背板梯形，具3条淡褐色纵纹。小盾片三角形。前翅革质部绿色，膜质部半透明。

盲蝽科 Miridae

成虫背面

成虫侧面

196 烟盲蝽 *Nesidiocoris tenuis* (Reuter, 1895)

分布 内蒙古、北京、天津、河北、山西、陕西、甘肃、河南、山东、江苏、浙江、安徽、江西、湖北、湖南、贵州、四川、云南、福建、广东、广西、台湾、海南等。

寄主 烟草、芝麻等，也可捕食蓟马、蚜虫、叶螨、粉虱等小型昆虫。

形态 成虫体长 3～4.8 mm，细长纤弱，黄绿色。头圆形，复眼大，黑色。前翅半透明，革片顶角及楔片顶角色较深，膜片白色透明。足细长。若虫共5龄，1龄虫体黄色或橙色，2—5龄虫体深绿色，翅芽随龄期而增大。

成虫背面

成虫侧面

若虫

197　淡盾芋盲蝽　　*Ernestinus pallidiscutum* (Poppius, 1915)

分　布　广东、台湾。

寄　主　芋。

形　态　成虫体长约 4 mm，头、前胸背板及爪片黑色或黑褐色；触角第 1 节及第 2 节基半部淡色，其余黑色；小盾片中部黄褐色；前翅白色光亮，革片内角各有 1 个圆形黑斑，膜片基部 1/3 烟黑色。

盲蝽科 Miridae

为害状

成虫

若虫

198 黄唇蕉盲蝽 *Prodromus clypeatus* Distant, 1904

分 布 贵州、云南、广西、广东、福建、台湾、海南。

寄 主 香蕉。

形 态 成虫体长 4.5～5.3 mm，体黄色。触角 4 节，第 1 节黄色。前胸背板梯形，中部缢缩。小盾片三角形，褐色。翅半透明，被淡色短毛。足黄色，细长。

为害状

成虫

若虫

199　黑角微刺盲蝽　*Campylomma diversicornis* Reuter, 1878

别　　称	异须微刺盲蝽、多微刺盲蝽。
分　　布	新疆、内蒙古、宁夏、四川、陕西、山西、河北、北京、天津、河南等。
寄　　主	棉花、芝麻、苜蓿等，也能捕食叶螨、蚜虫、蓟马、棉铃虫卵等小型昆虫。
形　　态	成虫体长 2.7～2.8 mm，触角 4 节，第 1、第 2 节黑色，其余淡色。体背面密布黑色微刺；足腿节端半部及胫节具黑色斑点，胫节的黑色刺毛着生在黑斑上。

盲蝽科 Miridae

成虫

200　长角纹唇盲蝽　*Charagochilus longicornis* Reuter, 1885

分　　布	安徽、湖北、四川、贵州、云南、广西、台湾、福建、广东、海南、西藏。
寄　　主	茄、苋。
形　　态	成虫体长 3～3.8 mm，体黑色，略带光泽；触角黑色，第 1 节色深；小盾片刻点深，末端黄白色；爪片全黑，具粗刻点；各足股节基部约 1/3 黄白色，其余部分黑褐色，杂有黄斑，胫节基部 1/3 黑色，其余部分色淡。

成虫

半翅目　195

201 菊方翅网蝽　*Corythucha marmorata* (Uhler, 1878)

分　布　山东、河南、上海、安徽、江苏、浙江、贵州、四川、湖北、江西、福建、台湾。

寄　主　向日葵、菊芋、甘薯、蕹菜等，也是入侵植物加拿大一枝黄花的重要天敌。

形　态　成虫体长约 2.8 mm，头兜、中纵脊、侧背板及前翅的网室室脉上密布直立小刺，侧背板外缘和前翅前缘具排列整齐刺列；头兜、纵脊、侧背板及前翅网室乳白色、半透明或不透明，多具网状褐斑。足和触角浅黄色，腹面黑褐色，腹部褐色，足第 2 跗节端部黑褐色。前胸背板盘域稍向上隆起，具稀疏刻点；头兜盔状；前翅近长方形，前缘基部强烈上卷，近直立。若虫浅褐色，体背部被刺簇状突起。

为害甘薯

成虫

若虫

202 香蕉网蝽 *Cnemiandrus typicus* Distant, 1902

别　称　香蕉冠网蝽。
分　布　云南、广西、台湾、福建、广东、海南。
寄　主　香蕉、芭蕉、番荔枝及桑科、姜科植物。
形　态　成虫体长 2.1～2.4 mm，灰白色；前胸背板具网纹，侧背板呈翼状扩展；前翅长椭圆形，膜质透明，具网纹，翅基及近端部有黑色横斑，翅缘具毛；后翅无网纹，有毛。5 龄若虫体长 2～2.1 mm，前胸背板盖及头部基半、两侧缘稍突出，腹部中段黑褐色；翅芽达第 3 腹节，其基部及末端有 1 个黑色横斑。

网蝽科 Tingidae

成虫

若虫群集为害

若虫

203 梨网蝽 *Stephanitis nashi* Esaki & Takeya, 1931

别　称　梨花网蝽、梨冠网蝽、梨军配虫。
分　布　我国各省份均有发生。
寄　主　梨、苹果、海棠、花红、桃、李、樱桃、山楂等。
形　态　成虫体长约3.5 mm，扁平，暗褐色。头部红褐色。触角浅黄褐色，4节。前胸背板有纵向隆起，向后延伸如扁板状，盖住小盾片，两侧向外突出。前胸背板及前翅有网状花纹。后翅膜质，白色透明，翅脉暗褐色。若虫共5龄，体色比成虫色浅。

成虫背面

成虫侧面

初羽化成虫及若虫

204 蔗网蝽 *Abdastartus atrus* (Motschulsky, 1863)

分 布 福建、海南。

寄 主 甘蔗。

形 态 成虫体长 2.7～2.8 mm，体黄褐色，头及腹部较暗；头短，有头刺 2 对；前胸背板前侧缘脊状，有纵脊 3 条，中纵脊纵贯背板全长；前翅窄长，明显超出腹部末端，由翅脉形成许多网状小室。若虫共 5 龄，末龄若虫体长 1.9～2.0 mm，体褐色，被较密的银白色斑；足淡黄色。

网蝽科 Tingidae

成虫背面

成虫侧面

若虫

205 离斑棉红蝽 *Dysdercus cingulatus* (Fabricius, 1775)

别　称　带棉红蝽、棉二点红蝽、棉红蝽、二点星红蝽。

分　布　湖北、四川、福建、台湾、云南、广西、广东、海南。

寄　主　棉花、甘蔗、烟草、玉米、蜀葵等。

形　态　成虫体长 12～18 mm。头、前胸背板和前翅橙红色，颈部有 1 条横向的白色斑纹；触角 4 节，黑色，第 1 节基部红色；小盾片黑色；革片中央具 1 个椭圆形大黑斑；胸部、腹部腹面红色，仅各节后缘具两端加粗的白横带；足基节外侧有弧形白纹。

成虫背面

成虫侧面

成虫腹面

206 突背斑红蝽 *Physopelta gutta* (Burmeister, 1834)

分 布 上海、浙江、安徽、江苏、湖北、重庆、四川、贵州、云南、台湾、福建、广西、广东、海南、西藏。

寄 主 茶、油茶、柑橘、栗、梨、桃、李、烟草等。

形 态 成虫体长15~19 mm，头部及前胸背板黑褐色，前胸背板边缘不具细毛，前翅革质部分有2个圆形的大黑斑，上斑圆形，下斑三角形，下斑与膜质翅的黑色区域相连。

红蝽科 Pyrrhocoridae

成虫背面

成虫侧面

红蝽科 Pyrrhocoridae

207 先地红蝽　　*Pyrrhocoris sibiricus* Kuschakewitsch, 1866

分　布　辽宁、内蒙古、河北、北京、天津、山东、江苏、上海、浙江、西藏。
寄　主　禾本科、十字花科植物。
形　态　成虫体长 8～10.5 mm，椭圆形，灰褐色，具棕黑色刻点；触角、前胸背板胝部，小盾片基角和近基部中央有 2 个小圆斑；前胸背板侧缘、革片前缘，胸腹面侧缘、侧接缘、胫节及跗节灰棕色，各足基节外侧及后胸侧板后缘灰白色。

成虫

若虫

208　横带红长蝽　*Lygaeus equestris* (Linnaeus, 1758)

分　布　黑龙江、吉林、辽宁、内蒙古、河北、山西、陕西、宁夏等。
寄　主　白菜、油菜、甘蓝等十字花科植物。
形　态　成虫体长 12.5～14 mm，朱红色；头三角形，前端、后缘、下方及复眼内侧黑色；复眼褐色，触角4节，黑色，第1节短粗，第2节最长；前胸背板梯形，朱红色，前缘黑，后缘常有1个双驼峰形黑纹；小盾片三角形，黑色；翅革片朱红色。

成虫背面

成虫侧面

若虫

209 角红长蝽 *Lygaeus hanseni* Jakovlev, 1883

分 布 宁夏、北京、天津、江苏、河南、浙江、江西、广东、广西、四川、云南等。
寄 主 苹果、瓜类。
形 态 成虫体长8~11 mm，长椭圆形，头、触角和足黑色，体赤黄色。前胸背板纵脊两侧各有1个大黑斑，小盾片三角形，黑色。前翅爪片除基部和端部赤黄色外基本上为黑色，革片和缘片的中域有1个黑斑，膜质部黑色，基部近小盾片末端处有1个白斑。

成虫背面

成虫侧面

210　箭痕腺长蝽　*Spilostethus hospes* (Fabricius, 1794)

分　布　四川、云南、广西、广东、台湾。

寄　主　菊科植物。

形　态　成虫体长 11~12 mm，体色红，具黑色斑；头中叶、眼内侧、触角和喙黑色，前胸背板有 2 条黑色纵带，小盾片基部黑色；爪片基部内侧红色，端部黑色，中部具椭圆形黑色斑；革片红色，爪片缝两侧暗褐片，中部具圆形黑斑；膜片、胸部腹面、足黑色。

长蝽科 Lygaeidae

成虫背面

成虫交尾

211 红脊长蝽 *Tropidothorax elegans* (Distant, 1883)

别　称　黑斑红长蝽。

分　布　我国各省份均有发生。

寄　主　瓜类、油菜、白菜等。

形　态　成虫体长8~11 mm，长椭圆形，头、触角和足黑色，体赤黄色；前胸背板后缘中部稍向前凹入，纵脊两侧各有1个近方形的大黑斑；小盾片三角形，黑色。5龄若虫体长6.1~8.5 mm，前胸背板后部中央有一突起，其两侧为漆黑色，翅芽漆黑。

群集为害

成虫侧面

若虫

212 小长蝽 *Nysius ericae* (Schilling, 1829)

别　称　谷子小长蝽。
分　布　黑龙江、内蒙古、河北、山西、陕西、河南、安徽、四川、云南、西藏。
寄　主　粟、蓖麻、苋菜等。
形　态　成虫体长 3.6～4.5 mm，头淡褐至棕褐色，每侧在单眼处有 1 条黑色纵带；复眼后方常黑色，复眼与前胸背板接近；前胸背板污黄褐色，胝区处成一宽黑横带，边缘较完整；前翅淡白，半透明，翅前缘基部有少数毛，在各脉上有 1 个褐斑。膜片几无色，半透明。

群集为害

成虫

若虫

213　大头隆胸长蝽　*Eucosmetus incisus* (Walker, 1872)

分　布　云南、广西、广东、福建、海南。

寄　主　稻等。

形　态　雌虫体长 7.2~8.2 mm，雄虫体长 6.9 mm。头黑，表面无光泽，复眼长卵圆形，眼前的头侧缘微内弯。头背、腹面有短毛。喙伸达胸前腹板后缘。触角黑，第 1 节伸达头端，内、外侧各有 1 条白色纵纹，前胸背板黑，后缘处常有 2 个黄褐色小圆斑。小盾片末端黄白色。

成虫背面

成虫侧面

214 白斑地长蝽 *Panaorus albomaculatus* (Scott, 1874)

别　称　白斑狭地长蝽。

分　布　吉林、北京、天津、河北、山西、陕西、河南、四川、江苏、湖北、广西等。

寄　主　栗。

形　态　成虫体长 7~7.5 mm，头黑，无光泽，密被短毛。触角第1节褐色至黑色，第2节黄褐色，第3节全黑色。前胸背板前叶黑色，无光泽，其余黄白色。小盾片黑，具刻点，沿侧缘端半各有1条黄带，排成"V"形，或只小盾片末端淡色。爪片与革片淡黄褐色。革片前缘域全无刻点，中部后方在内角的水平位置处有1条黑褐色横带，向外渐狭，其后为1个白色近三角形的大斑。膜片黑褐，散布有不规则的细碎斑。

地长蝽科 Rhyparochromidae

成虫背面

成虫侧面

半翅目

室翅长蝽科 Heterogastridae

215 台裂腹长蝽 *Nerthus taivanicus* (Bergroth, 1914)

分 布 陕西、安徽、河南、江苏、浙江、湖北、江西、福建、台湾、云南、贵州、广西、海南、广东。

寄 主 桑。

形 态 成虫体长 11.4~12.5 mm，体黑色，被黄色毛。头三角形，头顶平，中叶突出。前胸背板中部横缢，后缘具细窄的黄褐色边。小盾片基部微隆起，纵脊黄褐色。前翅黑褐色，被黄褐色密毛，前缘、顶角和端缘黑褐，膜片黑色。腹部侧接缘前半黄色，后半黑色。

成虫背面

成虫侧面

若虫

216 长须梭长蝽 *Pachygrontha antennata* (Uhler, 1860)

分 布 陕西、湖南、湖北、重庆、江苏、浙江、江西、福建、广东。

寄 主 油菜、白菜、大豆、菜豆等。

形 态 成虫体长 7.5～8 mm，黄褐至暗褐色，身体腹面和头部具有浓密的金黄色丝状毛。头渐下倾，头顶平滑。触角细长丝状，黄褐色。喙伸达中胸腹板中部，前胸背板黄褐色。前翅革质部份褐色，刻点均匀。革片端缘、顶角、内角和中央各有 1 个大黑斑。中、后胸腹面和腹部背面黑色，侧接缘黄褐，腹部腹面黑褐色。足黄褐色。

成虫背面

成虫侧面

217 豆突眼长蝽 *Chauliops fallax* Scott, 1874

分 布 河北、山西、陕西、河南、山东、江苏、安徽、浙江、湖北、湖南、江西、福建、四川、贵州、云南、广西、广东、海南、台湾、西藏。

寄 主 大豆、绿豆、豇豆、菜豆、刀豆、赤豆等豆科植物。

形 态 成虫体长 2.8～3.2 mm，体红褐色至黑褐色，密布大刻点，刻点内有鳞片状毛。头、前胸背板栗褐色至黑褐色。复眼黑色，眼柄长，向左右两侧上前方呈蟹眼状外突。初孵若虫紫红色，高龄若虫紫黑色。

为害状

成虫背面

成虫侧面

若虫

卵

218　大眼长蝽　*Geocoris pallidipennis* (Costa, 1843)

分　布　河北、山西、陕西、山东、河南、江苏、安徽、浙江、湖北、江西、西藏、四川、云南。

寄　主　棉花、豆类、瓜类等。

形　态　成虫体长 3.5 mm，宽 1.69 mm。头黑，中叶两侧有 1 个三角形白斑；有光泽。前胸背板梯形，黑色。前翅革质部淡黄褐色，革片内角处有 1 个小黑斑。侧接缘黑色，各节外缘黄褐色，腹部背面黑色。

成虫

219　开环缘蝽　*Stictopleurus minutus* Blöte, 1934

分　布　黑龙江、吉林、内蒙古、宁夏、甘肃、山西、陕西、河北、北京、山东、江苏、河南、安徽、湖北、湖南、浙江、江西、福建、四川、广东、台湾、云南、新疆、西藏。

寄　主　栗等。

形　态　成虫体长 6～8.2 mm，体黄绿色，密布细小浓密的黑色刻点。前胸背板前端横沟的两端弯曲。前翅除基部、前缘、翅脉及革片顶角外，完全透明。腹部侧接缘黄色，各节后部常具黑色斑点。

成虫

姬缘蝽科 Rhopalidae

220 粟缘蝽 *Liorhyssus hyalinus* (Fabricius, 1794)

分　布　我国各省份均有发生。

寄　主　高粱、粟、玉米、稻、烟草、向日葵、苘麻、大麻等。

形　态　成虫体长 7～7.8 mm，宽 2.1～2.5 mm。长椭圆形，黄棕色或黄褐色，密被浅色长细毛。头三角形，背面具对称的黑色斑纹；头顶中央具黑色短纵沟；前胸背板梯形。前胸背板前方横沟黑色；前翅透明。

成虫

卵

若虫

221　黄伊缘蝽　*Rhopalus maculatus* (Fieber, 1837)

分　布　黑龙江、吉林、新疆、北京、河北、河南、江苏、安徽、浙江、湖北、江西、贵州、四川、广东。

寄　主　大豆、蚕豆、花生、棉花、稻、小麦、高粱、油菜等。

形　态　成虫体长 6～9 mm，体浅橙黄色；触角红色，基部 3 节色较浅；前翅透明，革质部的翅脉上散生数个褐色斑点；腹部背面色浅，基部及第 7 节背板中央褐色，腹面两侧各具 1 列黑色小点。

成虫背面

成虫侧面

222 稻棘缘蝽 *Cletus punctiger* (Dallas, 1852)

别　称　稻针缘蝽、黑棘缘蝽。

分　布　辽宁、河北、北京、陕西、山西、甘肃、河南、山东、安徽、浙江、江苏、湖北、湖南、福建、四川、贵州、云南、广西、广东、台湾、海南、西藏。

寄　主　稻、麦类、玉米、粟、棉花、大豆、柑橘、茶、高粱等。

形　态　成虫体长 9～11 mm，体黄褐色，狭长，刻点密布。头顶中央具短纵沟，头顶及前胸背板前缘具黑色小粒点，复眼褐红色，单眼红色。若虫共 5 龄，3 龄前长椭圆形，4 龄后长梭形。

成虫背面

成虫侧面

若虫

223 长肩棘缘蝽 *Cletus trigonus* (Thunberg, 1783)

分　布　河南、山东、上海、江苏、安徽、浙江、江西、湖南、贵州、云南、广西、广东、福建、台湾。

寄　主　稻、玉米、烟草、油茶等。

形　态　成虫体长 7.5～8.8 mm，前胸背板前半部色浅，侧角呈细刺状向两侧伸出。末龄若虫黄褐色，腹部背面有小黑纹，前胸背板侧角向后偏外延伸成针状。

成虫背面

成虫侧面

224 宽棘缘蝽 *Cletus schmidti* Kiritshenko, 1916

分　布　河北、陕西、山东、安徽、江苏、浙江、湖北、江西、台湾等。

寄　主　稻、小麦、玉米、高粱等。

形　态　成虫体长 8.5～10 mm，宽 2.6～3.3 mm。棕黄色。被黑褐色刻点，头部及前胸背板前部的细小颗粒浅色。前胸背板后部刻点粗密；侧角后缘齿状突显著。前翅前缘基半浅色，顶角、端缘及内角常呈紫褐色，顶角处白斑小，但较明显。

成虫背面

成虫侧面

225 禾棘缘蝽 *Cletus graminis* Hsiao & Zheng, 1964

分 布 陕西、山西、江苏、湖南、云南。
寄 主 稻。
形 态 成虫体长 9.6～10 mm，灰黄色，腹面色较浅。头部两侧眼后方各有 1 条纵走黑纹。触角棕红色。前胸背板侧缘后部向内成弧形弯曲；侧角成短刺状，黑色。前翅达于腹部末端，革片前缘基部 2/3 浅色，顶端带红色。

成虫

226 刺颔棘缘蝽 *Cletus bipunctatus* (Herrich-Schäffer, 1840)

分 布 江西、贵州、云南、广西。
寄 主 桑、甘蔗。
形 态 成虫体长 10～12 mm，暗棕黄色，刻点黑色。触角第 1 节腹面外侧及第 2、第 3 节带黑色。前胸背板侧缘具 1 列浅色颗粒状突起。前翅膜片内基角黑色。

成虫

227　点棘缘蝽　*Cletomorpha simulans* Hsiao, 1963

别　称　点拟棘缘蝽。
分　布　云南、海南。
寄　主　茶、梨。
形　态　成虫体长 7～8.5 mm，污黄色，前胸背板后部及前翅浅褐色，刻点褐色。触角浅褐色，第 1 节端半部膨大，第 4 节色浅。前胸背板侧角尖锐，其后缘凹陷，具数小齿。小盾片顶角尖锐，微向上翘。前翅革片顶部约 1/3 处有 3 个横列的黄白色斑点。腹部侧接缘顶角及侧缘黑色。

成虫背面

成虫侧面

228　小棒缘蝽　*Gralliclava horrens* (Dohrn, 1860)

分　布　浙江、云南、台湾、福建、香港、广东、海南。
寄　主　稻、花生等。
形　态　成虫体长 7～8 mm，红棕色；触角、足、前翅及腹部腹面均为污黄色，触角第 4 节、后足股节端半部、前翅革片顶角及腹部腹面花纹均为棕红色；前胸背板侧角尖刺状突出，刺端部黑色，向上翘起；侧接缘各节后角成刺状突出，黑色。

成虫背面

成虫侧面

229 广腹同缘蝽　　*Homoeocerus dilatatus* Horváth, 1879

分　布　黑龙江、吉林、甘肃、山西、北京、山东、河南、浙江、湖北、江西、四川、贵州、广东。

寄　主　柑橘、玉米、豆类、花椒等。

形　态　成虫体长13.5～14.5 mm，淡褐色。触角第1、第2、第3节三棱形，第4节纺锤形。前翅不达腹部末端，腹部较扩展，体密布黑色小刻点。

成虫背面

成虫交尾

230 小点同缘蝽 *Homoeocerus marginellus* (Herrich-Schäffer, 1840)

分　布　江西、福建、广东、四川、云南。

寄　主　稻、大豆、甘薯等。

形　态　成虫体长 11～13 mm，黄褐色，具细小刻点；前胸背板侧缘黄白色，稍向内弯曲；中、后胸侧板中部各具 1 个深色小斑点；前翅革片中部有 1 个黑色小点。

缘蝽科 Coreidae

成虫背面

成虫侧面

231 一点同缘蝽 *Homoeocerus unipunctatus* (Thunberg, 1783)

分 布 江苏、浙江、安徽、江西、福建、台湾、湖北、湖南、广东、广西、云南、西藏。

寄 主 豆科植物。

形 态 成虫体长 12～14 mm，体色褐色密部黑褐色斑点，小盾板中央有 1 个黑斑，翅革质部分有 1 个小黑点，膜质部分颜色与革质部分相同，腹部背板外露，侧缘褐色。

成虫背面

成虫侧面

若虫

232 纹须同缘蝽 *Homoeocerus striicornis* Scott, 1874

分　布　河北、北京、甘肃、浙江、江西、湖北、四川、台湾、广东、海南、云南。
寄　主　柑橘、玉米、高粱、茄科、豆科等。
形　态　成虫体长21 mm，体狭长，头、前胸背板及小盾片绿色，头部小，复眼红褐色，触角鞭节4节，褐色或红褐色，末节黄白色，端部褐色，前胸背板至小盾片周边镶黑色或红褐色边，侧角外突，尖细，革质翅淡褐色，翅脉简单而突出，腹面绿色，各足细长，绿色。

缘蝽科 Coreidae

成虫背面

成虫侧面

前胸背板

233 合欢同缘蝽 *Homoeocerus walkeri* Kirby, 1892

分 布 江西、湖南、福建、贵州、云南、广西、广东、海南。

寄 主 杧果、油茶等。

形 态 成虫体长 17~19 mm，头、前胸背板、小盾片、革片前缘基部、体腹面及足黄褐色；头中央刻点及两侧带纹具黑色小颗粒；前胸背板侧缘、后部侧角间的横带及革片紫褐色；革片内基角有 2 个淡黄色横斑，有时互相连接或完全消失。

成虫背面

成虫侧面

234 瓦同缘蝽　*Homoeocerus walkerianus* Lithierry & Severin, 1894

分　布　湖北、安徽、浙江、江苏、江西、四川。
寄　主　桑、油茶等。
形　态　成虫体长 16～18 mm，黄褐色。小盾片、前翅革片侧缘、体腹面及足绿色或淡黄绿色。头背面及前胸背板侧缘具黑色小颗粒。触角第 4 节基半部黄色，端半部黑色。中、后胸侧板各具 1 个小黑斑。

成虫背面

成虫侧面

235 瘤缘蝽 *Acanthocoris scaber* (Linnaeus, 1763)

分　布　山东、江苏、浙江、安徽、江西、福建、台湾、湖北、广西、广东、四川、贵州、云南、西藏等。

寄　主　蚕豆、甘薯、茄、瓜类、辣椒等。

形　态　成虫体长 10.5～13.5 mm，褐色。触角具粗硬毛。前胸背板具显著的瘤突；侧接缘各节的基部棕黄色，膜片基部黑色，胫节近基端有一浅色环斑；后足股节膨大，内缘具小齿或短刺；喙达中足基节。初孵若虫头、胸、足与触角粉红色，后变褐色，腹部青黄色；低龄若虫头、胸、腹及胸足腿节乳白色，复眼红褐色，腹部背面有 2 个近圆形的褐色斑。

为害状

成虫

低龄若虫

高龄若虫

卵

236 环胫黑缘蝽 *Hygia lativentris* (Motschulsky, 1866)

分　布　湖南、浙江、广西、云南、重庆、甘肃。

寄　主　核桃等。

形　态　成虫体长 10～12 mm，体棕黑色，具粗糙刻点。腹部第 3、第 4 两节中部各有 2 个黑斑，最后 3 节两侧各具 1 个黑斑。各足股节具许多浅色斑点，胫节具浅色环纹。

成虫背面

成虫侧面

237 黄胫佅缘蝽　*Mictis serina* Dallas, 1852

分　布　浙江、江西、四川、湖南、福建、广西、广东。

寄　主　茶、油茶。

形　态　成虫体长 22～30 mm，体黑色至棕色；触角 4 节，褐色，末节黄褐色或橙色。前翅褐色，长及腹末。足细长，后足腿节末端内侧有 1 个三角形刺突；各足胫节污黄色。

成虫背面

成虫侧面

238 拉缘蝽 *Rhamnomia dubia* (Hsiao, 1963)

分　布　湖北、湖南、云南、贵州、福建、广西、广东。

寄　主　栗等。

形　态　成虫体长 24～30 mm。暗褐色，被浅棕色细毛。头方形，眼稍突出，触角基顶端互相接近。触角圆柱状。前胸背板粗糙，无刻点，后部及两侧角处密生不规则的颗粒，中央有1条不明显的纵沟。前翅超过腹部末端。腹部背面红色，各节两侧均具1个黑色斑点。

缘蝽科 Coreidae

成虫背面

成虫侧面

前胸背板

239　斑背安缘蝽　*Anoplocnemis binotata* Distant, 1918

分　布　山东、河南、安徽、江苏、浙江、四川、贵州、云南、福建、江西、西藏等。
寄　主　大豆等。
形　态　成虫体长 20～24 mm，体黑褐色至黑色，被白色短毛。触角第 1—3 节黑色，第 4 节基半部赭红色，端半部红褐色，最末端赭色。小盾片有横皱纹。前翅革片棕褐，膜片烟褐色。后足腿节粗壮弯曲。

成虫背面

成虫侧面

240 红背安缘蝽 *Anoplocnemis phasianus* (Fabricius, 1781)

分 布 辽宁、河北、山西、陕西、甘肃、河南、山东、江苏、安徽、浙江、湖北、湖南、江西、福建、台湾、广东、广西、贵州、四川、云南、西藏、海南。

寄 主 大豆、豇豆、菜豆、绿豆、瓜类、花生等。

形 态 成虫体长 20～27 mm，体棕褐色，粗壮。头小，似长方形。触角第 4 节棕黄色，其余棕褐色。喙棕褐色，端部黑色。雄成虫后足胫节弯曲、粗壮。末龄若虫灰褐色或黄褐色。

缘蝽科 Coreidae

成虫

若虫

若虫

半翅目 233

241 菲缘蝽 *Physomerus grossipes* (Fabricius, 1794)

分　布　湖南、四川、贵州、云南、广西、广东、海南。

寄　主　椰子、澳洲坚果等。

形　态　成虫体长 17～21 mm，体棕褐色。头、前胸背板、腹部腹面及足浅黄赭色；后足股节端部及亚端域色环黑色，后足胫节近中部内缘具 1 个刺。

成虫背面

成虫侧面

242 大稻缘蝽 *Leptocorisa oratoria* (Fabricius, 1794)

分 布 江苏、安徽、浙江、江西、湖南、福建、广东、广西、云南、海南、西藏。

寄 主 稻、玉米、豆类、小麦、甘蔗及多种禾本科植物。

形 态 成虫体长15~17 mm，茶褐色带绿或黄绿色。头部向前伸出，头顶中央有1个短纵凹。触角细长，4节。前胸背板略长于宽，满布深褐色刻点。小盾片长三角形，足细长，淡黄褐色稍带绿色。前翅革质部前缘绿色，余茶褐色。

成虫背面

成虫侧面

243　中稻缘蝽　*Leptocorisa chinensis* Dallas, 1852

别　称　华稻缘蝽。

分　布　河北、山东、江苏、安徽、浙江、湖北、湖南、江西、福建、广东、广西、云南、海南。

寄　主　稻、小麦、粟、高粱、玉米等。

形　态　成虫体长17～18 mm，深草黄色。触角第1节末端及外侧黑色，第1节较短，与第2节长度之比小于3∶2，第4节短于头及前胸背板之和；复眼后部区域侧面的色斑为黑色或深黑色；后足胫节最基部及顶端黑色。

成虫背面

成虫侧面

若虫

244 异稻缘蝽 *Leptocorisa acuta* (Thunberg, 1783)

分　布　河南、江西、福建、云南、广西、广东、台湾。

寄　主　稻、小麦、甘蔗、玉米、高粱、大豆等。

形　态　成虫体长约 18 mm，复眼红色，复眼后部区域侧面的色斑为棕黄色；触角第 1 节末端黑色；头部、前胸背板、小盾片及腹部绿色，前翅革质部与膜质部皆为暗褐色；各足绿色细长，后足胫节最基部黑褐色，胫节以下渐呈黄褐色。

成虫背面

成虫侧面

245　点蜂缘蝽　*Riptortus pedestris* (Fabricius, 1775)

分　布　辽宁、河北、北京、山西、陕西、甘肃、河南、山东、江苏、安徽、浙江、江西、湖北、湖南、福建、四川、贵州、云南、西藏、广西、广东、台湾、海南。

寄　主　大豆、花生、芝麻、蚕豆、豇豆、豌豆、丝瓜、白菜等。

形　态　成虫体长 15～17 mm。体形狭长，黄褐色至黑褐色。头在复眼前部成三角形，后部细缩如颈。前翅稍长于腹末，膜片淡棕褐色。若虫共5龄，1—4龄体似蚂蚁，5龄若虫与成虫相似，但翅较短。

成虫背面

成虫侧面

成虫侧面

低龄若虫

高龄若虫

246　条蜂缘蝽　*Riptortus linearis* (Fabricius, 1775)

别　称　白条蜂缘蝽、豆缘椿象。

分　布　甘肃、陕西、河南、安徽、江苏、浙江、湖北、湖南、江西、四川、云南、广西、福建、广东、海南、台湾。

寄　主　大豆、芝麻、花生、蚕豆、菜豆、豇豆、稻、麦类、高粱、玉米、甘薯、棉花、甘蔗、丝瓜等。

形　态　成虫体长 14.5～16 mm，身体外形细长，体侧中部向内略微凹陷。体褐色至黑褐色。头、胸两侧有光滑完整的带状黄色横条斑。前翅革片前缘的近端处稍向内弯。

蛛缘蝽科 Alydidae

成虫背面

成虫侧面

247 二色突束蝽 *Phaenacantha bicolor* (Distant, 1901)

分　布　云南、广西、广东。

寄　主　甘蔗、玉米等。

形　态　成虫体长 8～9 mm，体棕黄色；头短宽，头顶具 2 条黑色纵纹；复眼突出，具短柄；触角细长，第 1 节短，第 4 节最长；前胸背板两侧平行，显著长于宽，而窄于头的宽度；小盾片刺几乎与前胸背板后叶等长，向后倾斜，顶端黑色；前翅透明，一般不达腹部末端。

成虫背面

成虫侧面

248 娇驼跷蝽 *Metacanthus pulchellus* Dallas, 1852

分 布 陕西、安徽、河南、浙江、湖北、江西、西藏、云南、四川、广西、广东。
寄 主 苹果、桃、大豆、小麦等。
形 态 成虫体长 3.5~4.2 mm，体狭长，黄褐色或灰褐色；触角褐色细长，第 1 节端部膨大，第 4 节纺锤形；末端为白色，各节具黑色环纹；前胸背板发达，后缘中央及侧角上有 3 个显著的圆锥形突起；小盾片弯曲呈直立长刺；后胸两侧各具 1 个向后弯曲的长刺；足细长，其上具黑色环纹。

跷蝽科 Berytidae

成虫背面

成虫侧面

若虫

跷蝽科 Berytidae

249 锤胁跷蝽　　*Yemma exilis* Horváth, 1905

分　布　河北、河南、山东、陕西、湖北、江西、浙江、广东、广西、云南、四川、西藏等。

寄　主　苹果、桃、芝麻、大豆、小麦、白菜、萝卜等。

形　态　成虫体长约 7 mm，体甘草黄色；触角第 1 节和各足股节膨大；头两侧眼后部分及前胸背板前叶两侧具黑色纵纹。前翅不超过腹部末端，膜片基部具黑色细纹。

成虫背面

成虫侧面

250 圆点阿土蝽 *Adomerus rotundus* (Hsiao, 1977)

分　布　天津、北京、河北、甘肃、山西、山东、江苏、湖北、香港。
寄　主　小麦、苜蓿等。
形　态　成虫体长 3.5～4.5 mm，黑色；头侧叶与中叶等长；前胸背板侧缘、腹部侧缘和各足胫节背面具白色条纹；前翅各有 1 个白条斑。

成虫

251 黑伊土蝽 *Aethus nigritus* (Fabricius, 1794)

分　布　宁夏、甘肃、山西、内蒙古、天津、北京、山东、贵州、云南、西藏。
寄　主　小麦、马铃薯等。
形　态　成虫体长 4.6～5.2 mm，卵圆形，体黑褐色，头的前缘、触角、各足胫节及跗节红褐色；触角第 2 节细，最短，其余各节纺锤形；小盾片刻点显著，基角光滑；前翅革片具刻点，前缘有许多刚毛。

成虫

252 筛豆龟蝽 *Megacopta cribraria* (Fabricius, 1798)

别　称　豆平腹蝽。

分　布　河北、陕西、山西、河南、山东、江苏、安徽、湖北、四川、云南、贵州、湖南、江西、福建、广东、广西、海南。

寄　主　大豆、菜豆、绿豆、扁豆等。

形　态　成虫体长 4.3～5.4 mm，近卵圆形，淡黄褐色或黄绿色，密布黑褐色小刻点；复眼红褐色；前胸背板由 1 列刻点组成的横线；小盾片发达。若虫共 5 龄，3 龄后体形如龟状，胸腹各节两侧向外前方扩展呈半透明的半圆薄板。

群集为害

成虫背面

成虫侧面

253 方头异龟蝽 *Ponsilasia montana* (Distant, 1901)

分　布　浙江、江西、贵州、福建、广西、广东、海南、西藏。
寄　主　豇豆等。
形　态　成虫体长 5.2～5.5 mm，黑色，光亮，具细小刻点；头前缘显著向上曲折，前胸背板两侧各具 2 条黄纹，小盾片基胝黄斑消失，小盾片后缘中央凹陷较浅。

成虫

成虫

254 角盾蝽 *Cantao ocellatus* (Thunberg, 1784)

分 布 江西、广东、广西、海南、云南、西藏、台湾。

寄 主 油茶、茶、番石榴、梨等。

形 态 成虫体长 19～26 mm，体黄褐色至棕褐色。触角蓝黑色。前胸背板有 2～8 个小黑斑，有时互相连接，前胸背板侧角小，长短不一，有时尖锐。小盾片上有 6～8 个斑块，各斑周围有淡黄色边缘。股节末端、胫节及跗节蓝黑色。

成虫背面

成虫侧面

255 丽盾蝽 *Chrysocoris grandis* (Thunberg, 1783)

别 称 大盾蝽、黄色长盾蝽、苦楝盾蝽。

分 布 河南、江西、湖南、四川、广西、贵州、云南、台湾、福建、广东、海南。

寄 主 茶、油茶、柑橘、桃、梨等。

形 态 成虫体长 18~25 mm，黄白色、黄色至黄褐色，具光泽；头中叶长于侧叶，基部及中部基大半、触角及足黑色；前胸背板前半中央有 1 个伸达前缘的黑斑；小盾片基缘黑色，近中部处有 3 个黑斑。

盾蝽科 Scutelleridae

成虫背面

成虫侧面

前胸背板

盾蝽科 Scutelleridae

256 紫蓝丽盾蝽 *Chrysocoris stollii* (Wolff, 1801)

分　布　甘肃、四川、云南、湖南、福建、广东、广西、台湾、西藏。
寄　主　茶等。
形　态　成虫体长 11～14 mm，蓝绿色，有强烈金属光泽；前胸背板共有 8 个黑斑，成 2 排，前 3 后 5；小盾片有 7 个黑斑，两侧各 3 个，中央 1 个；有时小盾片末端也为黑色。每节气门处有 1 个黑斑。

成虫背面

成虫侧面

前胸背板

257 桑宽盾蝽 *Poecilocoris druraei* Linnaeus, 1771

别　称　桑盾蝽。

分　布　浙江、江西、湖北、湖南、贵州、四川、云南、台湾、福建、广西、广东、海南。

寄　主　桑、油茶、茶等。

形　态　成虫体长 15～18 mm，黄褐色或红褐色；头黑色，中叶稍长于侧叶；前胸背板有 2 个大斑，有些个体不显著或无；小盾片有 13 个黑斑，黑斑中央有金绿色斑，有些个体黑斑互相连接或全无。

盾蝽科 Scutelleridae

成虫

成虫

成虫侧面

半翅目

258　油茶宽盾蝽　*Poecilocoris latus* Dallas, 1848

别　称　茶子盾蝽。

分　布　浙江、湖南、江西、福建、贵州、云南、广西、广东。

寄　主　茶、油茶。

形　态　成虫体长 16~20 mm，头、触角及足蓝黑色，前胸背板橙黄色，前、后缘处各有 2 个深蓝色斑块，前 2 个较小，小盾片淡黄色，有蓝黑斑 7~8 块，成两横列，前缘斑与前胸背板后缘斑连成一片，斑周围多具橙红色晕边。

成虫

成虫

成虫侧面

若虫

若虫

259 扁盾蝽 *Eurygaster testudinaria* (Geoffroy, 1785)

分　布　黑龙江、河北、山西、陕西、山东、安徽、江苏、浙江、湖北、江西。
寄　主　稻、麦类。
形　态　成虫体长 9~9.5 mm，黄褐色至灰褐色，密被褐色及黑褐色刻点。小盾片中央具"Y"形淡色纹，其顶端起自基缘两侧的黄色胝状小斑，其后端向后渐宽。

成虫

成虫

兜蝽科 Dinidoridae

260 瓜褐蝽　*Coridius chinensis* (Dallas, 1851)

别　称　九香虫、黑兜虫。

分　布　陕西、甘肃、河南、安徽、江苏、浙江、湖北、湖南、江西、福建、台湾、广东、广西、海南、四川、云南、西藏。

寄　主　节瓜、冬瓜、南瓜、丝瓜等。

形　态　成虫体长16.5～19 mm，长卵形，紫黑或黑褐色，稍有铜色光泽，密布刻点，头部边缘略上翘。足紫黑色或黑褐色。若虫共5龄，5龄若虫体长11～14.5 mm，翅芽伸过腹部背面第3节前半部，小盾片显现。

成虫背面

成虫侧面

261 小皱蝽 *Cyclopelta parva* Distant, 1900

别　称　刺槐蝽。

分　布　山东、江苏、安徽、浙江、湖南、湖北、四川、福建、广东、云南等。

寄　主　大豆等多种豆科植物。

形　态　成虫体长 12～15 mm，黑褐色。前胸背板大而平坦，上有横皱纹；中胸小盾片发达，上部有 1 个较明显的黄点。初孵若虫体淡红色，蜕皮后胸部黄褐色，腹部黄色。

兜蝽科 Dinidoridae

群集为害

成虫

若虫

半翅目

262 细角瓜蝽 *Megymenum gracilicorne* Dallas, 1851

别　称　锯齿蝽。
分　布　河南、安徽、江西、广东。
寄　主　南瓜、黄瓜、苦瓜、豆类等。
形　态　成虫体长 12～14.6 mm，体长椭圆形，黑褐色，常有铜色光泽。头部的侧缘在复眼前方有 1 个外伸的长刺。触角基部第 1—3 节黑色，第 4 节淡黄色或黄褐色。小盾片表面粗糙，具微纵脊，基角处凹陷，基部中间具 1 个小黄点，足腿节腹面具刺。

成虫背面

成虫侧面

263　无刺瓜蝽　*Megymenum inerme* (Herrich-Schäffer, 1840)

分　布　北京、贵州、广东、广西、云南、海南。

寄　主　冬瓜、丝瓜等。

形　态　成虫体长 11～16 mm，黑褐色。触角 4 节，黑色，第 2、第 3 节扁。头的侧缘在复眼前方没有外伸的长刺。前胸背板前侧角短钝，约成直角，前侧缘前半折曲较平缓，凹入的部分较浅。腹部侧接缘上，每腹节的侧缘都有一大一小 2 个锯齿。

兜蝽科 Dinidoridae

成虫背面

成虫头部及前胸背板

264 斑须蝽 *Dolycoris baccarum* (Linnaeus, 1758)

别　称　细毛蝽。

分　布　我国各省份均有发生。

寄　主　大豆、棉花、花生、绿豆、小麦、玉米、粟、烟草、白菜、甘蓝、苹果、梨等。

形　态　成虫体长 9.9～12.5 mm。椭圆形，赤褐色或灰黄色，全身被有细毛和黑色小刻点。雌虫触角 5 节，黑色。小盾片三角形，末端鲜明的淡黄色。若虫共 5 龄，初孵若虫为鲜黄色，后变为暗灰褐色或黄褐色，全身被有白色绒毛和刻点。

成虫背面

成虫侧面

成虫头面

卵

若虫

265　麻皮蝽　*Erthesina fullo* (Thunberg, 1783)

别　称　麻纹蝽、麻椿象、黄霜蝽、黄斑蝽。

分　布　我国各省份均有发生。

寄　主　苹果、梨、山楂、李、桃、杏、樱桃、葡萄、枣、柿、柑橘、石榴、龙眼等多种植物。

形　态　成虫体长21~24.5 mm，体背面黑褐色，密布黑色刻点和细碎不规则黄斑。头部较狭长，触角细长，黑色，第5节基部淡黄色。若虫共5龄，5龄若虫16~18.4 mm，头、胸、翅芽黑色，腹部灰褐，全身被有白色粉末。

成虫背面

成虫侧面

卵

初孵若虫

若虫

蝽科 Pentatomidae

266 茶翅蝽 *Halyomorpha halys* (Stål, 1855)

别　称　臭木椿象、臭木蝽、茶色蝽。

分　布　我国各省份均有发生。

寄　主　梨、苹果、海棠、桃、李、杏、山楂、樱桃、梅、柑橘、柿、石榴等。

形　态　成虫体长 12～16 mm，体色淡黄色至灰褐色，具黑刻点，背面金绿色。触角黄褐色，喙伸达第 1 腹节中部。头部侧缘有明显的弯曲。前胸背板有 5 个隐约的小黄点。翅褐色。腹面淡红褐色。若虫体小无翅，腹部背面有黑斑。

成虫背面

低龄若虫

高龄若虫

267 稻绿蝽 *Nezara viridula* (Linnaeus, 1758)

分　布　我国各省份均有发生。

寄　主　稻、小麦、油菜、高粱、玉米、芝麻、马铃薯、豆类、棉花、柑橘及多种蔬菜。

形　态　成虫体长 9.5～13.5 mm，可分为全绿型、黄肩型和点绿型。全绿型小盾片基部有 3 个小白点排成横行；黄肩型两复眼之间的前端及前盾片两侧角之间的前侧区均为黄色；点绿型前胸背板和小盾片基部各有 3 个绿点排成横行，前翅革片端部和小盾片端部也有 1 个绿点。若虫共 5 龄，高龄若虫体背黑色，头前方有黄色 2 条竖线。

全绿型成虫

黄肩型成虫

点绿型成虫

蝽科 **Pentatomidae**

低龄若虫群集为害

若虫

若虫

若虫

卵

268　稻黑蝽　*Scotinophara lurida* (Burmeister, 1834)

分　布　黑龙江、河北、河南、山东、江苏、浙江、安徽、湖北、湖南、江西、福建、广东、广西、四川、贵州、云南、台湾。

寄　主　稻、小麦、玉米、甘蔗、豆类、粟、茭白等。

形　态　成虫体长 7.5～9.5 mm，体黑色，体表密布黑点，粗糙无光泽。前胸背板前角刺向侧方平伸。小盾片长，近腹部末端。翅不发达，不善飞行。

蝽科 Pentatomidae

成虫背面

成虫侧面

269 稻褐蝽 *Lagynotomus assimulans* (Distant, 1883)

分　布　江苏、浙江、湖南、江西、湖北、安徽、四川、福建、台湾、广东、广西、云南、海南。

寄　主　稻。

形　态　成虫体长约 13 mm，黄褐色至棕褐色，长椭圆形；触角淡黄褐色，第 3 节以后色渐深，带红色，第 4、第 5 两节的端半部常呈黑褐色；前胸背板侧角几乎不突出，前缘及革片外缘黄白色，几乎延伸到腹部末端。

成虫背面

成虫侧面

270 尖头麦蝽　　*Aelia acuminata* (Linnaeus, 1758)

别　称　麦蝽。

分　布　山东、河南、新疆。

寄　主　麦类等禾本科植物。

形　态　成虫体长 8～9 mm，淡黄褐色；前胸背板纵中线中部靠前最粗，两端渐细；革片中部的分叉翅脉显著。各足股节端半部有 2 个显著的黑斑。

蝽科 Pentatomidae

成虫背面

成虫侧面

成虫腹面

271 华麦蝽 *Aelia fieberi* Scott, 1874

分　布　黑龙江、吉林、辽宁、陕西、甘肃、北京、山西、山东、江苏、浙江、安徽、江西、湖北。

寄　主　麦类、稻、梨。

形　态　成虫体长 8～10 mm，淡黄褐色，密布刻点；由前胸背板至小盾片末端有 1 条淡色纵中线，其侧有黑色刻点组成的宽黑带，前胸背板靠近前缘处有 1 条黑带。

成虫背面

成虫侧面

成虫腹面

272　宽缘伊蝽　*Aenaria pinchii* Yang, 1934

分　布　河南、江苏、浙江、安徽、江西、湖北、四川、贵州、广西、福建、广东。
寄　主　稻、小麦等。
形　态　成虫体长 11~12 mm，淡黄绿色，密布均匀的黑色刻点；前翅革片淡紫褐色，前缘区域淡黄白色，微带青色；膜片淡烟色，翅脉褐色。

蝽科 **Pentatomidae**

成虫背面

成虫侧面

273 菜蝽 *Eurydema dominulus* (Scopoli, 1763)

别　称　河北菜蝽、云南菜蝽、斑菜蝽、花菜蝽、姬菜蝽。

分　布　我国各省份均有发生。

寄　主　甘蓝、花椰菜、白菜、萝卜、油菜、芥菜等。

形　态　成虫体长6～9 mm，椭圆形。体橙黄或橙红色。头部黑色，侧缘上卷，橙红色或橙黄色。前胸背板橙红色，有6块黑斑，2个在前，4个在后。小盾板具橙黄色或橙红色"Y"形纹。末龄若虫全身为褐色，头部黑色。

成虫

成虫

成虫侧面

低龄若虫

高龄若虫

274　横纹菜蝽　*Eurydema gebleri* Kolenati, 1846

别　称　乌鲁木齐菜蝽、盖氏菜蝽。

分　布　黑龙江、吉林、辽宁、内蒙古、河北、北京、山西、湖北、河南、山东、江苏、安徽、陕西、宁夏、甘肃、四川、云南、贵州、青海、新疆、西藏。

寄　主　十字花科蔬菜等。

形　态　成虫体长6～9 mm，椭圆形，黄色或红色，全体密布刻点。头蓝黑色，复眼前方具1个红黄色斑。前胸背板上具6个蓝黑色斑。小盾片蓝黑色，上具"Y"形橘黄色斑。若虫共5龄。末龄若虫体长5 mm左右，头、触角、胸部黑色，头部具三角形黄斑，胸背具橘红色斑3个。

蝽科 Pentatomidae

成虫背面

成虫侧面

若虫

275 新疆菜蝽 *Eurydema maracandica* Oshanin, 1871

分　布　新疆、内蒙古、甘肃、宁夏、青海、陕西、四川。

寄　主　油菜、甘蓝等十字花科植物。

形　态　成虫体长 6.5～8.2 mm，头部有 3 个黄白色小斑点。前胸背板有 6 个黑斑，后 4 个斑常合并成 2 块大斑。小盾片三角状，基部有三角形大黑斑，近末端两侧各有 1 个小黑斑，顶端橙红色。前翅革片外缘色浅，中间有 1 个小黑斑。腹部腹面各节中央均具 2 个小黑斑，各节两侧和顶角处有小黑斑 1 个，侧接缘黄黑相间。

成虫背面

成虫侧面

成虫腹面

276 纹蝽 *Madates limbatus* Fabricius, 1803

别　称　田字蝽。
分　布　广东、云南。
寄　主　柠檬等柑橘类植物。
形　态　成虫体长 13~15 mm。头黑色，有 2 条黄色纵纹。前胸背板四缘及中央"十"字形纹黄色或黄白色，组成"田"字形纹。小盾片侧缘及中纵线黄色。翅的爪片缝、革片外缘、端缘及横贯中部横纹黄色。腹下淡黄白色，每侧有大黑斑 2 列。

成虫背面

成虫侧面

若虫

蝽科 Pentatomidae

277 赤条蝽 *Graphosoma lineatum* (Linnaeus, 1758)

分　布　我国各省份均有发生。

寄　主　胡萝卜、白菜、萝卜、茴香、洋葱、葱等蔬菜作物。

形　态　成虫体长 8～11 mm，体背为橙红色或橙黄色与黑色相间的纵条纹。头部小，两侧及中央基部为红色，复眼红色，其他部位为黑色。喙黑，基节黄褐色。前胸背板宽，有 5 条橙红色纵纹。腹部橙红色。

成虫背面

成虫侧面

278 大臭蝽 *Chalcopis glandulosa* (Wolff, 1811)

分 布 辽宁、甘肃、山东、河南、江苏、安徽、浙江、江西、湖南、贵州、四川、云南、台湾、福建、广西、广东、海南。

寄 主 栗、柑橘。

形 态 成虫体长 24～28 mm，体淡黄褐色略带红色。头侧叶长于中叶，并在中叶前方会合；前胸背板散生稀疏的小黑点，侧缘外拱；小盾片散生黑色小点，两基角处各有 1 个近椭圆形的暗色大斑。

成虫背面

成虫侧面

279　岱蝽　*Dalpada oculata* (Fabricius, 1775)

别　称　云南橘蝽。

分　布　福建、广东、广西、四川、云南。

寄　主　柑橘类植物。

形　态　成虫体长 14.5～16.5 mm。前胸背板前侧缘粗锯齿状，侧角成黑色翘起的结节状，末端平钝，顶端黄色。小盾片基角黄斑大而圆，末端黄色。前足胫节的叶片状扩大部分甚宽。

成虫背面

成虫侧面

280 中华岱蝽 *Dalpada cinctipes* Walker, 1867

分　布　陕西、甘肃、江苏、安徽、浙江、江西、湖北、湖南、广东、广西、海南、四川、云南。

寄　主　柑橘、油茶等。

形　态　成虫体长 16～17 mm，紫褐色至紫黑色或绿黑色。触角黑色，第4、第5节基部淡黄白色。前胸前侧缘锯齿较不显著，且不整齐；前胸背板前半有隐约的细纵中脊，后半隐约有4条绿黑色纵纹。小盾片基角有2个黄斑。侧接缘黄黑相间。

蝽科 Pentatomidae

成虫背面

成虫侧面

281 沟腹岱蝽 *Dalpada concinna* (Westwood, 1837)

分 布 广西、广东。

寄 主 栗、油茶等。

形 态 成虫体长约 16 mm，触角褐色至黑褐色。前胸前侧缘锯齿较整齐而显著，侧角结节状，黑色。小盾片基角有 2 个明显的黄白色斑。腹部侧接缘黄黑相间，腹下中央有明显的纵沟。足胫节两端黑色，中间黄白色。

成虫背面

前胸背板

282　绿岱蝽　*Dalpada smaragdina* (Walker, 1868)

分　布　安徽、江苏、浙江、江西、湖北、四川、贵州、福建、台湾、广东、广西、云南。

寄　主　柑橘、油茶等。

形　态　成虫体长 15～18 mm，前胸背板侧角端部结状节明显，黑色；腹部侧接缘最外缘为淡黄色狭边，其余金绿色。体下方淡黄白色，侧缘处为 1 条金绿色带，贯穿身体全长。

成虫背面

成虫侧面

成虫头面

283 宽碧蝽 *Palomena viridissima* (Poda, 1761)

分　布　黑龙江、青海、甘肃、陕西、山西、山东、河北。

寄　主　苹果、梨、玉米、大豆、麻类等。

形　态　成虫体长 12～13 mm，体宽圆形，鲜绿色，略有光泽，身体背面密布较均匀的黑刻点；前胸背板侧角伸出较少。

成虫背面

成虫侧面

若虫

284　璧蝽　*Piezodorus hybneri* (Gmelin, 1790)

别　称　小黄蝽。

分　布　陕西、河南、山东、福建、浙江、江苏、安徽、江西、湖北、贵州、四川、云南、广西、广东。

寄　主　大豆、稻、小麦、玉米、高粱、菜豆、扁豆等。

形　态　成虫体长 9～11 mm，长椭圆形，全体淡黄绿色，密布淡色至黑色刻点；触角红褐色；前胸背板两侧角间有一乳白色至粉红色的横带；翅革片内角有 1 个小黑点。

成虫

成虫

成虫侧面

285　全蝽　*Homalogonia obtusa* (Walker, 1868)

别　称　四点横蝽。

分　布　黑龙江、吉林、辽宁、内蒙古、北京、河北、山西、陕西、甘肃、河南、安徽、江苏、浙江、福建、江西、湖南、广西、贵州、四川、云南、西藏。

寄　主　玉米、大豆、苹果及其他蔷薇科果树等。

形　态　成虫体长 12～12.6 mm，体灰褐、黄褐至黑褐色。触角棕红褐色，第4、第5节端半部黑色。前胸背板胝后方横列的4个小斑点白色。膜片色淡、透明。腹部背面黑色，侧接缘棕褐色。前足、中足基节外侧各有1小黑点。

成虫背面

成虫头面

286 薄蝽 *Brachymna tenuis* Stål, 1861

别　称　扁体蝽。
分　布　甘肃、安徽、江苏、上海、浙江、江西、四川、广西、广东。
寄　主　稻。
形　态　成虫体长 12～16 mm，体扁，黄褐色；头部近三角形，复眼黑褐色；触角黄褐色，第 4 节及第 5 节端半部黑色；小盾片基部有 4 枚黑色斑点；腹板外露，节间具黑斑。若虫近似成虫，触角端部黑色。

蝽科 Pentatomidae

成虫

若虫

蝽科 Pentatomidae

287 红谷蝽 *Gonopsis coccinea* (Walker, 1868)

分　布　西藏、四川、云南、广西、广东。

寄　主　稻、甘蔗。

形　态　成虫体长 12～17 mm，红褐色，具黑色刻点；头部较狭，呈细三角形；前胸背板前缘细锯齿状，两侧角尖长，并向前上方斜伸；小盾片表面皱状。前翅膜片透明，翅脉周缘为淡黑色细线；足红色；腹面红色稍浅，密生黑色刻点。

成虫背面

成虫侧面

288 平尾梭蝽 *Megarrhamphus truncatus* (Westwood, 1837)

分 布 北京、河北、山东、江西、福建、广西、云南、海南。

寄 主 稻、甘蔗、玉米。

形 态 成虫体长17～21 mm。头、前胸背板、小盾片黄褐色至淡红褐色，头远短于前胸背板，中胸背板及小盾片有密而明显的横皱。翅膜片淡色透明，其上各脉外缘围以整齐的细黑线。各足胫节背面有黑色纵纹。

成虫背面

成虫侧面

蝽科 Pentatomidae

289　紫翅果蝽　*Carpocoris purpureipennis* (De Geer, 1773)

分　布　黑龙江、吉林、辽宁、内蒙古、河北、北京、山东、山西、陕西、宁夏、甘肃、青海、新疆。

寄　主　苹果、梨、枸杞、枣、沙枣、向日葵等。

形　态　成虫体长 12～13 mm，黄褐色至棕紫色。头部侧缘及基部常具较宽的黑斑。前胸背板前半有 4 条宽纵黑带，侧角伸出较长，末端较尖，黑斑较宽。小盾片末端淡色。前翅膜片淡烟褐色。

成虫

290　弯角蝽　*Lelia decempunctata* (Motschulsky, 1860)

分　布　黑龙江、吉林、北京、河北、内蒙古、山西、甘肃、宁夏、安徽、浙江、广西等。

寄　主　栗、大豆、葡萄、胡麻等。

形　态　体宽大，长 17～22 mm，近椭圆形，体翅黄褐色；触角第 1—3 节和第 4 节基部黄色，其余黑色；前胸背板前侧缘凹，细齿状，侧角上翘，背板中部有 1 横排 4 个小黑圆斑；小盾片基部有 4 个小黑圆斑，中部 2 个黑斑。

成虫

291 柑橘大绿蝽 *Rhynchocoris humeralis* (Thunberg, 1783)

别　称　角肩蝽、棱蝽、长吻蝽。
分　布　湖北、湖南、浙江、江西、福建、四川、贵州、云南、广西、广东、海南、台湾。
寄　主　柑橘、苹果、梨、栗、龙眼、荔枝等。
形　态　成虫体长16～24 mm，体鲜绿色，头黄褐色。前胸背板前缘两侧呈角状突出，边缘黑色，上有粗大黑色刻点。小盾片长而大，舌形，有刻点。前翅绿色，基部有大、小黄纹各1个，膜质部黑色有光泽。腹部背面各节后缘两端呈棘状突起，气门黑色。

成虫背面

成虫侧面

292 珀蝽 *Plautia crossota* (Dallas, 1851)

别　称　朱绿蝽、克罗蝽。

分　布　北京、河北、河南、山东、陕西、江苏、浙江、安徽、江西、湖北、湖南、福建、广西、广东、四川、贵州、云南、西藏等。

寄　主　梨、桃、柿、李、柑橘、荔枝、龙眼等。

形　态　成虫体长 8~11.5 mm，长椭圆形，具光泽，密被绿或黑色细点刻，头鲜绿色，触角第2节绿色，末端黑色，复眼褐黑色，单眼黄红色，前胸背板鲜绿，后侧缘红褐色。小盾片绿色，末端色浅。

成虫背面

成虫侧面

293 斯氏珀蝽 *Plautia stali* Scott, 1874

别　称　茶翅青蝽。

分　布　吉林、辽宁、甘肃、北京、河北、山西、陕西、山东、河南、江苏、浙江、安徽、湖北、江西、湖南、福建、四川、广西、广东。

寄　主　大豆、柑橘、桃、梨等。

形　态　成虫体长9~13 mm，体翠绿色，略有光泽；前胸背板前缘具黑褐色细纹；前翅内革片紫褐色，有些个体内革片带淡黄绿色；胸足绿色，胫节端部带黄褐色，跗节黄褐色；腹部腹板绿色，各节后侧角具边缘清晰的小黑斑。

成虫背面

成虫侧面

294　红角辉蝽　*Carbula crassiventris* (Dallas, 1849)

分　布　吉林、甘肃、山西、陕西、云南。

寄　主　稻、马铃薯等。

形　态　成虫体长 7~8.5 mm，体污黄褐色，密布刻点。前胸背板侧角略向上翘起，末端常呈棕红色，光滑无刻点。小盾片三角形，不明显隆起，基缘中域有一光滑小黄斑。各足股节和胫节基部大半散布小黑点，胫节端部和跗节黄褐色。

成虫背面

成虫侧面

295　二星蝽　*Eysarcoris guttigerus* (Thunberg, 1783)

分　布：我国各省份广泛发生。

寄　主：豇豆、茄、大豆、棉花、胡麻、麦类、稻、高粱、甘薯等。

形　态：成虫体长 4.5～5.6 mm，头部全黑色。触角浅黄褐色，具 5 节。前胸背板侧角短，在小盾片基角具 2 个黄白光滑的小圆斑；气门黑褐色；足淡褐色，密布黑色小点。

蝽科 Pentatomidae

成虫背面

成虫侧面

296 广二星蝽 *Eysarcoris ventralis* (Westwood, 1837)

分　布　河北、陕西、山西、河南、安徽、浙江、江西、湖北、湖南、福建、贵州、云南、广西、广东。

寄　主　稻、小麦、高粱、玉米、甘薯、棉花、大豆、芝麻等。

形　态　成虫体长 5～6 mm，卵形，黄褐色；前胸背板侧角不突出；小盾片舌状，基角处有黄白色小点，端缘常有 3 个小黑斑；翅长于腹部末端，几乎全盖腹侧。

成虫背面

成虫侧面

297 北二星蝽 *Eysarcoris aeneus* (Scopoli, 1763)

分 布 黑龙江、吉林、甘肃、陕西、山西、山东、浙江。
寄 主 稻等。
形 态 成虫体长约 6 mm；头青黑色，有光泽；前胸背板前侧缘明显内凹，侧角末端渐尖，但不呈针状；小盾片基角黄白斑椭圆形斜列；足淡黄至黄褐色，腿节近端部具 1 个小黑斑。

蝽科 Pentatomidae

成虫背面

成虫侧面

前胸背板

298 锚纹二星蝽 *Eysarcoris rosaceus* Distant, 1901

分 布 河南、江苏、浙江、安徽、江西、湖北、湖南、四川、福建、云南、贵州、广西、广东、海南。

寄 主 桑、茶等。

形 态 成虫体长 5.5～5.7 mm，黄褐色，刻点暗棕褐色；前胸背板前部侧区各有1块由刻点组成的暗色斑；小盾片基角处各有1个黄白色椭圆形斜斑，端部大半具有1个隐现的锚形淡色斑；前翅稍长过腹末，膜片无色。

成虫背面

成虫侧面

前胸背板

299 北曼蝽 *Menida disjecta* (Uhler, 1860)

分 布 黑龙江、辽宁、内蒙古、青海、甘肃、北京、河北、陕西、山西、江西、湖北、湖南、四川、广西、贵州、云南、西藏。

寄 主 杏、梨等。

形 态 成虫体长 10~11.5 mm，体淡黄褐色；头、前胸背板胝区及两侧区黑色；触角黑色、第1基节大半、第4节两端及第5节基黄色；前胸背板前侧缘具黄色狭边；小盾片基部有1个大三角形黑斑，基缘处有3个小黄斑，端部黄色。前翅膜片色淡，透明，长过腹末。侧接缘黄黑相间。

蝽科 Pentatomidae

成虫背面

成虫侧面

成虫腹面

300 紫蓝曼蝽 *Menida violacea* Motschulsky, 1861

别　称 紫蓝蝽。

分　布 河北、内蒙古、辽宁、陕西、山东、湖北、江苏、浙江、江西、福建、广东、四川、贵州。

寄　主 稻、大豆、玉米、梨、小麦等。

形　态 成虫体长6~8 mm，椭圆形，紫绿色或金绿色，有金属光泽，密布刻点；触角黑色；前胸背板后半黄褐色；小盾片绿色，末端黄白色；腹部侧接缘黄黑色相间。

成虫

成虫

301 珠蝽 *Rubiconia intermedia* (Wolff, 1811)

分　布　黑龙江、吉林、辽宁、内蒙古、河北、北京、甘肃、青海、山西、陕西、江西、湖北、湖南、广西、贵州、云南、四川、西藏。

寄　主　小麦、稻、苹果、枣等。

形　态　成虫体长 5.5～8.5 mm，卵圆形，灰褐色至暗褐色；头前部显著下倾，背面黑褐色，中央有 1 条黄色纵带。前胸背板近梯形，常有显著黄白色窄边，侧角短钝；小盾片端角宽圆，黄白色；基角处常有淡黄色斑点。前翅微超过腹末，脉纹暗褐色。

蝽科 Pentatomidae

成虫

若虫

蝽科 Pentatomidae

302　点蝽　*Tolumnia latipes* (Dallas, 1851)

分　布　河南、江西、广西、广东、云南。

寄　主　甘蔗、玉米、柑橘、稻等。

形　态　成虫体长 8～10 mm，椭圆形，密布刻点；前胸背板除前侧缘具淡黄色窄边外，其余部分密布黑褐色云斑与刻点；小盾片末端具 1 个大白斑；后足股节端部及胫节基部、端部为黑色。

成虫背面

成虫侧面

303 蓝蝽 *Zicrona caerulea* (Linnaeus, 1758)

分 布 除西藏、青海外，我国各省份均有分布。

寄 主 稻、玉米、高粱、花生、大豆等；成虫和若虫也能捕食菜粉蝶、斜纹夜蛾等鳞翅目幼虫。

形 态 成虫体长6～9 mm，体椭圆形，蓝色、黑色或紫蓝色，具光泽；触角蓝黑色；前胸背板侧角圆，微突出；小盾片三角形，端部圆；前翅膜片长于腹末，棕色。

成虫

成虫

蝽科 Pentatomidae

304 驼蝽 *Brachycerocoris camelus* Costa, 1863

别　称　驼背蝽。

分　布　河南、安徽、湖北、浙江、江苏、江西、贵州、福建、广西、广东。

寄　主　稻。

形　态　成虫体长 5.5~6 mm，灰黄褐色至黑褐色，密覆短而平伏有丝光的毛，将体表全部遮盖；体厚实，强烈凹凸不平；头中央、前胸背板前半部中央各有 1 个显著的瘤突，前胸背板后半有强烈褶皱；小盾片基部中央有大瘤、侧扁，顶部成陷沟状，小盾片后端处有 1 个较小的瘤突。

成虫背面

成虫侧面

305 荔枝蝽 *Tessaratoma papillosa* (Drury, 1770)

别　称　荔椿、臭屁虫。
分　布　河南、江西、福建、台湾、广东、广西、云南、海南。
寄　主　荔枝、龙眼、柑橘、黄皮、番石榴、橄榄、桃、梅、梨、香蕉、枇杷等。
形　态　成虫体长 22.5～27 mm。体似盾形，黄褐色。头小。触角丝状，4 节。前翅膜质，紫色而有光泽。腹部背面红色，腹面被白色蜡粉状物。若虫共 5 龄，5 龄若虫体长 18～20 mm，色泽略浅，全体被白色蜡粉。

成虫

卵

若虫

若虫

若虫

306 硕蝽 *Eurostus validus* Dallas, 1851

分 布 辽宁、甘肃、河北、陕西、山西、河南、山东、江苏、浙江、安徽、江西、湖南、湖北、台湾、福建、四川、云南、贵州、广西、广东、海南。

寄 主 栗、茅栗、梨等。

形 态 成虫体长23～31 mm，深栗色或棕红色，具金属光泽，密布细刻点；头侧叶长于中叶，并在中叶前会合后分开，呈1个缺口；触角黑色，第4节端大半橙黄色；前胸背板前缘及小盾片两侧金绿色或暗金绿色；前翅膜片淡黄色，半透明，长过腹末；侧接缘金绿色，各节基部微红色。

成虫背面

成虫侧面

307 斑缘巨蝽 *Eusthenes femoralis* Zia, 1957

分 布 浙江、江西、湖北、湖南、福建、四川、贵州、云南、广西、广东。
寄 主 油茶、栗等。
形 态 成虫体长 28～31 mm，紫褐色、深绿色或红褐色，有光泽；头近三角形，侧叶长于中叶，并在中叶前会合；触角黑色，基节及第 4 节端部黄褐色；前胸背板前侧缘边缘上翘，侧角钝圆；小盾片横皱，端部黄褐色，呈匙状；侧接缘基半部黄褐色，端半部同体色；足淡黄褐色，后足腿节近端部有 2 枚小刺。

荔蝽科 Tessaratomidae

成虫背面

成虫侧面

前胸背板

同蝽科 Acanthosomatidae

308 宽铗同蝽 *Acanthosoma labiduroides* Jakovlev, 1880

分　布　黑龙江、吉林、甘肃、宁夏、河北、河南、北京、山西、陕西、湖南、湖北、浙江、江西、四川、贵州、云南、广西。

寄　主　花椒等。

形　态　成虫体长17.5～20 mm，卵形，草绿色；前胸背板侧角短，末端钝圆，光滑，橙红色；小盾片刻点较稀，顶端光滑无刻点；翅膜片棕色，半透明；腹部背面棕褐色，末端红色，侧接缘各节具黑色斑点，腹面淡黄褐色；雄虫生殖铗粗壮，橘红色。

成虫背面

成虫侧面

309 直同蝽 *Elasmostethus interstinctus* (Linnaeus, 1758)

分 布 黑龙江、吉林、内蒙古、甘肃、山西、河北、北京。
寄 主 梨、花椒。
形 态 成虫体长约 11 mm，头、前胸背板前部、小盾片、革片的中部和外域均黄绿色；前胸背板中后部稍隆起，侧角微突出，其后缘浅黑色；小盾片基部中央、爪片及革片顶缘橘红色；腹部末端红色，侧接缘橘红色。

成虫背面

成虫侧面

310 伊锥同蝽 *Sastragala esakii* Hasegawa, 1959

分　布　北京、陕西、浙江、安徽、江西、湖南、湖北、台湾、福建、四川、云南、贵州、广西、广东。

寄　主　山核桃、栗、花椒等。

形　态　成虫体长 11～13 mm，具较密黑棕色刻点；触角第1、第2节浅棕色或棕绿色，第3—5节棕红色；前胸背板前部黄褐色，光滑，侧角短钝，黑色，侧缘后部及革片外域褐绿色，革片内域暗黄褐色，小盾片上黄褐色斑前缘中央切入；胸及腹部腹面橘黄色；膜片半透明；腹部背面浅棕色，侧接缘黄褐色；雄虫最后腹节后缘平截。

成虫背面

成虫侧面

311　橘盲盾异蝽　*Urolabida histrionica* (Westwood, 1837)

异蝽科 Urostylididae

分　布　云南。

寄　主　柑橘等。

形　态　成虫体长 10~12.6 mm，长椭圆形，草绿色。前胸背板前缘、侧缘及中部半圆形斑、小盾片侧缘、革片径脉部分均为橘黄色，革片端缘中部有 1 个椭圆形黑斑。腹面土黄色，两侧各有一绿色带纹，带纹之外侧有橘黄色边。

成虫背面

成虫侧面

半　翅　目

异蝽科 Urostylididae

312 亮壮异蝽 *Urochela distincta* Distant, 1900

分　布　甘肃、陕西、山西、河南、浙江、安徽、湖北、湖南、江西、福建、广东、广西、四川、贵州、云南。

寄　主　栗、芝麻等。

形　态　成虫体长9~11 mm，体暗褐色。前胸背板侧缘直，侧角前方、前缘基角后方及中部各有1个黑褐色斑纹。小盾片基角处有1个内陷的小黑斑。前翅革片中部及端缘的中央各有1个黑褐色圆斑。膜片淡色透明。体腹面及足深褐色，气门周缘有黑斑，各腹节侧缘中部有1个长方形黑斑。

成虫背面

成虫侧面

313　淡娇异蝽　*Urostylis yangi* Maa, 1947

分　布　河南、安徽、江西、浙江、福建、四川、云南。
寄　主　栗。
形　态　成虫体长 12.2～13.5 mm，草绿色。触角第 1 节草绿色，外侧有一褐色线条，第 3—5 节端部深赭色。前胸背板侧缘及革片前缘米黄色。前胸背板小，小盾片及革片内域刻点无色，革片外域刻点黑色，膜片透明无色。

成虫背面

成虫侧面

缨 翅 目

(Thysanoptera)

缨翅目昆虫统称蓟马，锉吸式口器，大多数种类为植食性或菌食性，少数捕食性或腐食性。植食性种类通常生活在植物的花、幼果、芽或嫩梢部位，以锉吸式口器刮破植物表皮，吸食汁液，被害处常留下黄色斑点或条纹，使被害部位皱缩、枯萎、凋落。一些种类还可传播病毒，引起病毒病，如西花蓟马、烟蓟马等。

蓟马主要为两性生殖，但不少种类能同时进行孤雌生殖，卵产于植物组织内，也有的产于植物表面、树皮下和缝隙内。蓟马发育历期短，在干旱季节繁殖特别快，易成灾害。以"蛹"或成虫越冬，少数以卵越冬。

防治蓟马，可结合田间管理，清除田间及周边杂草，恶化蓟马的栖息环境。利用蓟马对颜色的趋性，悬挂蓝色粘虫板诱杀成虫。棚室栽培的，可以在定植前高温闷棚，利用高温杀灭棚室中的蓟马。在蓟马发生初期，投放东方钝绥螨、胡瓜钝绥螨等捕食螨，有助于减少农药的使用，促进农产品的优质安全生产，同时也可兼治粉虱。必要时，也可在蓟马发生初期，使用药剂进行防治，药剂可选择溴虫氟苯双酰胺、溴氰虫酰胺、多杀霉素、乙基多杀菌素、甲氨基阿维菌素苯甲酸盐、阿维菌素等，注意轮换使用。

314　稻管蓟马　*Haplothrips aculeatus* (Fabricius, 1803)

别　称　薏苡蓟马。

分　布　各稻区均有分布。

寄　主　稻等。

形　态　成虫体长约 1.5 mm，黑色略有光泽。头长于前胸。触角 8 节。足暗棕色，前足胫节略显黄色，各跗节黄色。前翅无色，基部稍暗棕色。

成虫

成虫

315 麦简管蓟马　*Haplothrips tritici* (Kurdjumov, 1912)

别　称　麦管蓟马。

分　布　黑龙江、内蒙古、宁夏、甘肃、新疆。

寄　主　小麦、大麦、燕麦、玉米等。

形　态　成虫体长约 2 mm，雄成虫略小。体黑棕色至黑色；触角第 3 节黄色或暗黄色，第 4 节和第 5 节基部略黄；翅无色，但前翅基部翅基鬃处烟褐色。若虫红色，但触角、头、足、腹部末端灰黑色至黑色。

成虫

若虫

316 茶黄蓟马　*Scirtothrips dorsalis* Hood, 1919

别　称　麦管蓟马。

分　布　浙江、湖北、湖南、江西、四川、贵州、云南、广西、台湾、福建、广东、海南。

寄　主　玉米、花生、茶、油茶、葡萄、草莓、杧果、荔枝、龙眼等。

形　态　成虫体长约 1 mm，黄色；翅狭长，灰色透明，翅缘多细毛；单眼呈三角形排列，鲜红色，复眼灰黑色，稍突出；触角 8 节，约为头长的 3 倍；前胸宽为长的 1.5 倍，后缘角有粗短刺 1 对。

成虫

为害状

317 稻蓟马 *Stenchaetothrips biformis* (Bagnall, 1913)

别　称　稻直鬃蓟马。

分　布　辽宁、河北、宁夏、山东、河南、安徽、江苏、浙江、江西、湖北、湖南、福建、台湾、广东、广西、云南、海南。

寄　主　稻、大麦、小麦、玉米、甘蔗、看麦娘、李氏禾、双穗雀稗等。

形　态　成虫体长1~1.3 mm，初羽化时褐色，后变为深褐色至黑色。头近正方形，触角鞭状7节。复眼黑色。前翅较缨毛细长，有2条纵脉。幼虫共4龄，初孵幼虫白色透明，复眼红色；2龄淡黄绿色，复眼褐色。

成虫

若虫

318 葱蓟马 *Thrips alliorum* (Priesner, 1935)

别　称　葱韭蓟马、韭菜蓟马、葱带蓟马。
分　布　我国各省份均有发生。
寄　主　葱、韭、蒜等。
形　态　成虫体长约 1.5 mm，体褐色或黑褐色，复眼紫红色，呈粗粒状，稍突出，其后缘有 1 排小刺；单眼间鬃短，位于 3 个单眼连线的外缘；前胸背板前角各具 1 根长鬃，后角各有 2 根长鬃，后缘鬃 3 对，中对稍长；前翅淡黄色，前翅前缘细鬃毛 23 根。若虫体浅黄色或橙黄色。

成虫

若虫

蓟马科 Thripidae

319　烟蓟马　*Thrips tabaci* Lindeman, 1889

分　布　我国各省份均有分布。

寄　主　烟草、棉花、葱、马铃薯、桑、桃、梨、杏、枣等。

形　态　成虫体长 1～1.3 mm，体黄褐色，背面色深；复眼紫红色，单眼 3 个，呈三角形排列，单眼间鬃靠近三角形连线外缘。前胸背板两后角各有粗而长的鬃 1 对；翅狭长，淡黄色，透明，前翅端半部有前脉端鬃 4～6 根，后脉鬃 14～17 根，均匀排列；下腹部第 2—8 节背面前沿各有栗色横纹 1 条。

成虫

320　黄蓟马　*Thrips flavus* Schrank, 1776

别　称　忍冬蓟马、瓜亮蓟马、节瓜蓟马。

分　布　安徽、湖北、浙江、江西、湖南、福建、台湾、四川、西藏、贵州、云南、广西、广东、海南。

寄　主　瓜类、豆类、茄果类、十字花科类蔬菜、棉花、甘薯等。

形　态　成虫体长 0.9～1.1 mm，全体黄色。头近方形，复眼略突出，单眼 3 个，红色，排成三角形，单眼间鬃位于单眼三角形连线外缘，触角 7 节。翅 2 对，周围有细长的缘毛；腹部扁长。

成虫

321 黄胸蓟马 *Thrips hawaiiensis* (Morgan, 1913)

别　称　夏威夷蓟马。

分　布　浙江、江西、湖南、重庆、四川、云南、广西、广东、福建、台湾、海南。

寄　主　瓜类、豇豆、四季豆、蕹菜、辣椒、茄、番茄等。

形　态　成虫体长 1.5 mm 左右，头及前胸黄褐色，中后胸淡褐色，腹部褐色；触角 7 节，只有第 3 节色淡，其余各节褐色；前胸背板前角有短粗鬃 1 对，后角 2 对；前翅淡褐色，前翅基部透明无色；足为黄色。

成虫

322 玉米黄呆蓟马 *Anaphothrips obscurus* (Muller, 1776)

别　称　玉米蓟马、玉米黄蓟马、草蓟马。

分　布　北京、甘肃、新疆及以南各省份均有分布。

寄　主　玉米、麦类、粟、高粱、稻等。

形　态　成虫体长 1~1.2 mm，体暗黄色；胸、腹部背面有灰黑带；前翅灰白，略带黄色，长而窄，翅脉明显，前脉鬃 8~10 根，后脉鬃 7~8 根，缘缨灰暗而长；足黄色，腿节和胫节外缘略黑。

成虫

323 普通大蓟马 *Megalurothrips usitatus* (Bagnall, 1913)

分　布　安徽、浙江、湖北、陕西、贵州、云南、海南、台湾。

寄　主　豇豆、扁豆、大豆、花生、刀豆、玉米、马铃薯、茄、烟草、丝瓜、向日葵、杧果等。

形　态　成虫体长约 1.6 mm，体棕色至褐色。触角 8 节，第 3、第 4 节端部收缩为颈状。跗节、前足胫节大部分以及中后足胫节端部为黄色。前翅近基部 1/4 处及近端部无色，中部和端部褐色。

为害状

成虫

324 花蓟马 *Frankliniella intonsa* (Trybom, 1895)

别　称　台湾蓟马、丽花蓟马。
分　布　我国各省份均有分布。
寄　主　稻、麦、棉花、瓜类、豆类、十字花科蔬菜等。
形　态　雌成虫体长约 1.3 mm，淡褐色至褐色，头、胸部黄褐色。前胸背板前缘有长鬃 4 根，后缘有长鬃 6 根，均以中间 2 根稍短。前翅较宽短，淡灰色，有上下 2 根纵脉，前脉鬃 20~21 根，后脉鬃 14~16 根，均匀排列。雄虫与雌虫形态相似，体黄色。

成虫

若虫

325 西花蓟马 *Frankliniella occidentalis* (Pergande, 1895)

别　称　苜蓿蓟马、西方花蓟马。

分　布　我国各省份均有发生。

寄　主　李、桃、苹果、葡萄、草莓、茄、辣椒、生菜、番茄、豆类、花生、稻、菊花、黄瓜等多种植物。

形　态　雄成虫体长 0.9～1.1 mm，雌成虫略大，体长 1.3～1.4 mm。触角 8 节。身体颜色从红黄色到棕褐色，腹节黄色，通常有灰色边缘。头、胸两侧常有灰斑。翅边缘有灰色至黑色缨毛，在翅折叠时，可在腹中部下端形成 1 条黑线。

成虫

鞘翅目

(Coleoptera)

鞘翅目昆虫统称甲虫，常见的害虫有金龟子、叶甲、负泥虫、龟甲、象甲、豆象、天牛、吉丁虫、叩甲等。鞘翅目昆虫具有咀嚼式口器，多数种类是植食性，许多种类是农林牧业和储藏物的重要害虫或检疫害虫，它们为害植物的各个部位，以成虫和幼虫啃食叶片、茎秆、花器、果实等，造成幼苗枯死、叶片残破、茎秆枯死、落花落果等。

鞘翅目害虫大多生活在植物枝叶或花果上，如叶甲、负泥虫、龟甲等；部分种类幼虫期生活在地下，成虫出土活动，如金龟子、金针虫等；部分种类幼虫蛀食叶片、茎秆、果实，生活其中，如天牛、吉丁、豆象等。多数鞘翅目害虫为多食性，可为害多种作物，部分寡食性，少数单食性。

鞘翅目昆虫的生活史一般较长，通常1年1代，部分1年多代或多年1代。一般为卵生，卵多为圆球形或椭圆形。幼虫通常3~5龄，多数为寡足型，少数无足型。一般以成虫、蛹或幼虫越冬，少数以卵越冬。鞘翅目昆虫成虫具较强的趋光性，大部分种类有假死性，可以利用这些习性来捕捉和防治它们。

鞘翅目害虫的防治，可结合主要害虫的发生习性，破坏其越冬、越夏场所，恶化其生存环境，如清除田边杂草，落叶深秋或初冬翻耕土地，有条件的地方实行水旱轮作等。另外，也可以铺设地膜，防止成虫在地下产卵。设置杀虫灯诱杀成虫，也可以有效减少田间产卵量。必要时使用药剂进行防治，选用二嗪磷、辛硫磷、喹硫磷、啶虫脒、高效氯氟氰菊酯、溴氰菊酯、联苯菊酯、鱼藤酮等，可根据害虫发生特点及作物种类，采用叶面喷雾、地下灌根、茎秆注射、撒施毒土等方式施药。

326　细胸金针虫　Agriotes subvittatus Motschulsky, 1859

别　称　细胸叩头虫、细胸叩节虫。
分　布　黑龙江、内蒙古、新疆、福建、湖南、贵州、广西、云南等。
寄　主　小麦、玉米等多种旱生作物。
形　态　成虫体长 8~9 mm，体细长，背面扁平，被黄色细毛；头、胸部棕黑色，鞘翅、触角和足棕红色，光亮；触角细短，向后不伸达前胸后缘，第 1 节最粗长；小盾片略似心形，被毛极密；鞘翅狭长，每翅具 9 行深刻点沟。末龄幼虫体长约 32 mm，细长圆筒形，淡黄色，光亮。

叩甲科 Elateridae

成虫背面

成虫腹面

327 沟线角叩甲 *Pleonomus canaliculatus* (Faldermann, 1835)

别　称　沟金针虫、沟叩头甲。
分　布　辽宁、内蒙古、甘肃、青海、河北、陕西、山东、河南、江苏、安徽、湖北。
寄　主　小麦、玉米、甘薯、马铃薯、花生等。
形　态　成虫体长 14～18 mm，雄成虫瘦狭，背面扁平；雌成虫较阔壮，背面拱隆；雄成虫触角 12 节，细长，约与体长相等；雌成虫触角 11 节，向后伸展稍过鞘翅基部；体色棕红色至深栗褐色，全体密被金黄色半卧细毛。老熟幼虫 20～30 mm，细长筒形略扁，体黄褐色。

成虫背面

成虫侧面

幼虫

328 筛胸梳爪叩甲　　*Melanotus cribricollis* Faldermann, 1835

分　布　内蒙古、辽宁、北京、河北、山东、浙江、湖北、湖南、江西、重庆、四川、广西、福建。

寄　主　稻、玉米等。

形　态　成虫体长 16～18 mm，体黑色，被灰白短细毛。前胸背板长大于宽，布孔状刻点，侧缘弧凸，向前渐狭；后角伸向后方，上有锐脊，后缘基侧沟明显直。小盾片近正方形。鞘翅等宽于前胸，两侧平行，后部变狭，翅端连合，具刻点沟列，沟间凸，略有横皱。

成虫背面

成虫头面

329 暗带重脊叩甲 *Ludioschema vittiger* (Heyden, 1887)

分　布　辽宁、北京、湖北、福建、台湾、广西、四川。

寄　主　甘蔗。

形　态　成虫体长约 13 mm，体栗褐色，被灰色细毛。前胸背板中央和侧缘、鞘翅侧缘有暗褐色纵带，前胸背板长大于宽，两侧近平行，背面凸，密部刻点，后角尖，分叉，有双脊。鞘翅狭长，端部 1/3 处开始变狭。

成虫背面

成虫侧面

330 双瘤槽缝叩甲 *Agrypnus bipapulatus* (Candeze, 1865)

分 布 辽宁、吉林、内蒙古、北京、河南、江苏、湖北、江西、福建、台湾、广西、四川、贵州、云南。

寄 主 花生、甘薯、麦类、棉花、玉米等。

形 态 成虫体长约 16.5 mm，黑色，密被褐、灰色鳞状毛；触角褐色，第 4—10 节锯齿状；前胸背板盘区中央有 2 个分离的横瘤。鞘翅等宽于前胸，中部渐宽，两侧呈弧凸。

成虫背面

成虫侧面

331 陈氏星吉丁 *Chrysobothris cheni* Théry, 1940

分　布　江苏、北京。

寄　主　梨、苹果、桃、枣等。

形　态　成虫体长约 10 mm，体黑色，具紫铜色光泽。鞘翅第 1 纵脊明显，但在近基部消失，第 2 纵脊仅在中后部明显；每鞘翅具 3 个凹陷的金色斑。足蓝紫色，跗节具蓝色光泽。

成虫背面

成虫侧面

成虫腹面

332 金缘吉丁虫 *Lampra limbata* (Gebler, 1832)

别　称　梨吉丁虫、金缘金蛀甲、板头虫。

分　布　新疆、内蒙古、黑龙江、吉林、辽宁、甘肃、宁夏、山西、山东、河南、江苏、安徽、浙江、湖北、四川、贵州、湖南、江西、福建、广西、广东。

寄　主　梨、山楂、苹果、桃、杏、樱桃等。

形　态　成虫体长 13～15 mm，蓝绿色，翅鞘外缘稍有金色光泽，触角锯齿状，前胸背板中央有 1 条黑色线，两侧各有 1 个长方形黑斑。翅鞘上有 11 条黑色纵沟，由长方形黑斑纵裂而成。老熟幼虫长 25～30 mm，体扁平，头小胸宽，头半缩于前胸。前胸背板淡黄褐色，腹部 10 节，各节呈长方形，第 10 节小，端钝圆，三角形。

为害状

幼虫

吉丁虫科 Buprestidae

露尾甲科 Nitidulidae

333 油菜叶露尾甲 *Strongyllodes variegatus* (Fairmaire, 1891)

分　布　青海、甘肃、安徽。

寄　主　油菜。

形　态　成虫体长 2.4～2.8 mm，体两侧平直，黑褐色、有斑纹，背部呈弧形隆起；前胸背板梯形，被有淡棕色细毛；背部中间常有略似"工"字形的黑斑，靠侧缘有 1 个大椭圆形黑斑；腹部 5 节，末节露出在鞘翅外。老熟幼虫体长 3～4 mm，淡黄色至淡白色，头部极扁，褐色，腹部共 9 节，每节侧突呈明显乳状。

成虫背面

成虫侧面

幼虫

成虫产卵痕

幼虫为害状

334 棉露尾甲 *Haptoncus luteolus* (Erichson, 1843)

分 布 安徽、浙江、福建、湖北、湖南、广东。
寄 主 棉花、南瓜等。
形 态 成虫体长约 2 mm，淡黄色至暗黄褐色，有光泽。复眼黑色，触角球杆状；前胸背板平整，呈长方形；鞘翅近长方形，末端平截，腹末 2—3 节露于鞘翅之外。

露尾甲科 Nitidulidae

为害状

成虫

335 锯谷盗 *Oryzaephilus surinamensis* (Linnaeus, 1758)

分 布 我国各省份均有分布。

寄 主 仓储稻谷、小麦、面粉、干果、药材、豆类、食用菌等。

形 态 成虫体长 3 mm 左右，长椭圆形，深褐色，体上被黄褐色密的细毛；头部大三角形，复眼黑色突出，触角棒状 11 节；前胸背板长卵形，中间有 3 条纵隆脊，两侧缘各生 6 个锯齿突；鞘翅长，两侧近平行，后端圆；翅面上有纵刻点列及 4 条纵脊。

成虫

为害面粉

幼虫

336 马铃薯瓢虫 *Henosepilachna vigintioctomaculata* (Motschulsky, 1857)

别　称　二十八星瓢虫。

分　布　黑龙江、吉林、辽宁、内蒙古、河北、山西、山东、陕西、河南、江苏、安徽、浙江、湖北、湖南、江西、福建、甘肃、四川、贵州、云南。

寄　主　茄、马铃薯、辣椒、豆类、瓜类、玉米、白菜等。

形　态　成虫体长 6.6～8.2 mm，体背黄褐色至红褐色，被灰黄色或黑色细毛。每鞘翅有 14 个黑斑，第 2 排的黑斑不在一条斜线上，有时一些黑斑常相连或鞘翅几乎黑色。

瓢虫科 Coccinellidae

成虫

成虫

卵

337 茄二十八星瓢虫　　*Henosepilachna vigintioctopunctata* (Fabricius, 1775)

别　称　酸浆瓢虫。

分　布　除青海、新疆外，我国各省份均有分布。

寄　主　马铃薯、茄、辣椒、豆类、瓜类、玉米、白菜等。

形　态　成虫体长7～8 mm，半球形，赤褐色，密披黄褐色细毛。鞘翅斑纹多变，每鞘翅常具14个黑斑，第2排的黑斑几乎在一条斜线上。幼虫体长约9 mm，淡黄褐色，长椭圆状，背面隆起，各节具黑色枝刺。

成虫背面

成虫侧面

幼虫

338 菱斑食植瓢虫　*Epilachna insignis* Gorham, 1892

分　布　北京、陕西、河北、河南、山东、安徽、福建、广东、四川、云南。
寄　主　茄、葫芦科植物。
形　态　成虫体长 9.5～11 mm，背面砖红色。前胸背板上有 1 个黑色中斑。部分个体暗淡或消失。每个鞘翅上有 7 个黑斑。虫体近于心形，背面明显拱起。

成虫背面

成虫侧面

成虫头面

339 豆芫菁 *Epicauta gorhami* (Marseul, 1873)

分 布 江苏、安徽、浙江、江西、湖南、福建、台湾、广西、广东。

寄 主 豆类、花生、苜蓿、马铃薯、甘薯、棉花、甜菜、蕹菜等。

形 态 成虫体长 10.5~18.5 mm，体黑色，头红色；前胸背板中央和每个鞘翅中央各有 1 条由灰白色毛组成的宽纵纹；小盾片、鞘翅侧缘、端缘和中缝、胸部腹面两侧和各足腿节、胫节均被白毛；各腹节后缘有 1 条由白色毛组成的宽横纹。

成虫背面

成虫侧面

340 红头豆芫菁 *Epicauta ruficeps* (Illiger, 1800)

分　布　湖北、安徽、江西、湖南、广西、四川、贵州、云南、福建。
寄　主　豆类、瓜类等。
形　态　成虫体长 16～22 mm。头红色，体黑色。触角细长，雄成虫触角超过体长之半，雌成虫触角长约体长之半，触角基部具 1 对光滑的"瘤"。前胸背板长宽约相等，前端窄，近前端 1/3 处最宽，后端中央凹陷。鞘翅黑色，两侧近于平行。雄成虫前足胫节具 1 个端距，雌成虫前足胫节具 2 个端距。

芫菁科　Meloidae

成虫背面

成虫侧面

341 西北豆芫菁 *Epicauta sibirica* (Pallas, 1773)

别 称 西伯利亚豆芫菁、红头黑芫菁。

分 布 黑龙江、吉林、辽宁、内蒙古、北京、河北、山西、陕西、宁夏、甘肃、青海、新疆、山东、河南、江苏、安徽、浙江、四川、西藏。

寄 主 豆类、甜菜、马铃薯、玉米、南瓜、向日葵等。

形 态 成虫体长 11～20 mm，体黑色，额中央及两颊红色，头顶中央具 1 条深色纵纹；前胸背板中央具 1 条明显的纵沟，基部中央具 1 个凹洼。

成虫背面

成虫侧面

342 条纹豆芫菁　Epicauta waterhousei (Haag-Rutenburg, 1880)

分　布　山西、山东、江西、湖北、河南、安徽、贵州、广西、福建、台湾、海南。

寄　主　豆类、马铃薯、花生。

形　态　雄成虫体长 11.5~18.9 mm，雌成虫体长 20.6~24.5 mm。体黑色，头红黄色；前胸背板窄于头部，盘区隆起，中央具 1 条明显纵线；前翅黑色，不具光泽，侧缘和翅中被有灰色短毛，中央纵纹平直且等宽，长未达末端。

芫菁科　Meloidae

成虫背面

成虫侧面

343 赤拟谷盗 *Tribolium castaneum* (Herbst, 1797)

分　布　我国各省份均有分布。

寄　主　仓储稻、小麦、大米、玉米、面粉、米糠、油料、药材、干果等。

形　态　成虫体长 3～4.5 mm，长椭圆形，赤褐色至褐色，体上密布小刻点，背面光滑，具光泽；头扁阔，触角锤状11节，锤端3节膨大；前胸背板呈矩形，两侧稍圆，前角钝圆，有刻点；鞘翅与前胸背板同宽，上具10条纵刻点行。

成虫背面

成虫侧面

344 网目沙潜 *Opatrum subaratum* Faldermann, 1835

- **别　称** 网目拟地甲、类沙土甲。
- **分　布** 除广东、海南外，我国各省份均有分布。
- **寄　主** 小麦、瓜菜、豆类等。
- **形　态** 成虫体长约 10 mm，触角 11 节。前胸背板发达，一般呈横长方形，侧缘明显。体椭圆形，短粗黑色，无光泽。触角、口须和足锈红色。触角短，向后伸达前胸背板中部。前胸背板横阔，中后部最宽。

成虫

345 蒙古沙潜 *Gonocephalum reticulatum* Motschulsky, 1854

- **分　布** 黑龙江、吉林、辽宁、内蒙古、宁夏、青海、甘肃、河北、山东、山西、陕西、河南、安徽、江苏、浙江、湖北、湖南、江西、广西、云南、新疆。
- **寄　主** 甜菜、玉米、棉花、烟草、向日葵、豆类、小麦、花生、桑、苹果、梨、桃、葡萄、枣、核桃、麻类等。
- **形　态** 成虫体长 4.5 mm。身体锈褐色至黑褐色，前胸两侧浅红色或浅黄褐色。头宽，密布粗大刻点；触角短。前胸背板密布粗大的网状刻点及若干光滑斑点，有 2 个较明显的瘤状突。鞘翅两侧平行，刻点行细而明显。

成虫

拟步甲科 Tenebrionidae

鞘翅目

346 烟草甲 *Lasioderma serricorne* Fabricius, 1792

分　布　我国各省份均有发生。

寄　主　谷物产品、豆类、茶叶、烟草及中药材等仓储物。

形　态　成虫体长 2.5～3 mm，红黄色至赤褐色，密被白色细毛。头隐于前胸下。触角 11 节，锯齿状。前胸背板从背面看为半圆形。

为害干辣椒

成虫背面

成虫侧面

347　白星花金龟　*Protaetia brevitarsis* (Lewis, 1879)

别　称　白纹铜花金龟、白星花潜、白星金龟子、铜克螂。
分　布　除新疆、西藏、青海外，我国各省份均有发生。
寄　主　小麦、玉米、桃、苹果等。
形　态　成虫体长 17～24 mm，长椭圆形，具古铜或青铜色光泽，体表布满不规则白绒斑；头部长方形，复眼突出；唇基略宽短，前缘向上折翘，或多或少有中凹。幼虫体长 24～39 mm，头部褐色，胴部乳白色。

金龟科 Scarabaeidae

成虫背面

成虫侧面

唇基

鞘翅目 | 341

348 凸星花金龟 *Protaetia orientalis* (Gory & Percheron, 1833)

分　布　黑龙江、辽宁、河北、山东、江苏、安徽、浙江、湖南、江西、福建、广西、广东。

寄　主　玉米、高粱、大麻、桃、苹果、麻栎等。

形　态　成虫体长 21～26 mm，长椭圆形，体绿色、铜红色或古铜色等，有光泽；形态与白星花金龟相似，但唇基在边框内近长方形，前缘折翘较高，中凹深，两侧边框高，边框外呈钝角形向下斜扩。

成虫背面

成虫侧面

唇基

349 小青花金龟 *Gametis jucunda* (Faldermann, 1835)

别　称　小青花潜、银点花金龟、小青金龟子。

分　布　除新疆外，我国各省份均有发生。

寄　主　山楂、苹果、梨、海棠、杏、桃、葡萄、柑橘、栗、葱等。

形　态　成虫体长 12～15 mm，暗绿色，常有青、紫等色闪光，头较长，前胸背板和鞘翅密生许多黄色茸毛，无光泽。前胸背板中央两侧各有 1 个白斑，侧缘白色或具白斑。鞘翅散布许多小白斑，斑纹变化大。

成虫

成虫

成虫

350 斑青花金龟 *Gametis bealiae* (Gory & Percheron, 1833)

分　布　山西、江苏、浙江、湖南、江西、福建、广西、广东、贵州、四川、云南、西藏。

寄　主　草莓、茄、苹果、梨、柑橘、棉花、玉米、栗等。

形　态　成虫体长 12～15 mm，成虫倒卵圆形，鞘翅基部最宽。前胸背板栗褐色至枯黄色。鞘翅斑纹变化大，每鞘翅中段各有 1 个大斑，黄褐色、黄色或红色等，呈倒"八"字形排列。

成虫

成虫

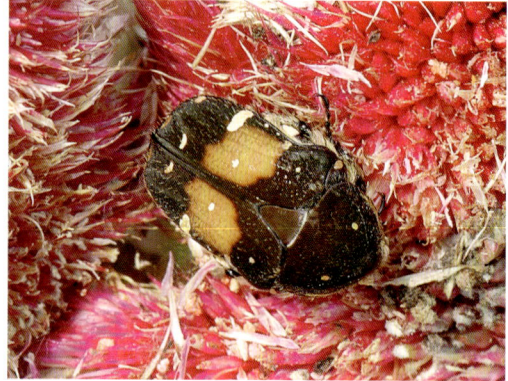

成虫

351 褐锈花金龟　　Poecilophilides rusticola Burmeister, 1842

- **分　布**　黑龙江、吉林、辽宁、河北、安徽、江苏、四川、福建。
- **寄　主**　棉花、玉米等农作物。
- **形　态**　成虫体长 14～20 mm，体形较宽扁，两侧近平行；体赤锈色，遍布不规则黑色斑纹；前胸背板通常前部中间有 2 个小圆斑；小盾片长三角形，有黑斑；鞘翅宽大，每翅有 7～9 条刻点行。

成虫

352 黄斑短突花金龟　　Glycyphana fulvistemma Motschulsky, 1858

- **别　称**　黑花鳃角金龟。
- **分　布**　北京、黑龙江、浙江、福建、广西、四川、云南、台湾。
- **寄　主**　柑橘、苹果、梨、桃等。
- **形　态**　成虫体长 10.2～13.5 mm，近椭圆形。唇基稍狭长，前缘有凹陷较深。前胸背板宽短，盘区有 4 个黄绒斑，有些个体中央有 1 个纵向小斑。鞘翅中后部外侧有 1 个横向边缘不整齐的黄色大绒斑。

成虫

353　绿绒斑金龟　*Epitrichius bowringii* (Thomson, 1857)

分　布　江苏、浙江、湖北、福建、湖南、广东、海南、广西、云南。

寄　主　栗。

形　态　成虫体长 13.5～16.8 mm，宽 6.8～9 mm。体型中等，体上除唇基前部和臀板外无光泽，颜色为深绿色；体下和足黑色光亮，前胸背板中部两侧各有 1 个圆形毛簇。前胸背板稍横向。小盾片甚短宽。鞘翅前宽后窄，外缘圆弧形，每翅有 4～5 个褐黄色大斑。足较细长。

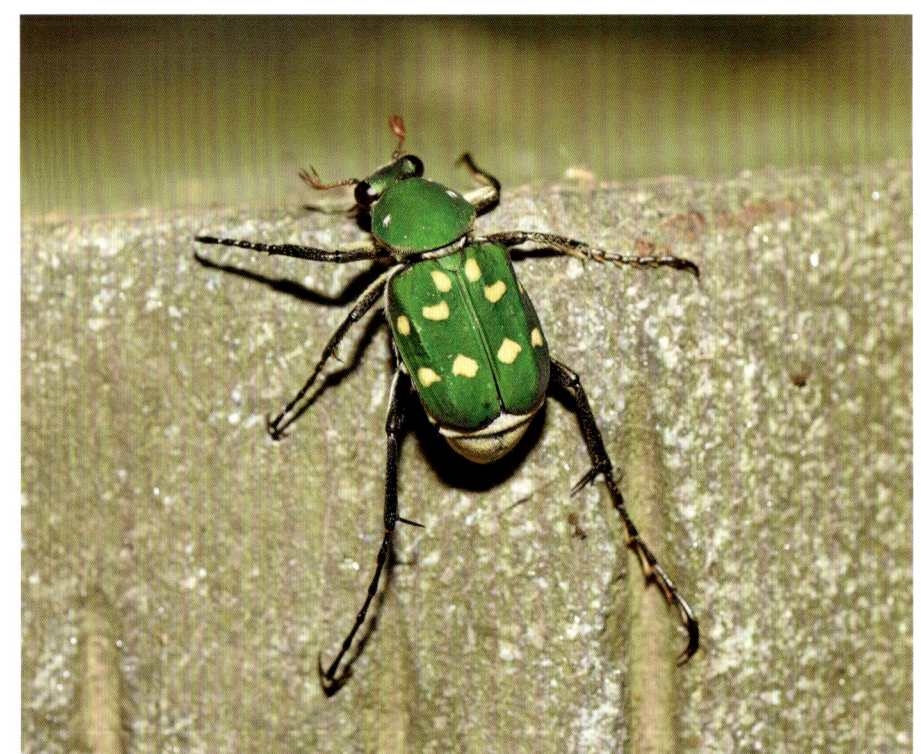

成虫背面

成虫侧面

354 黄粉鹿角金龟 *Dicronocephalus bowringi* (Pascoe, 1863)

分 布 天津、河北、河南、山东、江西、江苏、浙江、福建、广东、四川、重庆、甘肃、贵州、云南。

寄 主 梨、栗、柚等。

形 态 成虫体长 19～25 mm，雄成虫唇基上方有 1 个深凹陷，前缘呈弧形突出，两侧向前呈鹿角状强烈延伸，顶端叉状上翘。前胸背板、小盾片、鞘翅大部布有黄色或黄绿色粉末状薄层，前胸背板中央有 2 条叉状栗色肋纹。足细长，前足胫节狭长，外缘具 3 齿。雌成虫体型小，唇基两侧无延伸角突。

成虫背面

成虫腹面

355 中喙丽金龟   *Adoretus sinicus* Burmeister, 1855

别 称 中华喙丽金龟。

分 布 山东、江苏、安徽、浙江、湖北、湖南、江西、福建、台湾、广东、广西。

寄 主 桑、茶、山核桃、芋、花生等。

形 态 成虫体长9～12 mm，长椭圆形，体栗褐色或棕褐色，密布长针尖形乳白色鳞片；唇基近半圆形，边缘近垂直折翘；小盾片近半圆形。鞘翅略可见白斑，翅端2个白斑可见。后足胫节外缘有2个小齿突。

成虫背面

成虫侧面

356　斑喙丽金龟　*Adoretus tenuimaculatus* Waterhouse, 1875

分　布　辽宁、河北、山西、陕西、甘肃、宁夏、河南、山东、安徽、江西、福建、台湾、海南、广东、广西、四川、云南。

寄　主　葡萄、山楂、柿、苹果、梨、桃、枣、栗、菜豆、大豆、玉米等。

形　态　成虫体长 9.4~10.5 mm，体褐色或棕褐色，腹部色较深。全体密被乳白色披针形鳞片，光泽较暗淡。头大，唇基近半圆形。鞘翅有 3 条纵肋，纵肋上部分鳞片聚成白斑状。前足胫节外缘 3 齿，后足胫节后缘有 1 个小齿突。

为害状

成虫背面

成虫侧面

357 棉花弧丽金龟 | *Popillia mutans* Newman, 1838

别　称　豆蓝丽金龟、无斑弧丽金龟。

分　布　除新疆、西藏、青海外，我国各省份均有发生。

寄　主　棉花、玉米、高粱、大豆、栗、苹果、猕猴桃等。

形　态　成虫体长约12 mm，宽约7 mm，椭圆形。体深蓝色略带紫，有蓝绿色闪光。前胸背板略拱起，光滑。鞘翅短宽。老熟幼虫体长约28 mm，乳白色。

为害状

成虫背面

成虫侧面

358 曲带弧丽金龟 *Popillia pustulata* Fairmaire, 1887

分　布　甘肃、陕西、山东、河南、浙江、湖北、江西、福建、湖南、贵州、四川、云南、广西、广东。

寄　主　葡萄、烟草等。

形　态　成虫体长 7～11 mm，长椭圆形，鞘翅基部稍后处最宽；除鞘翅外，体深铜绿色，有强烈金属光泽；鞘翅黑褐色或赤褐色，中部有黄褐色或红褐色折曲横带，横带有时断为 2 个黄斑，有时不明显或者消失。臀板基部有 1 对横大白色毛斑。

成虫背面

成虫侧面

359　中华弧丽金龟　*Popillia quadriguttata* (Fabricius, 1787)

别　称　四纹丽金龟、四斑丽金龟。

分　布　安徽、江苏、浙江、湖北、福建、台湾、贵州、广东、广西。

寄　主　花生、大豆、玉米、高粱、麦类等。

形　态　成虫体长7.5～12 mm，长椭圆形；前胸背板密布刻点，侧缘后段两侧近平行，前段明显收狭；鞘翅浅褐色或草黄色，四缘常呈深褐色，有6条近于平行的刻点沟，第2刻点沟基部刻点散乱；臀板基部有2个白色毛斑，腹部每节侧端有毛1簇。足较粗壮，前足胫节外缘2齿，中、后足胫节略呈纺锤形。

成虫背面

成虫侧面

臀板

360 琉璃弧丽金龟　*Popillia flavosellata* Fairmaire, 1886

别　称　琉璃丽金龟、琉璃金龟子。

分　布　辽宁、河北、天津、北京、山东、河南、浙江、江苏、四川、湖北、江西、台湾、云南、广西、广东。

寄　主　梨、桃、杏、梅、葡萄、柑橘、栗、豆类等。

形　态　成虫体长 8.5~12.5 mm，体蓝黑色至黑色，此外尚有鞘翅红褐等多种色型的个体。鞘翅背面有 5 条刻点沟，沟间带隆拱。臀板具 1 对白色毛斑，间距常明显大于毛斑直径。腹部每腹板具毛 1 排，侧端具毛斑。

成虫

臀板

361 墨绿彩丽金龟 *Mimela splendens* (Gyllenhal, 1817)

别　称　亮绿彩丽金龟。

分　布　广东、广西、云南、福建、台湾、江西、浙江、江苏、山东、河南。

寄　主　李、栗等。

形　态　成虫体长 17～20.5 mm，体中至大型，卵圆形；全体深铜绿色，有金黄色闪光，表面光泽强烈；唇基近矩形或梯形，前缘微内凹；前胸背板短，中央有 1 条细狭纵沟，两侧中部各有 1 个显著小圆坑；鞘翅缝肋显著，纵肋模糊。

成虫背面

成虫侧面

362 黄褐彩丽金龟　　*Mimela testaceoviridis* Blanchard, 1850

别　称　黄闪彩丽金龟、浅褐彩丽金龟。

分　布　河北、陕西、山东、四川、湖北、江苏、安徽、浙江、江西、湖南、福建、广东、广西、台湾。

寄　主　栗等。

形　态　成虫体长 14～18 mm，浅黄褐色，宽椭圆形，后部较宽。唇基宽梯形，前缘近横直。前胸背板滑亮，小盾片宽三角形，每鞘翅有 4 条纵肋，肋间带密布粗刻点。前足胫节外缘端部 2 齿，前足、中足大爪分裂。

成虫背面

成虫侧面

363 红脚异丽金龟 *Anomala cupripes* (Hope, 1839)

分 布 浙江、云南、四川、台湾、福建、广西、广东。

寄 主 杧果、咖啡、甘蔗、栗等。

形 态 成虫体长 20~25 mm，长椭圆形；体背深铜绿色，光泽较弱，有暗黄铜色闪光；唇基大部或全部、前胸背板侧缘及鞘翅缘折金紫色；臀板铜绿色，端部也常有淡金紫色闪光。

成虫

成虫

364 黄褐异丽金龟　*Anomala exoleta* Faldermann, 1835

别　称　黄褐丽金龟。
分　布　除新疆、西藏外，我国各省份均有分布。
寄　主　玉米、高粱、甘薯、大豆等。
形　态　成虫体长 13.2～16.7 mm，体红褐色。前胸背板侧缘呈弧状外扩，后角钝弧；鞘翅缘折短，仅达侧缘中部，刻点沟列稍深，刻点不整齐，行距（点间）隆突具相当密的点刻和密粗的皱纹；前足、中足大爪前端下边具尖齿。雄虫后足胫节稍膨大。

成虫背面

成虫侧面

365 大绿异丽金龟 *Anomala virens* Lin, 1996

分　布　陕西、山东、河南、湖北、浙江、江西、湖南、福建、贵州、四川、广西、海南、广东、云南。

寄　主　烟草、花生、美国山核桃、苹果等。

形　态　成虫体长 21～29 mm，背面和臀板草绿色，有强烈金属光泽，腹面和各足基节具强烈金属光泽，胫节带强烈金属绿色或玫瑰红色光泽；唇基前缘近直，上卷甚弱；前胸背板刻点细密，鞘翅刻点细密。

成虫背面

唇基

366 纹脊异丽金龟 *Anomala viridicostata* Nonfried, 1892

分 布 浙江、安徽、江西、湖北、湖南、四川、云南、广西、贵州、广东、福建。

寄 主 烟草。

形 态 成虫体长 15~20 mm，头、前胸背板和臀板基部墨绿色，唇基、前胸背板两侧、小盾片、臀板、胸部腹面和各足腿节浅黄褐色。鞘翅密布粗刻点，缝肋显著，每鞘翅有 4 条纵肋纹，鞘翅缝肋及纵肋暗绿色至红褐色。

成虫

成虫

367　铜绿丽金龟　*Anomala corpulenta* Motschulsky, 1854

别　称　铜绿金龟子、铜绿异丽金龟、淡绿金龟子。
分　布　除新疆、西藏外，我国各省份均有发生。
寄　主　苹果、梨、山楂、桃、李、杏、樱桃、葡萄、核桃、草莓、豆类等。
形　态　成虫体长卵形，长16～22 mm，铜绿色。头、前胸背板色泽较深，鞘翅色较淡而泛铜黄色，有光泽，两侧边缘黄色。幼虫体长30～33 mm，头黄褐色，体乳白色。

成虫

368　暗黑鳃金龟　*Pedinotrichia parallela* (Motschulsky, 1854)

别　称　暗黑金龟甲。
分　布　我国各省份均有发生。
寄　主　花生、大豆、薯类、麦、苹果、梨、桑等。
形　态　成虫长椭圆形，体长17～22 mm，初羽化成虫为红棕色，后逐渐变为红褐色或黑色，体被淡蓝灰色粉状闪光薄层。雄虫臀板后端浑圆，雌虫则尖削。幼虫头部前顶毛每侧1根。

成虫

369 东北大黑鳃金龟 Holotrichia diomphalia Bates, 1888

别　称　大黑鳃金龟、白地蚕、白土蚕。
分　布　我国各省份均有发生。
寄　主　苹果、梨、桃、李、杏、梅、樱桃、核桃等。
形　态　成虫体长 16～21 mm，长椭圆形，黑色或黑褐色，具光泽。触角鳃叶状，前胸背板宽，两鞘翅表面均有 4 条纵肋，上密布刻点。

金龟科 Scarabaeidae

成虫

成虫

370 大等鳃金龟 *Exolontha serrulata* (Gyllenhal, 1817)

别　称　黄褐色蔗龟、齿缘鳃金龟。

分　布　湖南、江西、浙江、云南、广西、福建、广东、海南。

寄　主　甘蔗、花生、豆类、甘薯、木薯、马铃薯、蕉类、油桐、栗、荔枝等。

形　态　成虫体长 25～32 mm，黄褐色，披淡黄色绒毛，前胸背板密生小个点，每个鞘翅上有隆起带，鞘翅覆盖不到尾节。幼虫头黄褐色，第 1 对气门前两侧各有 1 个显著黄色斑点。

成虫背面

成虫腹面

371 毛黄脊头鳃金龟 *Miridiba trichophora* (Fairmaire, 1891)

别　称　毛黄脊鳃金龟、毛黄鳃金龟。
分　布　浙江、河南、山东、北京、陕西。
寄　主　栗、美国山核桃、桑等。
形　态　成虫体长 13.6～14.2 mm，体棕褐色或淡褐色。头、前胸背板、小盾片色略深，呈栗褐色。前胸背板刻点较稀，具长毛，小盾片无毛。鞘翅布具毛刻点，基部毛最长，缝肋清楚，无纵肋。后足跗节第 1 节短于第 2 节。

成虫背面

成虫侧面

372 黑皱鳃金龟 *Trematodes tenebrioides* (Pallas, 1781)

别　称　黑皱金龟甲、无后翅金龟。
分　布　甘肃、内蒙古、陕西、山西、河北、河南。
寄　主　高粱、玉米、大豆、花生、小麦、棉花等。
形　态　成虫体长 15～16 mm，黑色无光泽，刻点粗大而密。头部黑色，触角10节，黑褐色。前胸背板横宽，前缘较直。小盾片横三角形。鞘翅卵圆形，具大而密排列不规则的圆刻点。后翅退化仅留痕迹，略呈三角形。

成虫

成虫

373　金绒锦天牛　*Acalolepta permutans* (Pascoe, 1857)

分　布　河北、陕西、山西、河南、湖北、安徽、江西、浙江、福建、湖南、云南、四川、贵州、广西、广东。

寄　主　柑橘、桑等。

形　态　成虫体长 15～29 mm，体黑色，密被黄铜色绒毛，部分微带绿色，具锦缎光泽；触角深棕色，各节基部有淡黄色或淡灰色细毛；前胸宽胜于长，侧刺突小，末端钝；胸面略平，中区有 5 个微瘤突，前 2 个后 3 个；鞘翅基部具较大颗粒及粗刻点。

成虫背面

成虫交尾

374 双斑锦天牛 *Acalolepta sublusca* (Thomson, 1857)

分　布　辽宁、内蒙古、河北、陕西、河南、山东、湖北、江苏、江西、浙江、福建、湖南、四川、贵州、广西、广东、海南。

寄　主　桑等。

形　态　成虫体长 11～23 mm，体栗褐色。头、前胸背板被棕色绒毛，触角第 3—11 节基部 2/3 被灰色绒毛。鞘翅被淡灰色毛，基部中央有 1 个褐色斑，中后部有 1 条褐色宽斜带，翅端圆形。

成虫

375 竹红天牛 *Purpuricenus temminckii* (Guérin-Méneville, 1844)

别　称　竹紫天牛、枣红天牛。

分　布　黑龙江、吉林、辽宁、河北、陕西、甘肃、河南、山东、湖北、安徽、江苏、江西、浙江、湖南、福建、台湾、广西、广东、贵州、四川、云南。

寄　主　枣、酸枣等。

形　态　成虫体长 11.5～18 mm，体扁。头、触角、足及小盾片黑色，前胸背板及鞘翅暗红色，鞘翅后部常带橙色。前胸背板有 5 个黑斑。

成虫

376 华蜡天牛 *Ceresium sinicum* White, 1855

别　称　中华蜡天牛、铁色姬天牛。

分　布　河北、陕西、河南、湖北、江苏、江西、浙江、台湾、福建、湖南、贵州、四川、云南、广西、广东、海南、西藏。

寄　主　桑、柑橘、栗、苹果、桃、石榴等。

形　态　成虫体长 9~13 mm。头及前胸暗红棕色，触角淡红黄褐色，鞘翅及足栗色；前胸长大于宽，中区中线有 1 条平滑的间断纵纹，两侧前后各有 1 个黄色绒毛斑，有时不明显。鞘翅两侧近平行，翅端圆。

成虫

377 塞幽天牛 *Cephalallus unicolor* (Gahan, 1906)

别　称　赤梗天牛、对岛凹胸天牛。

分　布　吉林、辽宁、河南、江苏、浙江、福建、台湾、广东、香港、海南。

寄　主　油茶等。

形　态　成虫体长 13~25 mm，体赤褐色，被灰黄色毛。前胸背板中央有纵凹洼，凹洼后端两侧及后端中央稍隆突，表面密生粗糙刻点。

成虫

378 合欢双条天牛 *Xystrocera globosa* (Oliver, 1795)

分　布　黑龙江、吉林、辽宁、河北、河南、陕西、甘肃、山东、湖北、安徽、江苏、浙江、江西、湖南、贵州、广东、广西、四川、云南、海南、台湾。

寄　主　桑、桃等。

形　态　成虫体长 13～32 mm，体型长形，略扁。触角长。复眼肾形，围绕触角基部。跗节为隐5节。腹部可见5节或6节。幼虫乳白色或黄白色、圆柱形而扁；前胸背板发达，扁平；胸、腹节背面具骨化区或突起。

成虫背面

成虫头面

379 红缘天牛　*Anoplistes halodendri* (Pallas, 1776)

别　称　红缘亚天牛、红条天牛。

分　布　黑龙江、吉林、辽宁、内蒙古、河北、河南、湖北、山东、山西、宁夏、陕西、甘肃、新疆、江苏、江西、浙江、湖南、贵州、广西、台湾。

寄　主　枣、苹果、梨等。

形　态　成虫体长 11～19.5 mm，体狭长，黑色。每鞘翅基部有 1 个朱红色椭圆形斑，外缘有 1 条朱红色狭带纹。老熟幼虫体长约 22 mm，乳白色；前胸背板前方骨化部分散褐色，分为 4 块。

成虫背面

成虫侧面

幼虫

380 桑黄星天牛 *Psacothea hilaris* (Pascoe, 1857)

别　称　长角天牛、黄星桑天年、黄星天牛、黄点天牛。

分　布　陕西、河北、河南、安徽、江苏、上海、浙江、湖北、江西、湖南、福建、广东、广西、四川、云南。

寄　主　桑、无花果等。

形　态　成虫体长 15～23 mm，体黑褐色，密生黄白色或灰绿色短绒毛，体上生黄色点纹。头顶有 1 条黄色纵带，触角较长。前胸两侧中央各生 1 个小刺突，左右两侧各具 1 条纵向黄纹与复眼后的黄斑点相连。胸腹两侧也有纵向黄纹，各节腹面具黄斑 2 个。

成虫侧面

成虫背面

381 长颈鹿天牛 *Macrochenus guerini* White, 1858

分 布 广西、四川、云南。

寄 主 桑、无花果。

形 态 成虫体长 13.5～28.5 mm。后头有4条平行较宽的黑纵纹；前胸背板黑色，有3条平行黄色或白色毛纵纹；鞘翅黄褐色至棕褐色，有许多大小不规则的黑斑点。

成虫侧面

成虫背面

382　橘狭胸天牛　*Philus antennatus* (Gyllenhal, 1817)

分　布　辽宁、内蒙古、河北、山东、河南、山西、陕西、湖北、安徽、江苏、浙江、江西、湖南、福建、台湾、广东、广西、贵州、香港、海南。

寄　主　柑橘、桑、茶等。

形　态　成虫体长 18～31 mm，棕褐色，被灰黄色短毛。复眼大；雄成虫触角超过体长，雌成虫触角仅达鞘翅中部。前胸背板短小，略宽于头部。鞘翅密部粗刻点及黄毛，具 4 条纵脊。

雄成虫

雌成虫

383 橘根接眼天牛 *Priotyrannus closteroides* (Thomson, 1877)

别　称　柑橘锯天牛。

分　布　辽宁、陕西、河南、湖北、安徽、江苏、浙江、江西、湖南、福建、台湾、广东、香港、广西、贵州、四川、云南。

寄　主　柑橘、栗等。

形　态　成虫体长22～38 mm，体扁阔，红棕色至暗棕色。触角11节，雄成虫超过体长，第3—11节表面有许多皱脊，雌成虫超过鞘翅中部。前胸背板粗糙，侧缘各具2个齿，中齿长而尖，后齿短。鞘翅宽于前胸，端部圆。

天牛科 Cerambycidae

成虫侧面

成虫背面

鞘翅目 | 373

384 桑天牛 *Apriona germari* (Hope, 1831)

别　称　粒肩天牛、桑干黑天牛、桑牛。
分　布　我国各省份广泛分布。
寄　主　桑、苹果、梨、李、樱桃、柑橘、无花果、枇杷等。
形　态　雌成虫体长 46 mm，雄成虫体长 36 mm，体和翅都为黑色，密生黄色短毛。头部中央有 1 条纵沟，鞘翅基部密生颗粒状黑色粒点。幼虫圆筒形，第 1 胸节硬皮板后部密生深棕色颗粒小点。

成虫

幼虫

385 桃红颈天牛 *Aromia bungii* (Faldermann, 1835)

别 称 红颈天牛。

分 布 除青海、新疆外，我国各省份均有分布。

寄 主 桃、杏、李、梅、樱桃、苹果、梨、柳等。

形 态 雄成虫体长 23～28 mm，雌成虫体长 30～42 mm，体黑色而有光泽。前胸除端部和基部收缩处，其余鲜红色或全黑色。前胸背板前缘与后缘各生有 1 对小突起，两侧有大型突起。幼虫乳白色，老熟幼虫体长 35～45 mm，扁圆形。

天牛科 Cerambycidae

成虫背面

幼虫

386 华星天牛 *Anoplophora chinensis* (Förster, 1771)

别　称　星天牛、白星天牛、银星天牛、橘根天牛。

分　布　吉林、辽宁、河北、山东、山西、陕西、甘肃、安徽、江苏、浙江、江西、湖北、湖南、福建、台湾、四川、贵州、云南、广东、广西、海南。

寄　主　苹果、梨、花红、桃、杏、樱桃、柑橘、枇杷等。

形　态　成虫体长24～39 mm，体漆黑色，有光泽。前胸背板中部有3个瘤状突起，两侧各有1个粗短的刺突。翅鞘黑色，每鞘翅上面散布大小不一由细毛组成的白色斑点约20个。鞘翅基部密布大小不一的颗粒。老熟幼虫体长45～60 mm，扁圆筒形，头大而扁，黄褐色。

成虫背面

鞘翅基部

幼虫

387　光肩星天牛　*Anoplophora glabripennis* (Motschulsky, 1853)

分　布　我国各省份均有分布。

寄　主　苹果、梨、李、桃、樱桃、花椒、桑等。

形　态　成虫体长 17.5~39 mm，全体漆黑有光泽；触角第 3—11 节基部蓝白色，雄虫触角约为体长的 2.5 倍，雌虫约为 1.3 倍；鞘翅基部光滑，无瘤状颗粒，每鞘翅约有白斑 20 个。

成虫背面

鞘翅基部

388 黑星天牛 *Anoplophora leechi* (Gahan, 1888)

别 称 黑天牛。

分 布 辽宁、内蒙古、河北、河南、湖北、江苏、安徽、浙江、江西、湖南、广西、台湾。

寄 主 栗。

形 态 成虫体长33～43 mm，体漆黑色，具光泽。触角黑褐色，被稀疏灰褐色毛。前胸背板及鞘翅特别光亮。各足跗节被淡蓝灰色毛。

成虫

389 龟背天牛 *Aristobia reticulator* (Fabricius, 1781)

别 称 龟背簇天牛。

分 布 福建、广东、香港、海南、广西、云南。

寄 主 荔枝、龙眼、番荔枝、李等。

形 态 成虫体长20～35 mm，体黑色。触角从第3节起橙色，第3节端部1/3环生黑色毛簇。前胸背板及鞘翅被黄色绒毛，前胸背板中区有2条黑色纵纹。鞘翅具网状黑色斑纹。

成虫

390 云斑白条天牛 *Batocera lineolata* Chevrolat, 1852

别　称　云斑天牛。

分　布　辽宁、河北、山东、山西、陕西、甘肃、江苏、河南、安徽、浙江、湖北、湖南、江西、福建、广东、广西、四川、贵州、云南。

寄　主　核桃、苹果、梨、桑等。

形　态　成虫体长 57～97 mm，体灰黑色。前胸背板有 2 个白色或灰黄色肾形斑，小盾片白色，鞘翅基部密布黑色瘤状颗粒，鞘翅上有大小不等的白色或灰黄色斑，似云片状。幼虫体长 74～87 mm，黄白色，略扁。前胸背板橙黄色，有黑色点刻，两侧白色，有半月牙形橙黄色斑块。

成虫背面

成虫侧面

391 榕八星天牛　*Batocera rubus* (Linnaeus, 1758)

别　称　无花果天牛、白条天牛、黄八星白条天牛。

分　布　山西、陕西、浙江、福建、台湾、广东、海南、香港、广西、四川、贵州、云南。

寄　主　杧果、无花果等。

形　态　成虫体长 30～46 mm，体红褐色，头、前胸及前足股节较深，有时接近黑色。全体被绒毛，背面的较稀疏，两侧各有 1 条相当阔的白色纵纹。前胸背板有 1 对橘红色弧形白斑，小盾片密生白毛；每鞘翅上各有 4 个白色圆斑。雄成虫触角从第 3 节起各节末端略膨大，雌虫触角除柄节外各节末端不显著膨大。

成虫背面

成虫侧面

392　双带粒翅天牛　*Lamiomimus gottschei* Kolbe, 1886

分　布　黑龙江、吉林、辽宁、河北、甘肃、陕西、山西、河南、江苏、安徽、湖北、浙江、江西、湖南、四川、贵州、广西。

寄　主　苹果等。

形　态　成虫体长 26～40 mm，体黑色或黑褐色，被茶褐色或暗褐色毛。小盾片密覆淡色毛。鞘翅中部及端部具宽阔的单色横带纹。

成虫背面

成虫侧面

393 双簇污天牛 *Moechotypa diphysis* (Pascoe, 1871)

分 布 黑龙江、吉林、辽宁、内蒙古、河北、湖北、河南、陕西、甘肃、安徽、江西、浙江、湖南、广西、贵州、四川。

寄 主 栗、核桃、花椒等。

形 态 成虫体长 16~24 mm，体黑色，被黑色、灰色及红褐色毛。触角自第 3 节起各节基部有 1 个淡色毛环。前胸背板及鞘翅上有许多瘤状突起，鞘翅基部 1/5 处各有 1 丛黑色长毛，极为明显。

成虫背面

成虫侧面

394 中华裸角天牛 *Aegosoma sinicum* White, 1853

别　称　薄翅锯天牛、中华薄翅天牛。

分　布　黑龙江、吉林、辽宁、内蒙古、河北、山西、山东、河南、陕西、湖北、安徽、江苏、浙江、江西、湖南、福建、台湾、海南、广西、贵州、四川、云南。

寄　主　苹果、枣、栗、核桃、桑等。

形　态　成虫体长 30～52 mm，体红褐色至暗红色。头部具细密颗粒状刻点，密生细短灰黄毛。前胸背板两侧近前、后角各具 1 个较短的黄色毛斑。鞘翅具 2～3 条纵隆脊。

成虫背面

成虫侧面

395 瘤胸簇天牛 *Aristobia hispida* (Saunders, 1853)

分　布　陕西、河南、湖北、安徽、江苏、江西、浙江、台湾、福建、湖南、西藏、四川、云南、贵州、广西、广东、海南。

寄　主　柑橘、桑、桃、栗等。

形　态　成虫体长 20～37 mm，全身密被带紫的棕红色绒毛，鞘翅、体腹面及腿节并杂有许多黑色和白色毛斑；触角黑色，密被淡灰色至棕红色绒毛，第1—4节棕红色，端部褐黑色，第5节以下色彩渐渐变淡，最后3节全部淡灰色，或略带棕黄色。

成虫背面

成虫侧面

成虫腹部

396　黑棘翅天牛　*Aethalodes verrucosus* Gahan, 1888

- **分　布**　山西、河北、陕西、湖北、江西、浙江、湖南、福建、四川、贵州、广西、广东。
- **寄　主**　油茶等。
- **形　态**　成虫体长 22～33 mm，黑色，被暗褐色鳞片；前胸侧刺突尖锐，中区具 5 个瘤突，中央 1 个最大，后方凹缘略呈心形，前面两侧各有 1 个瘤突，中央瘤突两侧各有 1 个小瘤突；每前翅具 4 列较大的瘤突及 5 列较小的颗粒。

成虫

397　榕指角天牛　*Imantocera penicillata* (Hope, 1831)

- **别　称**　束毛胡麻斑天牛。
- **分　布**　广西、贵州、云南。
- **寄　主**　栗、冬瓜等。
- **形　态**　成虫体长 11～20 mm，体黑色。触角第 4 节有毛丛。每鞘翅端部各有 1 个黄色圆斑，翅面黄褐色、棕红色毛呈点状排列。

成虫

398 黑跗眼天牛 *Bacchisa atritarsis* (Pic, 1912)

分 布 辽宁、河南、山西、山东、湖北、安徽、江西、浙江、湖南、福建、台湾、广东、广西、海南、贵州、四川。

寄 主 茶、油茶、桃等。

形 态 成虫体长9～12.5 mm。头、前胸背板、小盾片及腹面黄褐色。触角黑色，第3—5节黄褐色。鞘翅紫蓝色至紫色，具不规则刻点，端部无刻点，翅端圆形。

成虫

399 巨胸脊虎天牛 *Xylotrechus magnicollis* (Fairmaire, 1888)

别 称 巨胸虎天牛。

分 布 黑龙江、吉林、辽宁、河北、陕西、山东、河南、浙江、湖南、四川、云南、台湾、福建、广西、广东、海南。

寄 主 核桃、柿。

形 态 成虫体长7～18 mm，体黑色。头近圆形，前胸背板前缘黑色，其余红色。小盾片半圆形，有细刻点，端缘有白色绒毛。前胸背板红色与黑色，鞘翅具3条横带，第1—2列横带上下相连，横带均为黄色。

成虫

400 竹绿虎天牛 *Chlorophorus annularis* (Fabricius, 1787)

别　称　竹虎天牛。

分　布　吉林、辽宁、河北、河南、陕西、湖北、安徽、江苏、江西、浙江、福建、台湾、湖南、西藏、四川、云南、贵州、广西、广东、海南。

寄　主　苹果、棉花、梨、葡萄等。

形　态　成虫体长约16 mm，头部黄色，下缘具1条黑色横带，前胸背板黄色，中央具1个倒"Y"形黑斑，前胸前两侧有2条黑色的斜带斑纹，翅鞘具黑色、黄色相间的斑纹，翅端有2个黑色的大斑，雌虫触角较短，体形较大。

成虫侧面

成虫背面

401 苎麻天牛 *Paraglenea fortunei* (Saunders, 1853)

别　称　苎麻双脊天牛。

分　布　黑龙江、吉林、辽宁、河北、河南、江苏、浙江、安徽、江西、湖南、湖北、陕西、四川、重庆、贵州、福建、广西、广东、云南、台湾。

寄　主　苎麻、桑、山核桃。

形　态　成虫体长 9.5～17 mm；体被极厚密的淡色绒毛，淡草绿色至淡蓝色；前胸背板淡色，中区两侧各有一圆形黑斑；鞘翅斑纹变化大，鞘翅前半部常黑色，端部 1/3 处有 1 个黑斑。

成虫背面

成虫侧面

402 台湾狭天牛 *Stenhomalus taiwanus* Matsushita, 1933

分　布　辽宁、河北、河南、山西、云南、台湾。

寄　主　花椒。

形　态　成虫体长6～6.5 mm，体栗褐色。复眼大而突出，黑色肾形。触角10节，稍长于或等于体长，柄节粗大。前胸细长如颈，端部宽于基部，两侧中央各有1个瘤突。鞘翅有2条浅色的"V"形斜带，翅端色淡。

成虫

成虫

403 台湾筒天牛 Oberea formosana Pic, 1911

分　布　陕西、河南、湖北、江苏、江西、浙江、台湾、福建、湖南、四川、贵州、广西、广东、海南。

寄　主　苹果、樱桃等。

形　态　成虫体长 12～17 mm，体狭长，橙黄色，被淡金黄色绒毛。触角暗棕色，基部 2 节黑色；鞘翅两侧及端部和腹部末节端部深棕色，鞘翅各具 6 纵列刻点，翅端斜凹缘，缝角及外端具锐齿。

成虫背面

成虫侧面

404 暗翅筒天牛 *Oberea fuscipennis* (Chevrolat, 1852)

- **分 布** 辽宁、河北、陕西、湖北、江苏、江西、浙江、安徽、福建、台湾、湖南、广东、广西、海南、四川、西藏。
- **寄 主** 桑、樱桃、无花果等。
- **形 态** 成虫体长 14～18 mm，体狭长，淡红黄褐色，鞘翅赭色，端部黑褐色；触角最基部黑色，端部黑褐色，中部各节红棕色；鞘翅具深刻点至端部，翅端斜凹缘，缝角及外端具齿。

成虫

405 黑腹筒天牛 *Oberea nigriventris* Bates, 1873

- **分 布** 黑龙江、吉林、辽宁、内蒙古、山东、河南、湖北、安徽、江苏、浙江、江西、湖南、贵州、四川、云南、台湾、福建、广西、广东、海南。
- **寄 主** 沙梨、桑等。
- **形 态** 成虫体长 12～18 mm，体狭长，被金色绒毛。复眼黑色，肾形。头、前胸、前足、中足和后足腿节淡红褐色，触角、后胸腹板、腹部、后足胫节黑色，鞘翅基部淡红色，其余部分黑色。

成虫

406 黑翅脊筒天牛　*Nupserha infantula* (Ganglbauer, 1890)

分　布　内蒙古、河北、陕西、甘肃、湖北、浙江、福建、江西、湖南、四川、贵州、云南、广西、广东。

寄　主　油茶等。

形　态　成虫体长 7.5～13 mm，虫体大部分黑色，前胸背板、小盾片、鞘翅肩及基缘黄褐色。触角黄褐色，基部 2 节暗褐色。前胸腹板两侧及中、后胸腹板黑色，足及腹部黄褐色，跗节第 1 节及后足胫节黑褐色。体被银灰色短绒毛，以鞘翅、后胸腹板最为明显。

成虫

407 菊小筒天牛　*Phytoecia rufiventris* Gautier, 1870

分　布　黑龙江、吉林、辽宁、内蒙古、河北、河南、陕西、山西、山东、安徽、江苏、浙江、重庆、四川、贵州、江西、福建、广西、广东、台湾。

寄　主　菊等。

形　态　成虫体长 6～11 mm，圆筒形，黑色；触角与体等长；前胸背板中央有 1 个红色卵圆形斑，腹部、足呈橘红色，鞘翅密生灰色绒毛。

成虫

408　黑点粉天牛　*Olenecamptus clarus* Pascoe, 1895

分　布　黑龙江、吉林、辽宁、河北、山西、甘肃、陕西、河南、山东、上海、江苏、安徽、湖北、四川、重庆、云南、贵州、湖南、江西、台湾、浙江。

寄　主　桑、桃、杨等。

形　态　成虫体长8～17 mm；体褐黑色，触角及足棕黄色或棕红色；全身密被白色或灰色粉毛，头顶后缘有3个长形黑斑；前胸两侧各有2个卵形小黑斑；背板中央有1个黑斑，有时向前后延伸成一不规则的纵条纹；鞘翅黑斑呈2种类型：一种每翅上有4个斑点；另一种每翅上仅具3个斑点。

成虫背面

成虫侧面

409 苜蓿多节天牛　　Agapanthia amurensis Kraatz, 1879

分　布　新疆、内蒙古、黑龙江、吉林、辽宁、河北、山东、陕西、河南、江苏、江西、浙江、福建、湖南、四川。

寄　主　苜蓿。

形　态　成虫体长 10～17.5 mm，体金属蓝色。头、胸及体腹面蓝黑色，触角黑色，第 3—11 节基部被淡灰色毛，第 3 节末端有毛簇。

成虫

410 黑足厚缘肖叶甲　　Aoria nigripes (Baly, 1860)

分　布　吉林、内蒙古、河北、江苏、浙江、湖北、江西、四川、贵州、云南、广西、福建、台湾、广东、海南。

寄　主　葡萄等。

形　态　成虫体长 5.3～7 mm，体被有淡黄褐色或淡灰色绒毛。头、胸黑色，鞘翅棕红色，体背强烈隆起。前胸背板盘区刻点深且密，小盾片长椭圆形。鞘翅密部刻点。足黑色，后足胫节稍弯曲。

成虫

411 斑鞘豆叶甲 *Pagria signata* (Motschulsky, 1858)

别　称　小翅黄猿叶虫。

分　布　黑龙江、吉林、辽宁、河北、山西、陕西、山东、河南、安徽、江苏、浙江、江西、湖南、福建、广东、广西、海南、四川、云南、西藏。

寄　主　大豆、菜豆等。

形　态　成虫体长 1.6～3 mm，卵形或长方圆形。浅色个体体背棕色，腹面暗褐色，触角丝状，黄色，足黄或褐黄；小盾片三角形，光亮。幼虫体长约 3.6 mm，头、前胸背板黄褐色，胴部乳白色。

成虫

成虫

成虫侧面

叶甲科 Chrysomelidae

鞘翅目

412 甘薯肖叶甲　*Colasposoma dauricum* Mannerheim, 1849

别　称　甘薯金花虫、甘薯华叶甲、甘薯华叶虫。
分　布　我国各省份均有分布。
寄　主　甘薯、蕹菜、小麦等。
形　态　成虫体长约6 mm，短椭圆形，体色多变异，有蓝紫色、蓝绿色、绿色、黑色、紫铜色、青铜色、蓝色。幼虫体长9～10 mm，黄白色，头部淡黄褐色。

成虫

成虫

成虫侧面

413 褐足角胸肖叶甲 *Dactylispa fulvipes* (Motschulsky, 1861)

分 布 黑龙江、吉林、辽宁、宁夏、内蒙古、河北、北京、山西、陕西、山东、江苏、浙江、湖北、江西、湖南、福建、台湾、广西、四川、贵州、云南。

寄 主 樱桃、梨、苹果、李、大豆、玉米、高粱、大麻等。

形 态 成虫体长 3~5.5 mm，卵形或近于方形；体色变异较大，一般体背铜绿色，或头和前胸棕红鞘翅绿色，或身体为一色的棕红或棕黄；前胸背板宽短，宽近于或超过长的两倍，略呈六角形，前缘较平直，后缘弧形，两侧在基部之前中部之后突出成较锐或较钝的尖角形；小盾片盾形，表面光亮或具微细刻点；鞘翅肩胛及其内侧的基部均隆起，基部下面有 1 条横凹。

成虫

成虫

414 茶角胸叶甲 *Basilepta melanopus* (Lefèvre, 1893)

别　称　黑足角胸叶甲。

分　布　黑龙江、吉林、辽宁、宁夏、内蒙古、河北、北京、山西、陕西、山东、江苏、浙江、湖北、江西、湖南、福建、台湾、广西、广东、四川、贵州、云南。

寄　主　樱桃、梨、苹果、李、大豆、玉米、高粱、大麻等。

形　态　成虫体长 3.2～5.8 mm，体翅深褐色。成虫头颈短，复眼黑褐色，触角线状，11 节。前胸背板刻点大而密，排列不规则，侧缘后端 1/3 处向外突成尖角状。鞘翅背面有 10～11 行小刻点，排列整齐。各足腿节和胫节的端部及跗节的 1—2 节黑褐色，其余黄褐色。

为害状

成虫背面

成虫侧面

415 黑额光叶甲 *Smaragdina nigrifrons* (Hope, 1842)

分 布 辽宁、河北、北京、山东、河南、山西、陕西、四川、贵州、湖北、湖南、江苏、安徽、浙江、江西、福建、台湾、广东、广西。

寄 主 猕猴桃、玉米、栗等。

形 态 成虫体长 6~7 mm，长方形至长卵形；头漆黑，前胸红褐色或黄褐色，光亮，有的生黑斑；小盾片、鞘翅黄褐色至红褐色，鞘翅上具黑色宽横带 2 条，一条在基部，另一条在中部以后。本种背面黑斑、腹部颜色变异大。

叶甲科 Chrysomelidae

成虫背面

成虫侧面

416 梨光叶甲 *Smaragdina semiaurantiaca* (Fairmaire, 1888)

分　布　黑龙江、吉林、辽宁、河北、北京、陕西、宁夏、山东、江苏、河南、湖北、四川。

寄　主　梨、苹果、杏等。

形　态　成虫体长 5.2～6 mm，体蓝绿色，具金属光泽。口器、触角、前胸背板和足淡黄色至黄褐色。头粗刻点间隆起成斜皱，中央具浅纵沟；小盾片长三角形，顶端尖，光裸。鞘翅刻点粗密混乱。

成虫背面

成虫侧面

417 核桃扁叶甲 *Gastrolina depressa* Baly, 1859

分　布　辽宁、河北、陕西、甘肃、山东、河南、安徽、湖北、湖南、四川、贵州。
寄　主　核桃等。
形　态　成虫体长约 6 mm，近长方形，体扁平。头、鞘翅蓝黑色，前胸背板淡棕黄色，触角、足黑色，腹部暗棕色。前胸背板宽约为中长的 2 倍。鞘翅刻点粗密。雌虫卵期腹部膨大，突出鞘翅之外。

成虫背面

雌成虫

418 蒿金叶甲 *Chrysolina aurichalcea* (Mannerheim, 1825)

分 布 黑龙江、吉林、辽宁、宁夏、甘肃、陕西、河北、山东、河南、浙江、湖北、湖南、广西、福建、四川、贵州、云南、新疆。

寄 主 茼蒿等。

形 态 成虫体长 6.2～9.5 mm，青铜色、蓝色或蓝紫色。前胸背板横宽，刻点深且密，侧缘近于直形，盘区两侧隆起。小盾片三角形。鞘翅刻点较前胸背板更明显，排列不规则，粗刻点间有细刻点。

雌成虫

成虫背面

419　薄荷金叶甲　*Chrysolina exanthematica* (Wiedemann, 1821)

分　布　宁夏、甘肃、青海、河北、吉林、江苏、浙江、安徽、福建、河南、湖北、湖南、广东、四川、云南。

寄　主　薄荷、桑、丹参等。

形　态　成虫体长 6.5～11 mm，背面黑色或蓝黑色，具青铜色光泽，腹面紫罗兰色；触角黑色，基部紫蓝色；头、胸部刻点相当粗密混乱；前胸背板侧缘纵行隆起，其内侧面很深；鞘翅刻点约与前胸的等粗，但更密，每翅具 5 行无刻点的圆盘状隆起。

成虫背面

成虫侧面

420　丽色油菜叶甲　*Entomoscelis adonidis* (Pallas, 1771)

分　布　新疆。

寄　主　油菜、萝卜、白菜、甘蓝等十字花科植物。

形　态　成虫体长约 10 mm。头部前端、前胸背板中部、小盾片、鞘翅中缝、体腹面和足黑色，头顶中央、前胸两侧各有 1 个小黑斑。每鞘翅中部各有 1 个长梭形黑斑，约占翅面 1/3。

成虫

421　中华球叶甲　*Nodina chinensis* Weise, 1922

分　布　陕西、江苏、浙江、安徽、湖北、江西、福建、广东、广西、香港。

寄　主　栗。

形　态　成虫体长约 3 mm，卵形。体背墨绿色，有金属光泽，腹面黑色。头顶高凸，复眼内沿纵沟深，至眼后显著加宽。触角基部 4 节略呈黄褐色，其余红褐色，密布绒毛。鞘翅刻点较前胸粗大、稀疏。足深红色至红褐色。

成虫背面

422 恶性橘啮跳甲 *Clitea metallica* Chen, 1933

别　称　柑橘恶性叶甲。
分　布　江苏、湖北、上海、江西、湖南、四川、云南、广东、广西、海南。
寄　主　柑橘、柚、橄榄。
形　态　成虫体长 3~3.8 mm。头、胸和鞘翅蓝黑色，有金属光泽。触角黄褐色，11 节。前胸背板密布小刻点，每鞘翅上有纵列刻点 11 列。足及腹部腹面黄褐色。

叶甲科 Chrysomelidae

为害状

成虫背面

成虫侧面

423 柑橘潜叶跳甲　　*Podagricomela nigricollis* Chen, 1934

别　称　橘潜叶虫。

分　布　浙江、四川、重庆、广东。

寄　主　柑橘类。

形　态　成虫体长 3～3.7 mm，体色变异大。头和前胸背板黑色，鞘翅橘黄色或棕黄色，每鞘翅上有 11 列刻点。老熟幼虫体长 4.7～7 mm，体深黄色，头部色浅，腹部 10 节，每节背面有 2 条横线，侧面各有 1 对刚毛。

为害状

幼虫

成虫

424 枸橘潜叶跳甲 *Podagricomela weisei* Heikertinger, 1924

别　称　拟恶性叶甲。

分　布　浙江、江苏、江西、四川。

寄　主　枳、香橼、柚等柑橘类植物。

形　态　成虫体长 2.8～3.5 mm，宽椭圆形。头黄褐色，向前倾斜，复眼黑色。前胸背板和鞘翅均为黑绿色，有金属光泽，前胸背板上有细微刻点，每鞘翅上有 11 列纵刻点。胸部腹面黑色，腹部腹面橘黄色。足橘黄色。

叶甲科 Chrysomelidae

为害状

成虫侧面

幼虫

425　黄曲条跳甲　*Phyllotreta striolata* (Fabricius, 1801)

别　称　黄曲条菜跳甲、黄条跳甲、菜蚤子、黄跳蚤。

分　布　我国各省份均有发生。

寄　主　油菜、甘蓝、白菜等十字花科植物，及茄科、葫芦科、豆科植物。

形　态　成虫体长1.8～2.4 mm，触角基部3节及足的跗节深褐色。鞘翅上各有1条黄色纵斑，中间凹入。后足腿节膨大，胫节和跗节黄褐色。

成虫背面

成虫侧面

426 黄直条跳甲 *Phyllotreta rectilineata* Chen, 1939

别　称　黄直条菜跳甲。
分　布　除西藏外，我国各省份均有分布。
寄　主　油菜、甘蓝、白菜等十字花科植物。
形　态　成虫体长 2.2～2.8 mm。触角基部 3 节及足的跗节棕红色。鞘翅上的黄色条纹狭直，仅外侧稍弯，狭于翅宽的 1/3。

叶甲科 Chrysomelidae

成虫背面

成虫侧面

427 黄宽条跳甲 *Phyllotreta humilis* Weise, 1887

分　布　黑龙江、吉林、内蒙古、新疆、河北、山东、山西、甘肃、陕西、江苏、湖北、云南。

寄　主　白菜、甘蓝、花椰菜等十字花科蔬菜。

形　态　成虫体长 1.8～2.2 mm，头、胸部黑色光亮，腹面黑色；形态与黄曲条跳甲相似，但鞘翅上的黄斑无弓形弯曲，极宽，最狭隘处也占翅面宽度一半以上，肩部下最宽阔，外侧几接触边缘，渐向内斜下。

成虫背面

成虫侧面

428 油菜蚤跳甲 *Psylliodes punctifrons* Baly, 1874

别　称　菜蓝跳甲。
分　布　河北、山西、陕西、甘肃、山东、江苏、河南、安徽、浙江、江西、福建、台湾、广西、青海、四川、贵州、云南、新疆、西藏。
寄　主　油菜及其他十字花科植物。
形　态　成虫体长 2.5～3.2 mm，长卵形，全体蓝黑色，具金属光泽。头部和尾部稍尖狭。前、中足黄褐色，后足仅腿节黑色，膨大特化为跳跃足，其余各节黄褐色。初孵幼虫灰色至灰白色，以后逐渐变为白色或黄白色。

叶甲科 Chrysomelidae

成虫背面

成虫侧面

429 枸杞毛跳甲 *Epitrix abeillei* (Baduer, 1874)

分 布 河北、山西、陕西、甘肃、宁夏、新疆。

寄 主 枸杞。

形 态 成虫体长约1.5 mm，体黑色，触角、各足股端及胫节、跗节棕黄色。小盾片极小，半圆形，光亮无刻点。鞘翅被白色短毛，盘区刻点较前胸粗大，排成规则的纵行。

成虫背面

成虫侧面

430 茄毛跳甲　*Epitrix setosella* Fairmaire, 1888

分　布　黑龙江、陕西、河北、河南、江苏、安徽、江西、福建、广西。

寄　主　茄、马铃薯、烟草。

形　态　成虫体长约 1.8 mm，头、胸、鞘翅深红色，腹面暗红色，触角和足棕黄色或棕红色。前胸背板侧边直，基部之前有 1 条浅横凹，其两端各有 1 条短深纵凹。鞘翅被白色短毛，刻点较前胸刻点稍粗，排列成规则的纵列。

成虫背面

成虫侧面

431 葱黄寡毛跳甲　*Luperomorpha suturalis* Chen, 1938

分　布　吉林、内蒙古、河北、山西、江苏、安徽。

寄　主　葱、洋葱、韭、蒜等。

形　态　成虫体长 3.3～4.2 mm，长圆形，体色变异大，多为棕红色。头黑色，中、后胸腹面棕黑色。幼虫体长约 1 mm，黄白色，略横扁，稍弯，头黄褐色，前口式，头上具黑色弧形斑。

成虫背面

成虫侧面

432 黄胸寡毛跳甲　*Luperomorpha xanthodera* (Fairmaire, 1888)

分　布　辽宁、河北、北京、山东、浙江、江苏、安徽、湖北、湖南、江西、福建、广东、贵州、四川。

寄　主　猕猴桃、柑橘等。

形　态　成虫体长约 4 mm，体黑色。前胸背板棕黄至棕红色，触角基部 3、4 节或多或少带棕色；也有的个体完全黑色。前胸背板后角圆形，两侧由基向前逐渐加宽。鞘翅狭长，表面具颗粒状细纹。雄成虫前足跗节第 1 节膨阔。

叶甲科 Chrysomelidae

成虫背面

成虫侧面

433 二条叶甲 *Medythia nigrobilineata* (Motschulsky, 1860)

别　称　黑条罗萤叶甲、二黑条萤叶甲、豆二条萤叶甲。

分　布　黑龙江、河北、陕西、山东、江苏、安徽、湖北、湖南、福建、台湾、四川、云南。

寄　主　大豆等豆科作物、高粱、甜菜等。

形　态　成虫体长3 mm左右，椭圆形至长卵形，淡黄色。前胸背板长宽近相等，两侧边向基部收缩，中部两侧有倒"八"字形凹纹。鞘翅黄褐色，中央各有1条略弯曲的黑色纵条纹。足黄褐色。末龄幼虫体长4～5 mm，乳白色，头部和臀板黑褐色。胸足褐色。

成虫背面

成虫侧面

434 黄斑长跗萤叶甲 Monolepta hieroglyphica (Motschulsky, 1858)

别　称　双斑长跗萤叶甲、双斑萤叶甲、双圈萤叶甲。

分　布　黑龙江、吉林、辽宁、北京、河北、山西、陕西、甘肃、陕西、河南、江苏、安徽、浙江、台湾、福建、江西、湖南、重庆、四川、贵州、云南、广西、广东。

寄　主　玉米、高粱、粟、豆类、甘蔗、苘麻、十字花科类蔬菜、马铃薯、胡萝卜、茼蒿等。

形　态　成虫体长 3.6～4.8 mm，长卵形，棕黄色；头及前胸背板色较深，有时橙红色；触角超过体长之半；每个鞘翅基半部有 1 个近圆形的淡黄色斑，周缘黑色，后缘黑色部分常向后伸突成角状，翅后半部淡黄色。

成虫背面

成虫侧面

435 二纹柱萤叶甲 *Gallerucida bifasciata* Motschulsky, 1860

分 布 黑龙江、吉林、辽宁、甘肃、河北、陕西、河南、江苏、浙江、湖北、江西、湖南、福建、台湾、广西、四川、贵州、云南。

寄 主 荞麦、桃等。

形 态 成虫体长 7～8.5 mm，体黑褐色至黑色，鞘翅黄色、黄褐色或橘红色，具黑色斑纹；基部有 2 个斑点，中部之前具不规则的横带，未达翅缝和外缘，有时伸达翅缝，侧缘另具 1 个小斑，中部之后横排有 3 个长形斑；雄虫触角较长，伸达鞘翅中部之后；雌虫触角较短，伸至鞘翅中部。

成虫背面

成虫侧面

436 黑斑柱萤叶甲 *Gallerucida nigropicta* (Fairmaire, 1888)

分　布　湖北、四川、云南。
寄　主　苹果。
形　态　成虫体长 5.5～7 mm。头、触角、前胸背板、鞘翅、腹部腹面及足黑色，鞘翅肩角处及端部不远各具 1 个黄色横斑，但斑纹变异较大。

成虫

437 三隐头叶甲 *Cryptocephalus trifasciatus* Fabricius, 1787

别　称　三带隐头叶甲。
分　布　陕西、山东、浙江、江西、湖南、福建、广东、广西、云南、海南、台湾。
寄　主　玉米、花生、茶、油茶等。
形　态　成虫体长 4.5～7.2 mm，体背棕色或棕黄色具黑斑，有光泽。雌成虫触角短，约达鞘翅肩部，雄成虫触角长，超过体长之半。前胸背板盘区一横列 4 个黑斑，后缘有 1 条黑色横纹。鞘翅刻点大而清晰，排列成规则的 11 纵列，距翅基约 1/4 处有 2 个黑斑，有时会合成横纹，中部之后有 1 条黑色横纹，翅端有 1 个黑斑。足黑色。

成虫

438 葡萄十星叶甲 *Oides decempunctata* (Billberg, 1808)

别　称　葡萄金花虫、十星瓢萤叶甲。

分　布　吉林、辽宁、内蒙古、河北、山西、陕西、甘肃、山东、河南、安徽、江苏、浙江、江西、湖北、湖南、福建、台湾、广东、广西、海南、四川、贵州、云南。

寄　主　葡萄。

形　态　成虫体长 12～13 mm，黄褐色，椭圆形。前胸背板有许多小刻点。鞘翅宽大，上布细密刻点，每个鞘翅上各有圆形黑色斑点 5 个。老熟幼虫体长 12～15 mm，体扁而肥，近长椭圆形。头小，黄褐色。

成虫背面

成虫侧面

幼虫

439 宽缘瓢萤叶甲　　*Oides maculatus* (Olivier, 1807)

分　布　陕西、江苏、安徽、浙江、湖北、江西、湖南、福建、台湾、广东、广西、四川、贵州、云南。

寄　主　葡萄。

形　态　成虫体长9~13 mm，体卵形，黄褐色。触角末端4节黑褐色；每个鞘翅具1条较宽的黑色纵带，其宽度略窄于翅面最宽处的1/2，有时鞘翅完全淡色，无黑斑。鞘翅两侧缘在基部之后、中部之前非常膨阔，此处缘折最宽，至少为翅宽的1/3，翅面刻点细。

成虫背面

成虫侧面

440 跗瓢萤叶甲　　*Oides tarsata* (Baly, 1865)

别　称　黑跗瓢萤叶甲。

分　布　河北、陕西、甘肃、江苏、安徽、浙江、湖北、江西、湖南、四川、贵州、广西、广东、福建、海南、西藏。

寄　主　葡萄等。

形　态　成虫体长 9～14.5 mm，卵形，黄色至黄褐色。触角第 1 节膨大，末端数节黑色，其余黄色。前胸背板两侧向前略收窄，表面散布细密刻点。鞘翅缘折小于翅宽的 1/4，翅面刻点清晰。足黄色，跗节黑色。

成虫背面

成虫侧面

441　黄足黄守瓜　*Aulacophora indica* (Gmelin, 1790)

别　称　印度黄守瓜、瓜守、黄萤。
分　布　我国各省份均有分布。
寄　主　南瓜、西瓜、黄瓜等。
形　态　成虫体长6～8 mm，体色橙黄或橙红，有时较深为棕色；后胸腹面及腹部黑色，腹部末节大部分为橙黄色；触角达及鞘翅中部，第2节短小，第3节略长于以后各节；前胸背板中央具1条弯曲的深横沟，两端达及边缘；尾节腹面中叶长方形，表面具1个大深凹；雌虫尾节臀板向后延伸，呈三角形突出，腹面末端呈三角形凹缺。

成虫背面

为害状

442 黄足黑守瓜　*Aulacophora lewisii* Baly, 1866

别　称　柳氏黑守瓜、黄胫黑守瓜。

分　布　江苏、安徽、浙江、湖北、江西、湖南、台湾、福建、四川、广西、广东。

寄　主　黄瓜、西瓜、南瓜等瓜类植物。

形　态　成虫体长 5.5～7 mm，鞘翅、复眼和上颚顶端黑色，其余橙黄色或橙红色。触角伸至鞘翅中部，第 4 节与第 3 节等长或稍短，5 节以后各节长度大体相等，但微短于第 4 节。前胸背板宽为长的 2 倍，两侧缘在中部之前略膨阔，表面横沟直形，刻点极细，两前角刻点较粗密。

成虫背面

成虫侧面

443 大猿叶甲　　*Colaphellus bowringi* Baly, 1865

别　称　文猿叶甲、白菜掌叶甲、呵罗虫、乌壳虫。
分　布　除西藏、新疆外，我国各省份均有发生。
寄　主　白菜、油菜等多种十字花科类植物
形　态　成虫长椭圆形，体长 4.7～5.2 mm，体蓝黑色，略具金属光泽。头部刻点粗且密，前胸背板拱凸。小盾片半圆形。鞘翅上具极粗深的皱状刻点。老熟幼虫体长约 7.5 mm，头黑色，胴部灰黄褐色，各节有灰褐色大小肉瘤约 20 个。

成虫

幼虫

444 小猿叶甲 *Phaedon brassicae* Baly, 1874

别　称　猿叶甲、白菜猿叶甲。

分　布　除黑龙江、青海、西藏外，我国各省份均有分布。

寄　主　油菜、白菜、萝卜等。

形　态　成虫体长 2.8～4 mm，卵圆形，蓝黑色，有金属光泽。头小，深嵌入前胸，刻点深密。触角向后伸展达鞘翅基部，端部 5 节明显加粗。前胸背板短，宽为长的 2 倍以上。鞘翅刻点排列规则，每翅 8 行半。

成虫

为害状

445 柳蓝叶甲 *Plagiodera versicolora* (Laicharting, 1781)

别　称　橙胸斜缘叶甲、柳圆叶甲。
分　布　我国各省份均有发生。
寄　主　玉米、大豆、棉花等。
形　态　成虫体长 4～4.5 mm，体色多变，常背面蓝色或蓝黑色，腹面和足黑色。触角黑色，基部 5 节棕黄色。头顶中央凹，刻点深且细密。前胸背板横宽，侧缘拱弧。鞘翅肩胛隆起，肩后具 1 个浅纵凹，表面刻点密。

成虫背面

成虫侧面

卵

446 中华萝藦叶甲 *Chrysochus chinensis* Baly, 1859

分　布　除新疆外，我国各省份均有分布。

寄　主　甘薯、棉花、桑、梨等。

形　态　成虫体长 7.2~13.5 mm，体蓝色、蓝绿色或蓝紫色，有金属光泽。触角黑色，达到或超过鞘翅肩部。小盾片心形或三角形，蓝黑色，有时中部具 1 个红斑。鞘翅基部稍宽于前胸，肩胛和基部均隆起，密被刻点和毛。

成虫背面

成虫侧面

447 茶扁角叶甲 *Platycorynus igneicollis* (Hope, 1843)

分　布　安徽、江苏、江西、浙江、福建、广东、广西、海南。

寄　主　茶、油茶。

形　态　成虫体长6～9 mm。头和前胸背板紫铜色，鞘翅深蓝色，有金属光泽。前胸背板中部强烈隆起，前角向前突出。鞘翅刻点明显，排列不规则。足褐色或黑褐色，常部分具蓝色光泽。

成虫背面

成虫头面

448 波纹扁角叶甲　　*Platycorynus undatus* (Olivier, 1791)

别　称　曲带扁角叶甲。

分　布　浙江、广东、广西、台湾。

寄　主　油茶。

形　态　成虫体长 9～13.5 mm，蓝色或蓝紫色。触角基部较光亮，具蓝色或绿色金属光泽，其余乌暗。鞘翅具闪光的紫铜色或铜绿色横带和斜带，基部有 1 条宽横带，自外侧的中部之后斜伸至中缝的中部有 1 条边缘不整齐的斜带。

成虫

449 安氏皱背叶甲　　*Abiromorphus anceyi* Pic, 1924

别　称　皱背叶甲、铜色皱背叶甲、枣皱背叶甲。

分　布　黑龙江、吉林、辽宁、河北、北京、河南、湖北、湖南、江苏、浙江、四川、上海。

寄　主　桃、枣、酸枣等。

形　态　成虫体长 6～8 mm，略呈长方形。背面金属绿色，常具紫铜色光泽，腹面铜紫色或铜绿色。头部被有银白色毛，刻点大而深。前胸背板盘区刻点粗密，后缘弧形。鞘翅盘区密布横皱褶，刻点大而深。

成虫

450 葡萄沟顶叶甲 *Scelodonta lewisii* Baly, 1874

分　布　河北、山西、山东、江苏、浙江、湖北、安徽、江西、湖南、福建、台湾、广东、海南、广西、贵州、云南。

寄　主　葡萄。

形　态　成虫体长 3.2～4.5 mm，紫铜色或宝蓝色，具强烈金属光泽。头和体腹面具较密的灰白色细短毛，头顶中央有 1 条纵沟。足和触角基部数节与体同色，跗节和触角端节黑色。小盾片略呈方形，具深刻点。鞘翅基部明显宽于前胸。

成虫

为害状

451　椰心叶甲　*Brontispa longissima* (Gestro, 1885)

分　布　台湾、广西、香港、广东、海南。

寄　主　椰子、槟榔等。

形　态　成虫体长 8~10 mm，体狭长、扁平。头部红黑色，前胸背板黄褐色；鞘翅黑色，有些个体鞘翅基部 1/4 红褐色，后部黑色。前胸背板略呈方形，前缘向前稍突出，两侧缘中部略内凹，后缘平直。鞘翅两侧基部平行，后渐宽，中后部最宽，往端部收窄，末端稍平截。鞘翅中前部具 8 列刻点，中后部 10 列，刻点整齐。老熟幼虫体长约 8 mm，体淡黄色，头部半圆形，前胸及第 1—8 腹节两侧各具 1 对刺突。

成虫背面

成虫侧面

幼虫

452 长腿食根叶甲 *Donacia provosti* (Fairmaire, 1885)

别 称 莲藕食根金花虫、食根叶甲、食根蛆。
分 布 黑龙江、辽宁、江苏、浙江、湖北、安徽、江西、湖南、福建、台湾、广东、海南、四川、贵州。
寄 主 稻、莲、茭白等。
形 态 成虫体长 5~9 mm，褐色，有金属光泽。头部铜绿色至紫黑色，前胸背板铜绿色，鞘翅有平行纵沟和刻点。幼虫体长 9~10 mm，体白色，蛆状，头部很小，胸部肥大，体形稍弯曲成纺锤形，尾端有 1 对爪尾钩。

幼虫

幼虫

453 枸杞负泥虫 *Lema decempunctata* Gebler, 1830

别　称　十点叶甲。

分　布　内蒙古、宁夏、甘肃、青海、新疆、北京、河北、山西、陕西、山东、江苏、浙江、江西、湖南、福建、四川、西藏。

寄　主　枸杞。

形　态　成虫体长 5～6 mm，头胸狭长，复眼硕大突出，背面中央近后缘处有凹陷，鞘翅黄褐色，有近圆形黑斑。足黄色、爪黑色。幼虫体长 1～7 mm，灰黄色或灰绿色，自己的排泄物背负于体背。头黑色，有强烈反光。

成虫

成虫

成虫

卵

幼虫

454　蓝负泥虫　*Lema concinnipennis* Baly, 1865

分　布　北京、河北、河南、山西、江苏、浙江、湖北、江西、台湾、福建、广西、四川、云南。

寄　主　甘薯、菊属植物等。

形　态　成虫体长 4.3～6 mm，体两侧平行，体背金属蓝色；触角、体腹面和足蓝黑色，最后 3 个腹节常黄褐色；前胸背板宽略大于长，两侧中部收缩较深；鞘翅基部凸，其后有清楚的横凹，肩瘤显突，翅面基半部刻点较大。

成虫背面

成虫侧面

前胸背板

叶甲科 Chrysomelidae

455 水稻负泥虫 *Oulema oryzae* (Kuwayama, 1931)

别　称　稻叶甲、背屎虫、猪屎虫。

分　布　黑龙江、吉林、辽宁、陕西、浙江、江西、湖北、湖南、四川、贵州、云南、福建、台湾、广东、广西。

寄　主　稻、茭白、粟、稷、小麦、大麦、玉米。

形　态　成虫体长约5 mm，头部黑色，前胸背板狭。翅鞘青蓝色，有光泽，其上有纵行点刻10列。体的腹面黑色。足黄褐色，但跗节暗褐色。幼虫共4龄。老熟幼虫体长约5 mm，头部黑色，体暗褐色，纺锤形，背面隆起，腹面扁平。

成虫背面

成虫侧面

卵

幼虫

为害状

456 红分爪负泥虫 *Lilioceris lateritia* (Baly, 1863)

分　布　陕西、安徽、湖北、浙江、江西、湖南、四川、福建、广东。

寄　主　油茶等。

形　态　成虫体长 7.5～11.8 mm，背、腹面棕黄至褐红，头及前胸有时带黑色，触角和足黑色，但是足基节部分、腿节中部褐红；体表光洁，头部多毛，前胸背板长宽略等，前、后近于等宽，中部收狭。

成虫

457 黑盘锯龟甲 *Basiprionota whitei* (Boheman, 1856)

分　布　江苏、安徽、浙江、江西。

寄　主　柑橘。

形　态　成虫体长 9～11.5 mm，卵圆形。体光亮，棕黄色至棕赭色。触角棕黄色，末端 2 节或局部黑色。前胸背板盘区具 2 个椭圆形黑斑，呈"八"字形，有时模糊甚至消失。鞘翅盘区黑色，留出周沿及中缝区淡色；敞边透明或半透明，中后部有黑斑。

成虫

458 甜菜大龟甲 *Cassida nebulosa* Linnaeus, 1758

分 布 黑龙江、吉林、辽宁、内蒙古、新疆、宁夏、甘肃、河北、陕西、山西、山东、江苏、湖北、四川。

寄 主 甜菜、苋等。

形 态 成虫体长 6～7.8 mm，体扁平，椭圆形，草绿色、橙黄色或黄褐色，有不规则黑斑。初孵幼虫体色淡嫩绿，后渐转为黄绿色，末龄幼虫体长约 8 mm，略呈长椭圆形。

成虫

成虫

459 甘薯台龟甲 *Cassida circumdata* Herbst, 1790

别　称　甘薯小龟甲。

分　布　安徽、江苏、浙江、江西、湖北、湖南、四川、福建、台湾、广东、广西、海南、西藏。

寄　主　甘薯、蕹菜等。

形　态　成虫体长 4.2～5.6 mm，体扁半球形，背部隆起，绿色或黄绿色，有金属光泽。前胸背板及两翅周缘均向外延伸，延伸的部分半透明，其上有网状纹。前胸背板椭圆形，光洁无刻点，比鞘翅狭，向后弧度较向前为深，背板后方中央有 2 个相连的黑斑纹，有时 2 个合成 1 个。

成虫

幼虫

460 甘薯蜡龟甲 *Laccoptera nepalensis* Boheman, 1855

分　布　甘肃、江苏、河南、安徽、浙江、湖北、江西、福建、台湾、广东、广西、四川、贵州、云南、西藏。

寄　主　甘薯。

形　态　成虫体长 7～10 mm，体棕黄色，深浅不一；鞘翅花斑变异较大，一般驼顶 1 个，肩瘤 1 个；鞘翅驼顶隆起，盘区刻点粗而密，刻点行列不太整齐。

成虫

幼虫

461 甘薯梳龟甲 *Aspidimorpha furcata* (Thunberg, 1789)

别　称　甘薯金黄龟甲。

分　布　江苏、上海、浙江、江西、湖北、湖南、福建、台湾、四川、贵州、云南、广东、广西、海南。

寄　主　甘薯、蕹菜等。

形　态　成虫体长 6～8.2 mm，体极光亮，金黄色，有时带金绿色闪光。腹面、足及触角淡黄色，触角端部 2 节黑褐色。鞘翅敞边宽阔，驼顶横条、盘侧中后部两条狭斜纹以及盘区刻点赭红色。

成虫侧面

成虫背面

462　枣掌铁甲　*Platypria melli* Uhmann, 1955

分　布　安徽、江西、浙江、湖南、福建、广东、广西。

寄　主　枣、枳椇。

形　态　成虫体长 6～7 mm，棕黄色至棕色；前胸背板具黑斑 4 个，侧叶刺 6 个；鞘翅刻点深圆，中部刻点 10 行；前叶具 6 刺，叶面端部窗斑 4 个；后叶具 4～5 刺，叶面端部窗斑 4 个。老熟幼虫体长 5.5～6.5 mm，扁平，黄白色至黄色，腹部 9 节，每节具瘤突 1 对。

成虫

幼虫

463　稻铁甲　*Notosacantha armigera* (Olivier, 1808)

别　称　稻铁甲虫。
分　布　我国各省份均有发生。
寄　主　稻、茭白、甘蔗、小麦等。
形　态　成虫体长4～5 mm，蓝黑色，具金属光泽，前胸背板前方、两侧各具瘤状突起，上生4根棘刺，后方两侧各具1根较大的棘。末龄幼虫体长5～6 mm，中胸至第7腹节背面具2横列瘤状小突起。

成虫背面

成虫侧面

幼虫潜叶为害

464 豌豆象 *Bruchus pisorum* (Linnaeus, 1758)

分　布　除黑龙江外，我国各省份均有分布。

寄　主　豌豆、扁豆。

形　态　成虫体长 4～5 mm，宽 2.6～2.8 mm；椭圆形，黑色；前、中足胫节、跗节为褐色或浅褐色；小盾片近方形，后缘凹，被白色毛。臀板覆深褐色毛，后缘两侧与端部中间两侧有 4 个黑斑，后缘斑常被鞘翅所覆盖。

成虫

臀板

卵

465　蚕豆象　*Bruchus rufimanus* Boheman, 1833

分　布　除新疆、西藏外，我国各省份均有分布。

寄　主　蚕豆。

形　态　成虫体长 4～5 mm，椭圆形，黑色。前胸背板后缘中叶有 1 个三角形白色毛斑。小盾片近方形，后缘凹。鞘翅具小刻点，被褐色或灰白色毛，各有 10 条纵纹，近翅缝向外缘有灰白色毛形成的横带。老熟幼虫体长 5.5～6 mm，体乳白色。

成虫

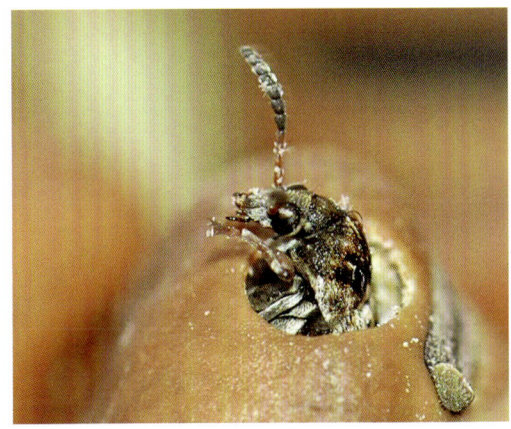

初羽化成虫

幼虫及为害状

466 绿豆象 *Callosobruchus chinensis* (Linnaeus, 1758)

别　称　中国豆象、小豆象。
分　布　我国各省份均有发生。
寄　主　菜豆、豇豆、扁豆、豌豆、蚕豆、绿豆、赤豆。
形　态　成虫体长 2～3 mm，近卵形。前胸背板三角形，后缘中央有 1 对瘤状突起，鞘翅近方形，赤褐色。雌虫体色较雄虫淡，翅上斑纹不如雄虫明显。幼虫长约 3.5 mm，肥大，背隆起而弯曲，乳白色，胸足退化呈肉突状。

雄成虫

雌成虫

成虫侧面

467 四纹豆象 *Callosobruchus maculatus* (Fabricius, 1775)

分　布　浙江、湖北、福建、台湾、广东、广西。

寄　主　豇豆、赤豆、绿豆、鹰嘴豆。

形　态　成虫体长 2.5～3.5 mm，表皮暗红色至黑色，足红褐色，后足腿节基半部色暗，全身被灰白色及暗褐色毛；每鞘翅有 3 个黑斑，肩部的黑斑小，中部及端部的黑斑大；鞘翅斑纹变异较大，淡色区多构成 "X" 形图案。

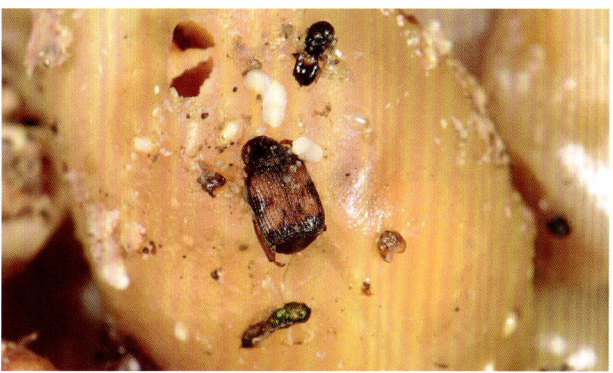

成虫

468 栗实象 *Curculio davidi* Fairmaire, 1878

别　称　板栗象。

分　布　吉林、辽宁、内蒙古、北京、河北、山西、宁夏、甘肃、陕西、河南、江苏、浙江、安徽、湖北、重庆、四川、贵州、湖南、江西、福建、广东、广西、云南。

寄　主　栗、茅栗、榛和梨等。

形　态　成虫体长 5～9 mm，黑色、长圆形；前胸有一白斑，翅鞘上的点刻组成纵沟 10 余条，有白色斑纹。幼虫体色乳白色至乳黄色，长约 10 mm，全身多皱褶，身体向腹面弯曲，足退化。

幼虫

469 茶籽象 *Curculio chinensis* (Chevrolat, 1878)

别　称　山茶象。

分　布　江苏、安徽、河南、陕西、浙江、湖北、江西、福建、湖南、广东、广西、台湾、四川、云南、重庆、贵州。

寄　主　茶、油茶。

形　态　成虫体长6～8 mm，体黑色，略有光泽，覆白色和黑褐色鳞片；喙褐色，光滑，基部散布刻点，弯成弧形，触角着生于喙部的1/3；前胸背板后角、小盾片的白毛密集成白斑，鞘中间以后的白毛密集成白带，其他处的白毛集成斑点。鞘翅三角形，肩钝圆，行纹明显，行间扁平，沿行间1的后半端有1行近于直立的毛，臀板露出，密被毛。

成虫背面

成虫侧面

470 绿鳞象甲 *Hypomeces squamosus* (Fabricius, 1792)

别　称　蓝绿象。

分　布　河南、江苏、安徽、浙江、江西、湖南、台湾、福建、四川、云南、广西、广东、海南。

寄　主　柑橘、桑、茶、油茶、棉花、小麦、甘蔗、大豆、花生、玉米、烟草、麻等。

形　态　成虫体长 12～15 mm，略呈梭形，体壁黑色，密被均一的金光闪闪的蓝绿色鳞片（同一鳞片，因角度不同而显示为蓝色或绿色），鳞片间散布银灰色长柔毛（♂）或鳞状毛（♀），鳞片表面往往附着黄色粉末。有的个体，其鳞片为灰色、珍珠色、褐色或暗铜色，个别个体的鳞片为蓝色。

成虫背面

成虫交尾

471 西伯利亚绿象 *Chlorophanus sibiricus* Gyllenhal, 1834

别　称　柳绿象甲、杨柳青象、苹绿象。

分　布　黑龙江、吉林、辽宁、甘肃、青海、宁夏、陕西、内蒙古、河北、北京、山西、陕西、四川。

寄　主　苹果、梨、马铃薯等。

形　态　成虫体长9.3～10.7 mm。体黑色，密部淡绿色鳞片。喙长大于宽，两侧平行，中隆线明显，延长到头顶。前胸背板后缘有2处凹陷，后角较尖，近两侧鳞片稀，外侧黄色。鞘翅行纹刻点前部的明显，第8行间鳞片黄色。

成虫背面

成虫侧面

472 大灰象 *Sympiezomias velatus* (Chevrolat, 1845)

分 布 黑龙江、吉林、辽宁、内蒙古、北京、河北、陕西、山西、山东、河南、甘肃、湖北、广西、四川、贵州。

寄 主 棉花、甘薯、核桃、桑、大豆、甜菜等。

形 态 成虫体长 7～12 mm；雄虫宽卵形，雌虫椭圆形；体黑色，密覆灰白色具金黄色光泽的鳞片和褐色鳞片，褐色鳞片在前胸中间和两侧形成 3 条纵纹，在鞘翅基部中间形成长方形（近环状）斑纹；鞘翅卵圆形，末端尖锐，中间有 1 条白色横带，横带前后、两侧散布褐色云斑，鞘翅各具 10 条刻点列。

象甲科 Curculionidae

成虫背面

成虫侧面

473 橘灰象 *Sympiezomias citri* Chao, 1977

别　称　柑橘灰象。

分　布　安徽、浙江、江西、湖南、福建、广东。

寄　主　柑橘、茶、桑、大豆、桃、李、杏、无花果。

形　态　成虫体长 8～12.5 mm，体密被淡褐色或灰白色鳞片；头管粗短，背面漆黑色，中央有 1 条纵向凹沟，从喙端直伸头顶，其两侧各有 1 条浅沟，伸至复眼前面；前胸背板密布不规则瘤状突，中央纵贯宽大的漆黑色斑纹，纹中央有 1 条细纵沟；每鞘翅上有 10 条由刻点组成的纵纹，无后翅。

成虫侧面

成虫背面

474 稻象甲 *Echinocnemus squameus* (Billberg, 1820)

别　称　稻根象甲。

分　布　黑龙江、吉林、辽宁、天津、北京、河北、山东、山西、甘肃、陕西、河南、上海、江苏、浙江、安徽、湖北、重庆、四川、贵州、湖南、江西、台湾、福建、广东、广西、云南、海南。

寄　主　稻、瓜类、番茄、大豆、棉花。

形　态　成虫体长 4.5～5 mm，椭圆形，黑褐色，密被灰白色、黄褐色和深褐色鳞片，鳞片镶嵌于刻点之内，深褐色鳞片在前胸中部、鞘翅行间 1—3 形成深色纵纹，纵纹仅到达翅坡之前，行间 3 中间之后有 1 个由白色鳞片组成的长方形小白斑。喙圆柱形，触角着生于近端部 1/3 处。足密被鳞片，胫节内缘有 1 列小齿和 1 排长毛，端齿明显。

成虫

幼虫

成虫为害状

475 稻水象甲 *Lissorhoptrus oryzophilus* Kuschel, 1951

别　称　稻水象、稻根象。

分　布　北京、天津、河北、陕西、内蒙古、辽宁、吉林、黑龙江、浙江、安徽、福建、江西、山东、河南、湖北、湖南、广东、广西、重庆、四川、贵州、云南、陕西、宁夏、新疆。

寄　主　稻、高粱、玉米、小麦等。

形　态　成虫体长 2.6～3.8 mm，喙与前胸背板几等长，稍弯，扁圆筒形；前胸背板宽；鞘翅侧缘平行，比前胸背板宽，肩斜，鞘翅端半部行间上有瘤突；雌虫后足胫节有前锐突和锐突，锐突长而尖，雄虫仅具短粗的两叉形锐突。

成虫背面

成虫侧面

476 茶丽纹象甲 *Myllocerinus aurolineatus* Voss, 1937

分 布 河北、山东、山西、陕西、湖北、安徽、江苏、浙江、江西、湖南、福建、广东、广西、四川、云南。

寄 主 茶、油茶、苎麻、柑橘、苹果、梨、桃、栗等。

形 态 成虫体长 6~7 mm，灰黑色，体背具有由黄绿色闪金光的鳞片集成的斑点和条纹，腹面散生黄绿色或绿色鳞毛。鞘翅上具黄绿色纵带，近中央处有较宽的黑色横纹。

象甲科 Curculionidae

成虫背面

成虫侧面

鞘翅目 | 455

477 柑橘斜脊象甲 *Platymycteropsis mandarinus* Fairmaire, 1889

别 称 小绿象甲。

分 布 山西、河南、安徽、浙江、湖北、贵州、湖南、江西、福建、云南、广西、广东、海南。

寄 主 柑橘、栗、桃、桑、棉花、大豆、花生等。

形 态 成虫体长 5～6 mm，长椭圆形，密被淡绿色或黄褐色的鳞片；触角和足红褐色；喙短，中间和两侧具细隆线，端部放宽；前胸梯形，略窄于鞘翅基部；鞘翅卵形，肩倾斜，顶端分别缩成角，背面密布细而短的绒毛白毛；足腿节颇粗，具很小的齿。

成虫

成虫

478 甘薯长足象 *Sternuchopsis waltoni* (Boheman, 1844)

分 布 辽宁、陕西、浙江、江西、湖北、湖南、福建、台湾、广东、广西、香港、四川、贵州、云南。

寄 主 成虫为害甘薯、蕹菜、大豆、向日葵、马铃薯、桃、柑橘、桑等；幼虫为害甘薯或蕹菜等旋花科植物。

形 态 成虫体长 11.9～14.1 mm，黑褐色至黑色，少数红褐色。表面有灰色、灰褐色、土黄色或红棕色鳞毛。触角膝形，末端 4 节呈棒状膨大。喙直，稍向下弯曲，长于前胸。每一鞘翅有 10 条纵沟，形成纵隆线 11 条。足较长，前足最发达。

成虫背面

成虫侧面

成虫头面

479 香蕉假茎象甲　　*Odoiporus longicollis* (Olivier, 1807)

别　　称　香蕉双带象甲、香蕉黑带象甲。

分　　布　台湾、福建、云南、贵州、广西、广东、海南。

寄　　主　香蕉。

形　　态　成虫体长 13～15 mm，体扁平。双带型成虫棕褐色，前胸背板中线区两侧各有 1 条向前渐狭的黑色宽纵带；头部光滑，嵌于前胸背板前端，露出部分呈半球形；前胸背板前缘嵌头处内缩如瓶口；前胸背板两侧刻点密布，中部平坦光滑；鞘翅平阔，基部两侧明显隆起，翅尾合缝处深内凹，翅面生 9 条刻点沟，沟内刻点大而沟间部光滑。腹部末端平截，露于鞘翅外，密生黄色绒毛。黑体型成虫体黑色，具强光泽，前胸背板无纵带。

棕色型成虫

黑色型成虫

幼虫

480 油菜茎象甲 *Homorosoma asperum* (Roelofs, 1875)

别　称　油菜象鼻虫。
分　布　陕西、山西、甘肃、青海、新疆、安徽。
寄　主　油菜。
形　态　成虫体长 3～3.5 mm，灰黑色，密生灰白色绒毛。喙细长，圆柱形，不短于前胸背板，伸向前足间。触角膝状，着生在喙前中部，触角沟直。前胸背板上具粗刻点，中央具一凹线。前缘稍向上翻，每个鞘翅上各生纵沟 9 条。

成虫背面

成虫侧面

481　米象　*Sitophilus oryzae* (Linnaeus, 1763)

分　布　我国各省份均有分布。

寄　主　稻、小麦、玉米、高粱、面粉、薯类、干果、药材等。

形　态　成虫体长 2.3～2.5 mm，圆筒状，红褐色至暗褐色。雄虫喙粗短，雌虫喙较细长。前胸背板基部最宽，向前缩窄，近端部缢缩，密布圆形刻点。每鞘翅基部和翅坡处各有 1 个椭圆形黄褐色至红褐色斑。

成虫背面

成虫

482 红棕象甲 *Rhynchophorus ferrugineus* (Olivier, 1790)

别　称　锈色棕榈象、椰子隐喙象、亚洲棕榈象甲。
分　布　江西、四川、贵州、重庆、上海、福建、台湾、云南、广西、广东、海南、西藏。
寄　主　椰子、海枣等大部分棕榈科植物。
形　态　成虫体长 30～35 mm，身体红褐色，光亮或暗。雄成虫喙粗短且直，喙背有 1 丛毛；雌虫喙较细长且弯曲。前胸前缘窄，向后缘逐渐宽大，略呈椭圆形，其上有 6 个小黑斑排成 2 行。鞘翅较腹部短，腹末外露。各足基节和转节黑色，腿节末端和胫节末端黑色，跗节黑褐色。

象甲科 Curculionidae

成虫

幼虫

483 鸟粪象 *Alcides trifidus* (Pascoe, 1870)

分　布　浙江、湖南、广东、台湾。
寄　主　柑橘、茶。
形　态　成虫体长 8～10 mm。头黑色，触角膝状，端部膨大，复眼黑色；前胸背板宽圆，表面粗糙，白色，中央有较大的葫芦状黑斑。鞘翅前半部黑色，后半部白色，翅端黑色，肩部有 1 个大瘤突。足黑色，各足腿节膨大。

成虫

484 香蕉根颈象甲 *Cosmopolites sordidus* (Germar, 1823)

别　称　香蕉球茎象甲、香蕉象虫、香蕉黑筒象。
分　布　福建、贵州、云南、广西、广东、海南。
寄　主　香蕉、甘蔗等。
形　态　成虫体长 9.5～11.5 mm，圆筒形，黑色。喙圆柱形，短于前胸。触角膝状，顶端圆突。前胸略呈圆筒形，近端部缢缩，背面密布圆形刻点。鞘翅肩部最宽，向后逐渐缩窄，每鞘翅有 9 条纵沟，行间散布圆形刻点。足腿节棒状，胫节侧扁。

成虫

485 咖啡豆象 *Araecerus fasciculatus* (De Geer, 1775)

别　称　短喙暴象、短喙柔象、咖啡象虫。

分　布　天津、山东、河南、安徽、江苏、上海、贵州、四川、湖北、湖南、台湾、云南、广西、广东。

寄　主　咖啡、可可、玉米、高粱、稻、麦类等及其加工品。

形　态　成虫体长 2.5～4.5 mm，卵圆形，背部隆起，暗褐色或灰黑色。触角红褐色，11 节，第 3—8 节细长，末端 3 节膨大呈片状，黑色，排列松散。鞘翅行间交替嵌着褐色及黄色方形毛斑；鞘翅不完全遮盖腹末，腹末露出部分呈三角形。

成虫背面

成虫侧面

486 杧果切叶象　*Deporaus marginatus* (Pascoe, 1883)

别　称　杧果剪叶象甲、切叶虎。

分　布　云南、广西、广东、海南。

寄　主　杧果、龙眼等。

形　态　成虫体长 4.3～4.7 mm，红黄色，有白色绒毛，以中、后胸和腹部较密；喙、触角、复眼黑色，鞘翅黄白色，周围黑色；两鞘翅上均具有深刻点，每鞘翅 10 行；足腿节黄色，胫节和跗节黑色。

为害花序

成虫背面

487　二色切叶象　*Deporaus bicolor* Voss, 1942

- 分　布　江苏、安徽、浙江、湖南、四川、台湾。
- 寄　主　桃、樱桃等。
- 形　态　成虫体长 3.2～3.4 mm。喙端部、触角、足深褐色，鞘翅桃红色，其他部分黑色。喙长，近基部两侧平行，端部扁阔。鞘翅两侧向后稍加宽，条纹明显。臀板及腹部末节外露，表面散布小凹刻。

成虫背面

成虫侧面

488 梨象甲 *Rhynchites foveipennis* Fairmaire, 1888

别　称　梨虎象。

分　布　陕西、宁夏、青海、内蒙古、黑龙江、吉林、辽宁、北京、河北、山西、河南、山东、江苏、安徽、浙江、江西、湖北、湖南、云南、贵州、四川、广西。

寄　主　苹果、梨、桃、李、杏、山楂等。

形　态　成虫体长7.7~9.5 mm，体背红紫色发金属光泽，略带绿色或蓝色反光，腹面深紫铜色；头部向前延伸成似象鼻状的头管，雌虫头管直，触角着生于头管中部；雄虫头管尖端向下弯曲，触角着生于头管端部1/3处；前胸背面具明显凹陷，雄虫前足两侧有1对瘤状突起；头部背面、前胸均密布刻点，鞘翅上刻点粗大，略呈9纵行。

卷象科 Attelabidae

成虫背面

成虫侧面

489　栎长颈象　*Paratrachelophorus chinensis* (Jekel, 1860)

分　布　黑龙江、吉林、辽宁、河北、北京、山西、陕西、河南、山东、江苏、安徽、浙江、湖北、江西、福建、台湾、广东、香港、青海、四川、云南。

寄　主　栗等。

形　态　体长 7.2～11.1 mm，体红褐色，有光泽。雄成虫头长，基部形成圆柱形的头颈，基部细；雌成虫头较短。小盾片扁宽。鞘翅肩胝明显，两侧平行，行纹明显，行间较隆起。腿节棒状。

卷象科 Attelabidae

雌成虫

雄成虫

490 甘薯蚁象甲 *Cylas formicarius* (Fabricius, 1798)

别　称　甘薯小象甲、甘薯象。
分　布　江苏、浙江、安徽、江西、湖南、福建、台湾、广东、广西、贵州、云南。
寄　主　甘薯、蕹菜等。
形　态　成虫体长5～8 mm，体形细长如蚁。全体除触角末节、前胸和足呈橘红色外，其余均为蓝黑色且有金属光泽。头部延伸成细长的喙，状如象鼻，咀嚼式口器着生于喙的末端。膝状触角10节，雄虫触角末节成棍棒状，雌虫则成长卵状。前胸长为宽的2倍，在后部1/3处缩入如颈状。两鞘翅合起来呈长卵形，显著隆起。鞘翅表面具不明显的小刻点。足细长。

成虫背面

成虫侧面

鳞翅目

(Lepidoptera)

鳞翅目昆虫俗称蛾或蝶，幼虫俗称毛虫，绝大多数为植食性，主要食叶，部分蛀根、茎、花、果和种子，还有的取食仓储物。一些种类是重要的农业害虫，如草地贪夜蛾、稻纵卷叶螟、美国白蛾、小菜蛾、菜粉蝶等。

鳞翅目害虫一般每年发生1～6代，常以幼虫或蛹越冬，部分以卵或成虫越冬。成虫喜欢吮吸花蜜、露水、植物汁液等，通常不再为害，但一些蛾类需补充营养，可为害果实。蝶类成虫一般白天活动；蛾类成虫多在夜间活动，趋光性强。一些鳞翅目成虫有群集和迁飞习性，如稻纵卷叶螟、甜菜夜蛾、黏虫等。卵呈卵圆形、馒头形或扁平形等，表面常有饰纹，单产或窝产，黏附于植物上或产于地表，有些会在表面覆盖有雌蛾的毛或鳞片。幼虫一般5～6龄，幼虫老熟时，蝶类不结茧化蛹，蛾类常结茧或作土室化蛹。

鳞翅目害虫的防治，可及时翻犁空闲田，铲除田边杂草；幼虫入土化蛹高峰期，结合农事操作进行中耕或抗旱灌溉进行灭蛹，降低田间基数；产卵高峰期至初孵期，人工摘除卵块和初孵幼虫为害叶片，带出田外集中销毁；合理安排茬口，避免寄主作物连作。在成虫盛发期，也可采用杀虫灯、糖醋酒液、性诱剂诱杀蛾类成虫。鳞翅目害虫的天敌资源丰富，如赤眼蜂、黑卵蜂、茧蜂、蠋蝽、叉角厉蝽等，应充分保护利用。药剂防治要掌握在低龄幼虫期进行，药剂可选用苏云金杆菌、核型多角体病毒等生物农药，或四氯虫酰胺、氯虫苯甲酰胺、溴虫氟苯双酰胺、茚虫威、虫螨腈、高效氯氟氰菊酯、甲氨基阿维菌素苯甲酸盐、除虫脲、虫酰肼等，药剂应合理轮换使用。

491 甘薯麦蛾 *Helcystogramma triannulella* (Herrich-Schäffer, 1854)

别　称　甘薯小蛾、甘薯卷叶蛾。

分　布　除青海、西藏外，我国各省份均有发生。

寄　主　甘薯、蕹菜等。

形　态　成虫体长约 6 mm，翅展约 15 mm。头胸部暗褐色，前翅狭长，暗褐色或锈褐色，上有 2 个褐色环纹，环纹中有 1 个黑褐色小点。末龄幼虫约 15 mm，头稍扁，黑褐色。前胸背板褐色，两侧具暗色倒"八"字形纹。

麦蛾科 Gelechiidae

成虫背面

幼虫侧面

幼虫吐丝缀叶

为害甘薯

为害蕹菜

492 黑星麦蛾 *Telphusa chloroderces* Meyrick, 1929

别　称　黑星卷叶芽蛾、苹果黑星麦蛾。

分　布　吉林、辽宁、河北、山西、陕西、河南、山东、江苏、安徽、浙江、江西。

寄　主　苹果、花红、海棠、梨、桃、李、杏、樱桃等。

形　态　成虫体长 5～6 mm，翅展 16 mm，全体灰褐色。胸部背面及前翅黑褐色，有光泽，前翅靠近外线有 1 条淡色横带，翅中央还有 3～4 个黑斑。后翅灰褐色。幼虫体长 10～15 mm，背线两侧各有 3 条淡紫红色纵纹。头部、臀板和臀足褐色，前胸盾黑褐色。

成虫

幼虫

幼虫

493 番茄潜叶蛾　　*Phthorimaea absoluta* Meyrick, 1917

别　称　番茄麦蛾、番茄潜麦蛾。

分　布　内蒙古、山西、陕西、甘肃、宁夏、山东、江西、湖南、重庆、四川、贵州、广西、云南、新疆。

寄　主　番茄、茄、辣椒、马铃薯、菜豆、菠菜、烟草等。

形　态　成虫体长 6～7 mm，翅展 8～10 mm，体浅灰色至灰褐色，鳞片银灰色；腹部纺锤型，腹部腹面（雌成虫第 1—6 节、雄成虫第 1—8 节）具"八"字形黑褐色斑纹；足细长，具灰白色与暗褐色相间的横纹。幼虫共 4 龄，初黄白色，后变绿色或黄绿色，体背略带玫红色，前胸背板后缘具 2 条棕褐色眉形斑纹。

麦蛾科 Gelechiidae

幼虫为害状

成虫

幼虫

鳞 翅 目

麦蛾科 Gelechiidae

494　山楂棕麦蛾　*Dichomeris derasella* (Denis & Schiffermüller, 1775)

分　布　辽宁、河北、北京、陕西、甘肃、宁夏、青海、河南、安徽、浙江、湖南、福建。

寄　主　山楂、桃等。

形　态　成虫翅展 20～22 mm，体翅黄棕色至棕色。下唇须第 2 节具鳞毛簇，前伸，第 3 节细长，镰刀状。前翅中室及附近具褐色斑，顶角尖，外缘斜直。

成虫

尖蛾科 Cosmopterigidae

495　禾尖蛾　*Cosmopterix fulminella* Stringer, 1930

分　布　河北、江西。

寄　主　稻。

形　态　成虫翅展约 9 mm。触角黑色，有白斑。头、胸背面有 3 条银白色细纵纹。前翅黑褐色，翅基部有 3 条银白色细纵线，翅中央有 1 条较宽的杏黄色横带，横带内侧有 1 条银白色窄横带，翅端部有 2 条银白色细纵带。

成虫

496 梨瘿华蛾 *Blastodacna pyrigalla* (Yang, 1977)

别　称　梨瘤蛾、梨枝瘿蛾。
分　布　辽宁、河北、陕西、山西、河南、山东、湖北、安徽、江苏、浙江、福建、广西、江西、贵州。
寄　主　梨。
形　态　成虫体长 4.5～5.2 mm，翅展 14～15 mm，体灰褐色。复眼黑色。前翅灰黑色，自近基部伸出 2 条黑色条纹。后翅灰褐色。前后翅缘毛极长。初孵幼虫头部黑色，前胸盾板黑褐色，其余部分淡橙黄色。末龄幼虫体长 6～9 mm，头小，浅红褐色，胸腹部灰白色或黄白色。

为害状

虫瘿切面

幼虫

497 茶细蛾 *Caloptilia theivota* (Walsingham, 1891)

别　称　三角苞卷叶蛾、幕孔蛾。

分　布　浙江、安徽、江西、湖南、四川、福建、台湾、海南、广东、广西、云南、四川。

寄　主　茶、山茶。

形　态　成虫体长 4～6 mm，翅展 10～13 mm。头、胸部暗褐色，复眼黑色，颜面披黄色毛。前翅褐色，带紫色光泽，中央有 1 个金黄色三角形斑。后翅暗褐色，缘毛长。老熟幼虫 8～10 mm，体乳白色，半透明，口器褐色，单眼黑色，体表有白色短毛。

成虫

为害状

498 荔枝蒂蛀虫　　*Conopomorpha sinensis* Bradley, 1986

别　称　爻纹细蛾、荔枝细蛾、荔枝蛀果虫。
分　布　浙江、四川、广西、福建、台湾、广东、海南。
寄　主　荔枝、龙眼、杧果。
形　态　成虫体长 4～5 mm，略呈灰黑色。前翅狭长，基 2/3 灰黑色，端 1/3 橙黄色，中部 5 条相间的白色条纹构成"W"形纹，静止时两翅相接白纹呈"爻"字形。幼虫体长 9 mm，扁筒形，乳白色。

细蛾科 Gracillariidae

成虫

幼虫为害状

幼虫

499 金纹细蛾 *Phyllonorycter ringoniella* Matsumura, 1931

别　称　苹果细蛾、苹果潜叶蛾。

分　布　辽宁、内蒙古、甘肃、陕西、山西、河北、山东、河南、江西、湖北、贵州、四川。

寄　主　苹果、海棠、梨、桃、李、樱桃、山楂。

形　态　成虫体长 2.5 mm，翅展 6.5 mm，全身金黄色，头部银白色，顶端有 2 丛金色鳞毛，复眼黑色。前翅以金色为主，靠近翅基半部中间有 1 条银白色条纹。幼虫体长 6 mm，体稍扁、黄色。

幼虫侧面

成虫背面

幼虫

蛹

为害状

500 柑橘潜叶蛾 *Phyllocnistis citrella* Stainton, 1856

分　布　陕西、河南、江苏、安徽、浙江、湖北、湖南、江西、福建、广东、广西、四川、云南、海南。

寄　主　柑橘、甜橙、柠檬。

形　态　成虫体长约 2 mm，体银白色；触角丝状，14 节；前翅基部有 2 条褐色纵纹，翅中部有"Y"形黑斑纹，近顶角有 1 个黑色圆斑，缘毛长。老熟幼虫体长 4~5 mm，淡黄色，半透明。

细蛾科 Gracillariidae

为害状

幼虫

501 甘薯潜叶蛾 *Bedellia somnulentella* (Zeller, 1847)

分 布 山东、安徽、浙江、福建、广东、广西、海南。

寄 主 甘薯。

形 态 成虫体长 3.5~4.4 mm，翅展 6.7~7.6 mm。触角丝状，头顶有 2 丛灰黄色毛丛；前翅细长，灰黄色，散布褐色鳞片。后翅黄白色，缘毛密而长。老熟幼虫体长 4~6 mm，体背散布酱紫色和白色斑块。

成虫背面

成虫侧面

幼虫

502 旋纹潜叶蛾　　*Leucoptera malifoliella* (Costa, 1836)

别　称　旋纹潜蛾、苹果潜蛾。

分　布　吉林、辽宁、河北、山西、陕西、宁夏、新疆、山东、江苏、河南、四川、贵州。

寄　主　苹果、梨、海棠、山楂、栗等。

形　态　成虫体长3 mm，全身银白色，头顶有一小丛银白色鳞毛。前翅靠近端部金黄色，外端前缘有5条黑色短斜纹，后缘具黑色孔雀斑，缘毛较长。老龄幼虫体长5 mm左右，体扁纺锤形，污白色。头部褐色。

潜蛾科 Lyonetiidae

为害状

幼虫

鳞翅目

503 油茶织蛾 *Casmara patrona* Meyrick, 1934

别 称 茶枝镰蛾。

分 布 江苏、安徽、浙江、福建、江西、河南、湖南、广东、四川、贵州、云南、湖北、台湾。

寄 主 茶、油茶、山茶。

形 态 成虫体长 15~18 mm，翅展 31~40 mm，体、翅茶褐色。前翅近翅基中部有 1 个土红色隆起小块，沿前缘基部 2/5 至近顶角处有 1 条红褐色带纹，从顶角向后缘前端伸出三角形的黑色带纹，其后有白色线纹分割的 2 个黑色斑。

成虫

幼虫

蛀茎为害

504 桃展足蛾 *Stathmopoda auriferella* Walker, 1864

- **别　称**　桃举肢蛾。
- **分　布**　河北、北京、山西、山东、河南、江苏、安徽、上海、浙江、江西、福建、台湾、香港、四川。
- **寄　主**　桃、苹果、葡萄等。
- **形　态**　成虫翅展 10～15 mm。触角黄褐色，唇须淡黄色，向上曲，超过头顶。头顶和颜面密部银白色鳞片。前翅前缘基部具褐斑，或延伸至翅中部，前翅基部 2/5 淡黄色，翅端 3/5 褐色，端半部前缘具黄色斑或无。

成虫背面

成虫侧面

505 小菜蛾 *Plutella xylostella* (Linnaeus, 1758)

别 称 菜蛾、方块蛾。
分 布 我国各省份均有发生。
寄 主 油菜、白菜、甘蓝、花椰菜等十字花科植物。
形 态 成虫体长约 6 mm，翅展 12～16 mm。雄虫体色较深；前翅灰黑色或赭褐色。雌蛾色淡，灰褐色。停息时两翅呈屋脊状，两翅结合处由波纵带组成 3 个连串的斜方块。幼虫共 4 龄，初为深褐色，后变为黄绿色至绿色。末龄幼虫纺锤形，头部黄褐色。

幼虫侧面

成虫背面

卵

幼虫

茧及蛹

506 葱须鳞蛾 *Acrolepiopsis sapporensis* (Matsumura, 1931)

别　称　葱菜蛾、葱小蛾、苏邻菜蛾。
分　布　黑龙江、吉林、辽宁、北京、河北、河南、山东、湖北、贵州。
寄　主　韭、葱等百合科植物。
形　态　成虫体长 4～5 mm，翅展 11～13 mm，体黑褐色；触角丝状；前翅黄褐色至黑褐色，后缘翅基 1/3 处有 1 个白色三角形，静止时前翅合拢形成 1 个菱形白斑。老熟幼虫体长 8～9 mm，体黄绿色至绿色，头浅褐色。

茧及蛹

成虫

507 咖啡木蠹蛾 *Polyphagozerra coffeae* (Nietner, 1861)

分 布 河南、山东、安徽、江苏、浙江、江西、福建、台湾、广东、海南、广西、云南、四川、西藏。

寄 主 棉花、茶、桑、咖啡、荔枝、龙眼、柑橘、梨、柿、枇杷、桃、葡萄、枣等。

形 态 成虫体长 20 mm 左右，灰白色。胸部背面有 3 对蓝黑色斑点。前、后翅半透明，前翅散布淡蓝黑色斑点。老熟幼虫体长 20～35 mm，暗红色，前胸背板前方大部分为黑褐色，其余黄色。

成虫背面

成虫侧面

幼虫

508 芳香木蠹蛾　*Cossus cossus* (Linnaeus, 1758)

别　称　柳蠹蛾。
分　布　黑龙江、吉林、辽宁、内蒙古、新疆、河北、北京、山西、山东、河南、西藏。
寄　主　苹果、桃、李、杏、核桃等。
形　态　成虫体长 30～37 mm，身体粗壮。胸部背面褐色，被黄褐色鳞毛。翅上密布许多黑色波状横纹。老熟幼虫体长约 80 mm，略扁，身体背面紫红色，有光泽，腹面淡红色至黄色。头部紫黑色。

幼虫

幼虫

蓑蛾科 Psychidae

509 大蓑蛾 *Eumeta variegate* (Snellen, 1879)

别　称　大窠蓑蛾、大袋蛾、大背袋虫。

分　布　吉林、河北、山西、陕西、甘肃、宁夏、四川、云南、西藏、江苏、浙江、安徽、江西、福建、台湾、广东、广西、海南。

寄　主　茶、桑、苹果、梨、桃、李、杏、梅、葡萄、栗、核桃、柿、枇杷、柑橘、龙眼等。

形　态　雌蛾体长约 25 mm，无翅，体肥大，米黄色。雄蛾体长约 15～20 mm，前翅红褐色，具黑色和棕色斑纹，外缘有 5～6 个透明斑；后翅黑褐色。雌幼虫体长 25～40 mm，胸部背板黄褐色，背线黄色，两侧各有 1 个赤褐色纵斑；雄幼虫体长 17～24 mm，头部中央有 1 个白色"人"字形纹。

成虫

护囊

幼虫

510 茶蓑蛾 *Eumeta minuscula* (Butler, 1881)

分 布 陕西、山东、河南、江苏、安徽、浙江、江西、湖南、湖北、福建、广东、广西、四川、贵州。

寄 主 茶、梨、苹果、桃、李、杏、樱桃、梅、柑橘、石榴、柿、枣、葡萄、栗、枇杷、花椒等。

形 态 成虫翅展20~30 mm。雄成虫体、翅深褐色,前翅近外缘有2个近长方形透明斑;雌成虫体长12~16 mm,蛆状。老熟幼虫体长20~35 mm,头淡褐色至深褐色,布有黑褐色网状斑纹,胸部背面有2条褐色纵带,各节纵带外侧各具1个褐斑。各腹节背面有4个黑色突起,排成"八"字形。

护囊

幼虫

511 茶褐蓑蛾 *Mahasena colona* Sonan, 1935

别　称　茶褐背袋虫。

分　布　江苏、浙江、安徽、江西、福建、台湾、湖南、广东、四川、贵州、云南、海南。

寄　主　茶、油茶、龙眼等。

形　态　雄蛾体长 15 mm 左右，翅展 24 mm，体褐色，腹部具金属光泽，基部密生暗色毛。雌蛾体长 15 mm 左右，体乳黄色，无翅，足退化。末龄幼虫体长 22 mm 左右，头褐色，散生黑褐色斑纹，两侧横向中部色浅。

护囊

护囊

512 白囊蓑蛾 *Chalioides kondonis* Kondo, 1922

- **别　称**　白蓑蛾、棉条蓑蛾、橘白蓑蛾。
- **分　布**　山东、河南、陕西、湖北、安徽、江苏、浙江、江西、福建、台湾、广东、海南、广西、云南、四川。
- **寄　主**　桃、苹果、梨、杏、梅、核桃、李、枇杷、柿、枣、石榴、柑橘、栗、杨梅。
- **形　态**　雄蛾体长 8~11 mm，翅展 18~20 mm，体淡褐色，密布白色长毛。雌成虫体长 9~16 mm，蛆状，足、翅退化。幼虫体长约 30 mm，头褐色，有黑色点纹。

蓑蛾科 Psychidae

蓑囊

513 艳刺蛾 *Demonarosa rufotessellata* (Moore, 1879)

- **分　布**　天津、北京、安徽、浙江、江西、湖北、湖南、四川、台湾、云南、广西、广东、海南。
- **寄　主**　茶、李、栗等。
- **形　态**　成虫翅展 22~27 mm。头和胸背浅黄色，腹部橘红色，具浅黄色横线；前翅褐赭色，被黄色横线分割成许多带形或小斑；横脉纹为 1 个红褐色圆点。

刺蛾科 Limacodidae

成虫

刺蛾科 Limacodidae

514 黄刺蛾 *Monema flavescens* Walker, 1855

别　称　八角虫、八角罐、洋辣子、羊蜡罐、白刺毛。

分　布　我国各省份均有发生。

寄　主　石榴、苹果、梨、桃、李、杏、樱桃、山楂、海棠、枣、柿、栗、核桃、柑橘、茶等。

形　态　成虫体长13～17 mm，翅展30～40 mm，体黄色，前翅内半部黄色，端部褐色，后翅灰黄色。老熟幼虫体长19～25 mm，体肥大，头小，缩入前胸。体绿色，背面有"8"字形紫褐色斑。每节有4个疣状突起，上生枝刺。

幼虫侧面

成虫背面

幼虫

老熟幼虫

茧

515 扁刺蛾 *Thosea sinensis* (Walker, 1855)

别　称　黑点刺蛾、黑刺蛾。

分　布　我国各省份均有发生。

寄　主　茶、桑、麻、苹果、梨、桃、李、杏、柑橘、樱桃、枣、柿、枇杷、核桃、杧果等。

形　态　成虫体长 10～18 mm，翅展 25～35 mm，体、翅灰褐色，后翅颜色较淡，前翅 2/3 处有 1 条褐色横带，雄蛾前翅中央有 1 个黑点。前、后翅的外缘有刚毛。幼虫体长 22～35 mm，扁平椭圆形，背隆起。每体节有 4 个绿色枝状毒刺。中背线灰白色，体背中央两侧各有 1 个明显的红点。

刺蛾科 Limacodidae

成虫

低龄幼虫

高龄幼虫

刺蛾科 Limacodidae

516 枣奕刺蛾　*Phlossa conjuncta* (Walker, 1855)

别　称　枣刺蛾。
分　布　我国各省份均有发生。
寄　主　枣、柿、核桃、茶、杧果、苹果、梨、杏等。
形　态　雌蛾翅展 29～33 mm，雄蛾翅展 28～31.5 mm。全体褐色，头小，复眼灰褐色。前翅基部褐色，后翅为灰褐色。幼虫体长 20～25 mm，浅黄色，背面有蓝色斑，连接成金钱状斑纹。胸背前 3 节上的 3 对、体节中部的 1 对，腹末的 2 对枝刺长。

成虫

幼虫

幼虫

517 桑褐刺蛾　*Setora postornata* Hampson, 1900

别　称　桑刺毛虫。

分　布　陕西、河北、山东、江苏、安徽、浙江、江西、湖南、福建、台湾等。

寄　主　柑橘、桃、苹果、梨、柿、栗、茶、桑、葡萄等。

形　态　成虫体长 15～16 mm，翅展约 36 mm。复眼黑色，头和胸部绿色。前翅大部分绿色，基部暗褐色，外缘部灰黄色。腹部和后翅灰黄色。末龄幼虫体长约 25 mm，圆柱状，略呈长方形。

刺蛾科 Limacodidae

成虫

幼虫　　　　　　　幼虫

518 褐边绿刺蛾 *Parasa consocia* Walker, 1863

别 称 青刺蛾、褐缘绿刺蛾、四点刺蛾、曲纹绿刺蛾。

分 布 我国各省份均有发生。

寄 主 茶、桑、栗、柑橘、海棠、核桃、梨、李、梅、枇杷、苹果、山楂、石榴、柿、桃、杏、樱桃、枣等。

形 态 成虫体长15～16 mm，翅展约36 mm，头和胸部绿色，复眼黑色，前翅大部分绿色，基部暗褐色，外缘部灰黄色。初孵幼虫黄色，长大后变为绿色。末龄幼虫体长约25 mm，略呈长方形，圆柱状。背线绿色，两侧有深蓝色点。腹面浅绿色。胸足小，无腹足。

成虫

幼虫背面

幼虫侧面

519 丽绿刺蛾 *Parasa lepida* (Cramer, 1779)

别　称　绿刺蛾。

分　布　我国各省份均有发生。

寄　主　茶、油茶、桑、苹果、梨、柿、杧果、核桃、咖啡、石榴等。

形　态　成虫体长15～20 mm，翅展29～39 mm。头、胸、背绿色。前翅绿色，基斑紫褐色；后翅浅褐色，无斑纹。幼虫共8～9龄。老熟幼虫体长25～28 mm，黄绿色至鲜绿色，体末端有4个黑色圆形大瘤。

刺蛾科 Limacodidae

成虫

低龄幼虫侧面

低龄幼虫背面

高龄幼虫

幼虫头部

刺蛾科 Limacodidae

520 迹斑绿刺蛾 *Parasa pastoralis* Butler, 1885

分 布 湖南、广东、广西、重庆、四川、贵州、云南。

寄 主 茶。

形 态 雌成虫翅展 38～42 mm，雄成虫翅展 28～37 mm。雄成虫触角基部双栉齿状，端部渐线状；雌成虫触角线状。胸背翠绿色，前端有一小撮褐色毛。前翅翠绿色，前翅基斑浅黄色，紧贴其外侧有 1 个油迹状红褐斑伸达翅中部，足浅褐色。腹部浅褐色。

成虫

成虫

521 媚绿刺蛾 *Parasa repconda* Walker, 1855

分　布　湖南、江西、贵州、福建、广东。
寄　主　栗、茶等。
形　态　成虫体长 16.5～18 mm。头和胸背绿色，胸背中央有 1 条褐色纵带向后延伸至腹背。前翅绿色，基斑紫红褐色，呈三角形，外缘带暗红褐色，其内侧银白色。后翅基半部褐黄色，端半部暗红褐色。

刺蛾科 Limacodidae

成虫背面

成虫侧面

522 中国绿刺蛾 *Parasa sinica* Moore, 1877

别 称 中华青刺蛾、绿刺蛾、苹绿刺蛾。

分 布 黑龙江、吉林、辽宁、河北、山东、江苏、安徽、浙江、江西、台湾、湖北、贵州、云南。

寄 主 苹果、梨、杏、桃、李、梅、柑橘、柿、樱桃、枇杷、核桃、栗、茶等。

形 态 成虫翅展21～28 mm。头顶和胸背绿色；腹背灰褐色，末端灰黄色；前翅绿色，基斑和外缘暗灰褐色，外缘线较宽，向内突出2个钝齿；后翅灰褐色，臀角稍带灰黄色。幼虫体黄色至黄绿色，背线为双列蓝绿色斑纹组成，中、后胸及腹部各节均着生枝刺，以中、后胸及第8、第9腹节为最大。

刺蛾科 Limacodidae

成虫

幼虫

523　两色绿刺蛾　*Parasa bicolor* Walker, 1855

分　布　江苏、安徽、浙江、江西、四川、云南、福建、广东、台湾。

寄　主　甘蔗、茶等。

形　态　雌虫翅展 37～44 mm，雄虫翅展 29～32 mm。头顶和胸背绿色，腹部灰褐色，前翅绿色；外横线及亚外缘线上有 2 列暗色点。老熟幼虫体长 26～32 mm。体黄绿色，背线青灰色，体背每节刺瘤处有 1 个半圆形墨绿色斑；亚背线蓝绿色，亚背线上及气门上方各有刺瘤 1 列。中后胸及第 1、第 7、第 8 腹节刺瘤上枝刺特别长。第 8、第 9 腹节各着生黑色绒球状毛丛 1 对。

刺蛾科 Limacodidae

幼虫背面

幼虫侧面

524 素刺蛾 *Susica sinensis* (Walker, 1856)

别　称　华素刺蛾

分　布　浙江、江西、四川、云南、台湾、福建、广西、广东、西藏。

寄　主　梨、杧果、栗、茶、油茶、桑。

形　态　成虫体长约18 mm，翅展约35 mm。前翅黄褐色，具丝质光泽，有2条暗褐色横线；后翅暗褐色，缘毛基部黄褐色，端部灰白色。

成虫背面

幼虫背面

幼虫侧面

525 闪银纹刺蛾 *Miresa fulgida* Wileman, 1910

分 布 安徽、浙江、江西、云南、广西、广东、海南、台湾。
寄 主 茶、橄榄、荔枝、杧果。
形 态 成虫翅展 25～34 mm，体黄色，背中央有赭褐色纵线。前翅暗红褐色，后缘内半部赭黄褐色，中室内半部和 1c—4 脉间的内半部各有 1 个三角形银斑，后者较大且与银色外线相连。

刺蛾科 Limacodidae

成虫

幼虫背面

幼虫侧面

526 迹银纹刺蛾 *Miresa kwangtungensis* Hering, 1931

别　称　大豆刺蛾。

分　布　辽宁、河北、河南、湖北、江西、湖南、福建、台湾、广东、广西、四川、贵州、云南、海南。

寄　主　苹果、梨、柿、豆类、茶。

形　态　成虫翅展 26～33 mm。头和胸背黄色，翅基片和后胸具红褐色边。前翅暗红褐色，外线模糊，只有脉上暗褐色点可见；端线银色，不清晰，只有在3、4脉间的1段银线可见。

成虫背面

成虫侧面

527 纵带球须刺蛾　　*Scopelodes contracta* Walker, 1855

分　布　甘肃、陕西、北京、河北、河南、浙江、江苏、湖北、江西、台湾、广西、广东、海南。

寄　主　柿、樱桃、栗等。

形　态　成虫翅展 30～43 mm。头和胸背暗灰褐色；腹部黄褐色，背面每节有暗灰褐色横带；前翅暗灰褐色，从中室中部到翅尖有 1 条黑色渐宽的模糊纵带；后翅灰褐色，内缘和基部带黄色。

刺蛾科 Limacodidae

成虫背面

成虫侧面

幼虫

刺蛾科 Limacodidae

528 窃达刺蛾 *Darna furva* (Wileman, 1911)

分　布　安徽、浙江、江西、湖南、福建、广西、广东、贵州、云南、台湾。

寄　主　茶、油茶、柑橘、核桃、柿等

形　态　雌蛾体长 8～10 mm，翅展 18～22 mm，触角丝状；雄蛾体长 7～9 mm，翅展 16～22 mm，触角羽毛状。胸部背面有几束灰黑色长毛，前翅灰褐色，有 5 条明显的黑色横纹，后翅暗灰褐色。老熟幼虫体长 12～16 mm，体背面褐色，背线淡褐色；亚背线部位着生 10 对枝刺，棕色；中胸上的 1 对枝刺较大，上生棕褐色刺毛。

成虫

幼虫背面

幼虫侧面

529 双线刺蛾 *Cania bilineata* (Walker, 1855)

别　称　两线刺蛾、灰双线刺蛾。

分　布　江西、浙江、江苏、西藏、四川、贵州、云南、台湾、福建、香港、广东。

寄　主　香蕉、柑橘、茶。

形　态　成虫体长约 11 mm，翅展 29 mm 左右。头黄色，端部棕黄色，胸背褐灰色，翅基片灰白色，腹部褐黄色，前翅灰褐黄色，前缘端部黄色，有 2 条外衬黄白边的暗褐色横线在前缘翅尖发出，以后互相平行，稍外曲，分别伸达后缘 1/3 和 2/3 处；后翅黄色，后缘区色较深。

成虫背面

成虫侧面

530 白痣姹刺蛾 *Chalcocelis dydima* Solovyev & Witt, 2009

分 布 湖北、江苏、江西、湖南、福建、广东、广西、贵州、云南、海南。

寄 主 茶、油茶、柑橘、小粒咖啡。

形 态 成虫体长约 12 mm，翅展 23～30 mm。雄成虫体、翅烟褐色，前翅中室下方有 1 个黑褐色斑块，斑内侧红褐色，上方有 1 个小白点。雌蛾体黄褐色，翅黄白色，前翅斑块较大，红褐色。

成虫背面

成虫侧面

531 长腹凯刺蛾 *Caissa longisaccula* Wu & Fang, 2008

分 布 北京、辽宁、山东、浙江、安徽、贵州、重庆、湖南、广西、福建。
寄 主 茶、桑等。
形 态 成虫翅展 21~28 mm，体翅浅黄色，前翅中部具黑褐色横带，带中部灰白色。

刺蛾科 Limacodidae

成虫

幼虫侧面

幼虫背面

刺蛾科 Limacodidae

532　红点龟形小刺蛾　*Narosa nigrisigna* Wileman, 1911

别　称　荷眉刺蛾、黑纹眉刺蛾、黑眉刺蛾、龟小刺蛾。

分　布　辽宁、陕西、甘肃、河北、北京、山东、江西、湖南、广西、四川、云南、台湾。

寄　主　茶、李、柿、樱桃、苹果、梨、杨梅等。

形　态　雌蛾体长7～9 mm，翅展18～22 mm；雄蛾体长6～8 mm，翅展15～18 mm，体淡黄色。触角丝状，黄色。前翅白色，密布赭黄色鳞片；内线白色，弯曲；后翅灰白色。足上有淡黄色长毛。初龄幼虫黄绿色，随后颜色加深，呈草绿色；老龄幼虫体长8～10.5 mm，前胸背板灰褐色；背线、侧线上有7个褐色小点。

低龄幼虫

高龄幼虫

533 背刺蛾　　*Belippa horrida* Walker, 1865

别　称　贝刺蛾、鬼脸刺蛾。
分　布　黑龙江、陕西、江西、浙江、福建、海南、广西、四川、云南。
寄　主　茶、蓖麻、苹果、梨、桃、葡萄等。
形　态　成虫翅展 30～38 mm。全体黑色混杂褐色；前翅内线不清晰，灰白色锯齿形；后翅灰黑色，外缘色较浅，后缘和端线明白色。幼虫椭圆形，体表光滑无毛，腹面具足。

刺蛾科　Limacodidae

幼虫背面

幼虫侧面

534 茶斑蛾 *Eterusia aedea* (Clerck, 1759)

别　称　茶柄脉锦斑蛾。

分　布　陕西、河南、江苏、安徽、浙江、湖北、湖南、福建、台湾、海南、广东、广西、云南、四川。

寄　主　茶、油茶、山茶等。

形　态　成虫体长 17～20 mm，头至第 2 腹节青黑色，有光泽；雄蛾触角双栉齿状；雌蛾触角基部丝状，端部膨大，粗似棒状；翅蓝黑色，前翅有黄白色斑 3 列。幼虫体长 20～30 mm，体黄褐色，多瘤状突起。

雌成虫

雄成虫触角

幼虫

535 野茶带锦斑蛾 *Pidorus glaucopis* (Drury, 1773)

- **别　称**　野茶斑蛾。
- **分　布**　云南、广西、广东、台湾。
- **寄　主**　茶。
- **形　态**　成虫翅展约 50 mm，头顶和颈部红色，体黑褐色。前翅淡黑褐色，在前缘近 1/2 处有略向外拱的白色弧带；后翅色泽略深于前翅，前缘处略淡。

成虫

536 茶六斑褐锦斑蛾 *Soritia pulchella sexpunctata* Waller, 1854

- **分　布**　湖南、贵州、云南、海南。
- **寄　主**　茶。
- **形　态**　雄成虫翅展 32~40 mm，头、胸及腹部黑色，颈部朱红色，肩片黄色；前翅深褐色，基部黄色大三角形斑占翅大部分。雌成虫翅展 40~50 mm；头部及颈部朱红色，胸部黄色，腹部白色，各节均有金属蓝色带纹；前、后翅黄色。

成虫

537 蝶形锦斑蛾 *Cyclosia papilionaris* (Drury, 1773)

分　布　广西、广东、云南、海南。

寄　主　茄科、芸香科植物。

形　态　雄成虫翅展 41 mm，雌成虫 57 mm，雌雄异型。雄蛾体黑绿色无闪光，前翅紫褐色，翅外缘有 1 个白色斜斑；后翅顶端褐色，基部稍绿，翅顶有 3 个白斑。雌蛾体蓝黑色，胸部有白斑，腹部有白色环带，翅白色略淡黄，翅脉紫黑色，前翅沿前缘蓝色。

雄成虫

雌成虫

幼虫

538　网锦斑蛾　*Trypanophora semihyalina* Kollar, 1844

分　布　安徽、湖北、湖南、贵州、台湾、福建。

寄　主　茶、柿、油茶。

形　态　成虫翅展约 31 mm。前翅蓝黑色，基部有 2 个透明斑，中室外半部及周围透明，翅脉黑色，中室端有 1 个黑斑，顶角、外缘及后缘黑色。后翅前缘赭黄色，顶角及后缘蓝黑色。腹部第 1—4 节腹面及两侧橙黄色，第 5—6 节橙黄色，其余蓝黑色。

斑蛾科 Zygaenidae

成虫背面

成虫侧面

斑蛾科 Zygaenidae

539 梨叶斑蛾 *Illiberis pruni* Dyar, 1905

别　称　梨星毛虫、梨透黑羽。
分　布　我国各省份均有发生。
寄　主　梨、苹果、海棠等。
形　态　成虫体长 9～12 mm，翅展 19～30 mm。全身黑色，翅半透明，暗灰黑色，上生有许多短毛，翅缘为深黑色。雄蛾触角短羽毛状，雌蛾触角锯齿状。初孵幼虫头部黑色，体为浅褐色。老熟幼虫体长 20 mm 左右，白色或黄白色，纺锤形，背线黑褐色，两侧各排列 10 个较大的黑斑。

幼虫背面

幼虫侧面

540 黄斑长翅卷蛾　　*Acleris fimbriana* (Thunberg, 1791)

- **别　称**　桃卷叶蛾、黄斑卷叶蛾、苹果卷叶蛾、黄斑卷蛾。
- **分　布**　河南、山东、河北、天津、北京、山西、陕西、甘肃、辽宁。
- **寄　主**　苹果、桃、李、杏、樱桃、海棠等。
- **形　态**　成虫翅展 17～21 mm；成虫分为夏季型和越冬型。夏季型成虫头、胸部和前翅呈金黄色，翅面上有许多分散的银白色竖起的鳞片丛。越冬型成虫头、胸和前翅呈深褐色或暗褐色。

成虫

幼虫背面

幼虫侧面

541 茶小卷叶蛾　*Adoxophyes honmai* Yasuda, 1998

别　称　棉褐带卷蛾、棉小卷蛾。

分　布　陕西、河南、山东、浙江、江苏、安徽、江西、湖南、湖北、四川、福建、广东、台湾。

寄　主　棉花、茶、油茶、柑橘、豆类、花生、芝麻、向日葵等。

形　态　成虫体长 6～8 mm，体黄褐色，静止时呈钟罩形，前翅基斑褐色。老熟幼虫体长 13～18 mm，黄绿色至翠绿色，臀栉 6～8 根。

成虫

幼虫

542 苹小卷叶蛾 *Adoxophyes orana* (Fischer von Röslerstamm, 1834)

别　称　苹果褐带卷蛾、柿小卷叶蛾。
分　布　除西藏外，我国各省份均有分布。
寄　主　枣、苹果、海棠、梨、山楂、桃、杏、李、柑橘、柿、棉花、大豆等。
形　态　成虫翅展 16～21 mm。前翅淡棕色至黄棕色，斑纹深褐色。雄蛾有前缘褶，色泽斑纹比雌蛾清楚。中带由前缘的 1/2 处开始斜至后缘的 2/3，并从中部产生一支延伸向臀角，有时不明显。

成虫背面

成虫侧面

543 拟小黄卷叶蛾 *Adoxophyes cyrtosema* Meyrick, 1886

别　称　柑橘褐带卷蛾。
分　布　长江以南地区有分布。
寄　主　荔枝、龙眼、柑橘、桃、茶等。
形　态　成虫体长8 mm，黄色，头部有黄褐色鳞毛。幼虫体黄绿色，末龄幼虫体长11～18 mm。头部除1龄黑色外，其余各龄幼虫头皆黄色。前胸背板淡黄色。气门近圆形。

幼虫

为害状

544 苹果黑痣小卷蛾 *Rhopobota naevana* (Hübner, 1817)

- **别　称**　苹黑痣小卷蛾。
- **分　布**　黑龙江、辽宁、吉林、内蒙古、陕西、宁夏、甘肃、河北、北京、天津、河南、安徽、湖北、浙江、湖南、江西、福建、台湾、广东、四川、贵州、云南、西藏。
- **寄　主**　梨、杏、山楂、苹果、海棠。
- **形　态**　成虫翅展 12～15 mm。前翅灰褐色，有黑褐色斑纹，基斑明显。中带自前缘 1/2 处斜向后缘近臀角处形成一斜条，在中室末端凸出像黑痣。前缘上有许多白色钩状纹。后翅褐色。

成虫背面

成虫侧面

545 茶长卷叶蛾 *Homona magnanima* Diakonoff, 1948

分 布 江苏、安徽、浙江、福建、江西、湖北、湖南、四川、广东、广西、云南。

寄 主 茶、苹果、梨、桃等。

形 态 雌蛾体长约10 mm，翅展23～30 mm，体和前翅均呈浅棕色，翅尖深褐色。前翅近长方形。后翅肉黄色。雄蛾体长约8 mm，翅展20～23 mm，前翅基部中央和翅尖深褐色，前缘中央有1个黑色近圆形斑。老熟时体长18～26 mm，头褐色，体黄绿色至淡灰绿色。

幼虫侧面

幼虫背面

546　草莓镰翅小卷蛾　*Ancylis comptana* (Frolich, 1828)

分　布　我国各省份均有发生。
寄　主　草莓等。
形　态　成虫翅展约15 mm。头部白色。前翅白褐色,基斑褐色,延伸到后缘中部,在前缘形成1条白色宽带。中带褐色,呈箭头形一直插到翅顶角下,钩状纹和肛上纹都很清楚。顶角和缘毛形成镰刀状。后翅及缘毛灰褐色。

成虫背面

成虫侧面

547 枣镰翅小卷蛾 *Ancylis sativa* Liu, 1979

别　称　枣黏虫、枣小蛾。

分　布　辽宁、河北、山西、陕西、山东、江苏、河南、安徽、浙江、湖北、湖南。

寄　主　枣。

形　态　成虫翅展约 14 mm，体褐黄色；前翅褐黄色，前缘有黑、白相间的钩状纹 10 余条，在前几条的下方，有斜向翅顶角的银色线 3 条，翅面中央有黑褐色纵线纹 3 条，翅顶角突出并向下呈镰刀状弯曲。幼虫体长约 15 mm，头部淡褐色，有黑褐色花纹，胴部黄白色，前胸背板及肛上板褐色。

成虫背面

成虫侧面

幼虫侧面

幼虫背面

缀叶为害

548　草小卷蛾　*Celypha flacipalpana* (Herrich-Schäffer, 1851)

分　布　宁夏、辽宁。
寄　主　玉米。
形　态　成虫翅展 12～14 mm。前翅前缘较拱起，顶角白色钩状纹 5 对，基部延长合并成 1 条斜纹向翅外缘中部；基斑、中带和端纹浅棕褐色，中带稍深；后翅褐色，缘毛灰白色。

成虫背面

成虫侧面

549 棉双斜卷蛾 *Clepsis pallidana* (Fabricius, 1776)

分　布　我国各省份均有发生。

寄　主　棉花、大豆、苜蓿、草莓等。

形　态　成虫体长约7 mm，翅展15～21 mm，唇须前伸。前翅淡黄色至金黄色，有金属光泽。雄蛾有前缘褶。幼虫体长15～19 mm，淡绿色，头黄褐色，背线浅绿色，每节有2个不太明显的小点。

成虫

550 洋桃小卷蛾 *Gatesclarkeana idia* Diakonoff, 1973

别　称　油茶小卷蛾。

分　布　浙江、江西、湖南、福建、广西、广东、海南。

寄　主　洋桃、荔枝、龙眼、油茶。

形　态　成虫翅展约14 mm。头部黑色，触角黄褐色。前翅黑褐色，散布褐色、黄色、银灰色鳞片，前缘基部到中部有粉红色短条纹，中室末端有1个淡黄色斑点。

成虫

551 苹果蠹蛾 *Cydia pomonella* (Linnaeus, 1758)

分 布 黑龙江、吉林、辽宁、天津、内蒙古、宁夏、甘肃、新疆。

寄 主 苹果、梨、桃、樱桃、杏、海棠、石榴等。

形 态 成虫翅展 19～20 mm，体灰褐色带紫色光泽；前翅在臀角处翅斑深褐色，有 3 条青铜色条纹；翅中部颜色最浅，为淡褐色，有数条褐色斜纹。幼虫体长 14～20 mm，头部黄褐色，腹部淡红色，臀板颜色较浅。

卷蛾科 Tortricidae

成虫

幼虫

为害状

552 梨小食心虫 *Grapholita molesta* (Busck, 1916)

别　称 梨小蛀果蛾、梨姬食心虫、桃折梢虫。

分　布 我国各省份均有发生。

寄　主 苹果、梨、桃、梅、李、杏、樱桃、沙果、山楂、枣、海棠、木瓜、枇杷等。

形　态 成虫体长 4.6~6 mm，翅展 11~14 mm，前翅灰褐色，中室外缘有 1 个白斑，前缘约有 10 组白色钩状纹。老熟幼虫体长 10~13 mm，头褐色，体褐红色，前胸背板浅黄白色或黄褐色。越冬幼虫体为黄白色。

成虫

蛀食果实

蛀食嫩梢

幼虫

幼虫

553　李小食心虫　*Grapholita funebrana* (Treitschke, 1835)

分　布　黑龙江、吉林、辽宁、内蒙古、河北、宁夏等。
寄　主　李、杏、桃、樱桃、枣等。
形　态　成虫体长4.5~7 mm，体背灰褐色，腹面铅灰色或灰白色。前翅前缘约具18组不很明显的白色斜短纹，近外缘部分有1条隐约可见的略与外缘平行的月牙形灰色纹，沿此纹内侧有6~7个黑色短斑。老熟幼虫体长约12 mm，玫瑰红或桃红色。

卷蛾科 Tortricidae

成虫

幼虫

鳞翅目

554 麻小食心虫　　*Grapholita delineana* (Walker, 1863)

别　称　四纹小卷蛾。

分　布　北京、天津、河北、黑龙江、江苏、浙江、安徽、福建、江西、河南、湖北、四川、陕西、甘肃、台湾。

寄　主　草莓等。

形　态　雌蛾体长 7 mm，翅展 15 mm。触角线状，复眼绿色。前翅前缘淡黄色，有 9～10 个黄白色钩状纹，后缘中部有 4 条黄白色或灰白色的平行弧状纹。足灰白色。雄蛾小于雌蛾，体色较雌略深。

成虫背面

成虫侧面

555 大豆食心虫 *Leguminivora glycinivorella* Matsumura, 1898

别　称　大豆蛀荚蛾、豆荚虫。
分　布　黑龙江、吉林、辽宁、内蒙古、新疆、河北、山东、陕西、河南、江苏、安徽、浙江、江西、贵州、云南。
寄　主　大豆。
形　态　成虫体长 5～6 mm，翅展 12～14 mm，体暗灰色。前翅前缘内侧有 3 个纵裂黑斑。腹部纺锤形，黑褐色。幼虫共 4 龄。初孵幼虫橙黄色，2 龄幼虫乳白色，3 龄幼虫体色黄白，4 龄幼虫初为淡黄，后变为橘红色，头部黄褐色。

卷蛾科 Tortricidae

成虫

幼虫

豆荚受害

网蛾科 Thyrididae

556　铃木窗蛾　*Striglina suzukii* Matsumura, 1931

分　布　安徽、湖南、台湾。

寄　主　茶。

形　态　雄成虫体长 9～10 mm，翅展 18～20 mm；雌成虫略大。头顶和翅面棕黄色，前、后翅外缘线明显，前翅有 3 个黑斑，后翅有 7～8 个小黑点，靠中横线外侧的黑斑较大。老熟幼虫体长约 22 mm，白色至乳黄色，头顶具 2 枚黑斑。

成虫

幼虫

幼虫

557 豆荚斑螟 *Etiella zinckenella* (Treitschke, 1832)

分　布　除西藏外，我国各省份均有分布。
寄　主　大豆、豇豆、豌豆、菜豆、扁豆、绿豆等。
形　态　成虫体长12～14 mm，翅展20～24 mm，前翅前缘有1条白色纵带，近翅基有1条黄褐色月牙形横带。老熟幼虫体长14～18 mm，背面紫红色，腹面绿色。

螟蛾科 Pyralidae

成虫

幼虫

蛀食豆荚

558　大豆网丛螟　*Teliphasa elegans* (Butler, 1881)

分　布　北京、河北、陕西、湖北、湖南、福建、广西、四川。

寄　主　大豆、苹果、桃、柿、核桃、栗等。

形　态　成虫翅展 24～35 mm，头、胸部暗褐色混杂有黄褐色鳞片；前翅暗褐色，内横线黑色波状，中室内及中室端有黑色鳞丛；外横线黑色锯齿状，外缘暗褐色，有 1 列黑斑。老熟幼虫体长 22～35 mm，体黄白色，头部黄褐色，有黑斑，体背中线赭黄色，两侧各有 1 条由断续黑斑组成的宽纵带，体侧有 3 条黑色纵带。

成虫

幼虫背面

幼虫侧面

559 核桃缀叶螟 *Locastra muscosalis* Walker, 1865

别　称　核桃缀叶螟、黄栌缀叶丛螟、缀叶丛螟。

分　布　辽宁、河北、陕西、山西、山东、河南、安徽、江苏、浙江、江西、湖北、湖南、福建、广东、广西、贵州、四川、云南、西藏。

寄　主　核桃等。

形　态　成虫体长 14～20 mm，翅展 35～50 mm，全体黄褐色。触角丝状，复眼绿褐色。前翅色深，稍带淡红褐色。后翅灰褐色，接近外缘颜色逐渐加深。老熟幼虫体长 20～45 mm。头黑褐色，有光泽。前胸背板黑色，前缘有 6 个黄白色斑点。背中线较宽，杏红色。

成虫

幼虫背面

幼虫侧面

560 红云翅斑螟 *Oncocera semirubella* (Scopoli, 1763)

别　称　苜蓿斑螟、红袖螟。

分　布　黑龙江、吉林、陕西、甘肃、青海、河北、天津、山东、河南、江苏、浙江、安徽、江西、湖南、广东、四川、贵州、云南、台湾。

寄　主　苜蓿、白车轴草等。

形　态　成虫翅展19～28.5 mm；头顶被淡黄色隆起鳞毛。触角淡黄褐色；两触角间、后头、胸部淡黄色，领片和翅基片的内侧淡黄色，外侧红色。前翅前缘白色，后缘黄色，中部桃红色，缘毛红色。后翅茶褐色，缘毛黄白色，缘线黄褐色。

成虫背面

成虫侧面

561 梨大食心虫 *Nephopteryx pirivorella* Matsumura, 1900

别　称　梨云翅斑螟、梨斑螟蛾。
分　布　我国各省份均有发生。
寄　主　梨、桃、苹果等。
形　态　成虫翅展 22～26 mm；初羽化为暗紫，后变为暗灰或暗紫褐色，前翅具紫色光泽，翅上有 2 条灰白色弯曲横线。翅中央近中室上方有一肾形白纹，外围黑边。后翅灰褐色，缘毛暗褐色。腹部淡灰褐色。越冬幼虫体长约 3 mm，胴部紫褐色，老熟幼虫体长 17～20 mm，暗红褐色微绿，腹面色较浅；头、前胸盾、胸足、臀板及胴部第 12 节背面斑纹均为黑色。

螟蛾科 Pyralidae

为害状

幼虫

幼虫

562 印度谷螟 *Plodia interpunctella* (Hubner, 1813)

别　称　印度谷斑螟、印度谷蛾、印度粉螟。
分　布　我国各省份均有发生。
寄　主　小麦、玉米、稻、高粱、豆类、干枣等储粮及干果等。
形　态　成虫翅展 13～18 mm，前翅基部赭白色至淡赭色，内横线较宽，不规则，外侧锈赭至红褐色，翅中域暗褐色。老熟幼虫体长 10～13 mm，头赤褐色，腹部黄白带粉红色。

成虫

幼虫侧面

幼虫背面

563 紫斑谷螟 *Pyralis farinalis* (Linnaeus, 1758)

- **别　称**　粉缟螟。
- **分　布**　我国各省份均有发生。
- **寄　主**　禾谷类、面粉类、干果类、食品、茶叶、种子、糠皮、稻草等。
- **形　态**　成虫翅展 17～25 mm；头、下唇须及触角淡褐色。胸部紫灰褐色，腹部第1—2节紫黑色，其余茶褐色。前翅基部及外缘赤褐色，前缘有1列白色刻点；后翅暗褐色，内横线及外横线白色波纹状，中室端有1条暗色纹。

成虫

螟蛾科 Pyralidae

564 稻水螟 *Parapoynx vittalis* (Bremer, 1864)

- **别　称**　稻黄筒水螟。
- **分　布**　除新疆、青海、西藏外，我国各省份均有分布。
- **寄　主**　稻等。
- **形　态**　成虫翅展 14～22 mm，头淡黄色，触角褐色。胸、腹部白色，腹部各节后缘黑色。翅底白色，前翅基部密布黑褐色斑点。后翅白色，基部密布褐色斑点，中横线暗褐色。

成虫

草螟科 Crambidae

565　稻筒水螟　*Parapoynx fluctuosalis* (Zeller, 1852)

别　称　纹翅筒水螟。
分　布　江西、福建、云南、广西、广东、海南。
寄　主　稻等。
形　态　成虫翅展 13～18 mm，头、胸及腹部白色，并有黑色细点，腹部各节有镶黑边的黄褐色横带。前翅白色，前缘黄褐色，并有黑色斑点；后翅由中室至后缘有 1 条褐色亚基线，中横线及外横线黄褐色倾斜弯曲有黑色镶边，外缘线黑色。双翅缘毛黄褐色。

成虫

成虫

566 棉水螟 *Elophila interruptalis* (Pryer, 1877)

分 布 黑龙江、吉林、辽宁、北京、河北、安徽、江苏、浙江、湖南、福建、广东、四川、云南。

寄 主 稻等。

形 态 雌蛾翅展 25.5～26.5 mm，雄蛾翅展 26.5～32.5 mm。额和头顶黄白色。单眼黑色，胸背面黄白色，中胸背板褐色，腹面黄白色。前足腿节和胫节基部褐色，端部黄白色。腹部黄白色，各节基部黄褐色至褐色。

草螟科 Crambidae

成虫

成虫

567 稻巢草螟 *Ancylolomia japonica* Zeller, 1877

别　称　棉塘水螟、睡莲水螟。

分　布　黑龙江、辽宁、河北、北京、天津、山东、河南、江西、安徽、浙江、江苏、上海、湖南、福建、甘肃、陕西、四川、贵州、云南、广西、广东、海南、台湾、西藏。

寄　主　稻、甘蔗等。

形　态　成虫体长11～14 mm，翅展18～40 mm；前翅灰黄褐色，外缘具银灰褐色波状横向纹，翅面具不明显的灰褐色短纵纹5～6条，纹上散生小黑点。末龄幼虫体长16～26 mm，灰黄白色。

成虫背面

成虫侧面

568 早熟禾拟茎草螟 *Parapediasia teterrella* (Zincken, 1821)

分 布 安徽、上海。

寄 主 小麦、黑麦等。

形 态 成虫翅展 14~16 mm，额和头顶白色，触角背面白色，腹面淡褐色。前翅灰色至淡褐色，亚外缘线灰白色，前端约 2/5 处外弯；翅外缘均匀分布 7 个黑色斑点，缘毛灰色至淡褐色。后翅灰色至淡褐色，缘毛白色。

草螟科 Crambidae

成虫背面

成虫侧面

569 二化螟 *Chilo suppressalis* (Walker, 1863)

别　称　蛀心虫、钻心虫。
分　布　除西藏、青海外,我国各省份均有分布。
寄　主　稻、茭白、玉米、甘蔗、蚕豆、油菜等。
形　态　成虫体长 10～15 mm,体淡褐色。前翅近长方形,黄褐色或灰褐色,翅面散布褐色小黑点,中室顶端有紫黑色斑点 1 个,其下方有斜行排列的同色斑点 3 个,前翅外缘有 7 个小黑点。雌成虫前翅颜色浅,外缘也有 7 个小黑点。老熟幼虫淡褐色,体长 19～25 mm,体背有 5 条褐色纵线。

低龄幼虫群集为害

高龄幼虫

雄成虫

雌成虫

卵

570 条螟 *Chilo sacchariphagus* (Bajer, 1856)

别　称　高粱条螟、甘蔗条螟。
分　布　我国各省份均有发生。
寄　主　高粱、玉米、甘蔗、粟、麻等。
形　态　成虫体长 10~14 mm，翅展 24~34 mm，灰黄色，头、胸部背面淡黄色。前翅灰黄色，中央有 1 个小黑点。雄蛾淡灰黄色，雌蛾近白色。末龄幼虫体长 20~30 mm，乳白色至淡黄色；幼虫分夏、冬两型。夏型幼虫腹部各节背面有 4 个黑褐色斑点，冬型幼虫黑褐斑点消失，体背出现 4 条紫褐色纵线。

草螟科 Crambidae

幼虫

成虫侧面

成虫背面

571 稻纵卷叶螟 *Cnaphalocrocis medinalis* (Guenée, 1854)

分 布 除新疆外，我国各省份均有发生。

寄 主 稻、麦类、粟、甘蔗。

形 态 成虫体长 8～9 mm，翅展 18 mm。翅黄褐色，前翅有 3 条黑褐色条斑，中间 1 条短，雄蛾在短条斑附近有暗褐色毛簇，翅外缘有 1 条黑褐色宽边。幼虫共 5～6 龄，初孵幼虫头黑色，体淡黄绿色，2 龄虫头淡黄褐色，老熟幼虫体长 14～19 mm，头褐色，体黄绿色，胸部背面有数个黑褐色斑纹。

雄成虫

雌成虫

卵

低龄幼虫

高龄幼虫

572 棉大卷叶螟 *Haritalodes derogata* (Fabricius, 1775)

别　称　棉卷叶螟、棉大卷叶虫、裹叶虫、棉野螟蛾、棉卷叶野螟。

分　布　除新疆、青海、宁夏外，我国各省份均有分布。

寄　主　棉花、苘麻、蜀葵、苋菜、秋葵、锦葵等。

形　态　成虫体长 8~14 mm，翅展 22~30 mm，全体黄白色，有闪光。前、后翅外缘线、亚外缘线、外横线、内横线均为褐色波纹状，前翅中央接近前缘处有似"OR"形褐色斑纹。腹部各节前缘有黄褐色带，雄蛾腹末节基部有一黑色横纹。末龄幼虫体长约 25 mm，头扁平灰色，有不规则的深紫色斑点。

成虫

低龄幼虫

幼虫背面

高龄幼虫

为害状

草螟科 Crambidae

573 桃蛀野螟 *Conogethes punctiferalis* (Guenée, 1854)

别　称　桃蛀螟、桃野螟蛾、桃斑纹野螟蛾、豹纹斑螟。

分　布　我国各省份均有发生。

寄　主　桃、梨、杏、李、苹果、无花果、梅、樱桃、葡萄、石榴、柿、核桃、栗、柑橘、荔枝、龙眼、枇杷、杧果、菠萝、蓖麻、向日葵、棉花、高粱、玉米、大豆等。

形　态　成虫体长11～13 mm，翅展20～26 mm，鲜草黄色。前翅有25～26个黑斑，后翅约有10个黑斑。雌蛾腹部末端呈圆锥形，雄蛾腹部末端较钝，且有黑色毛丛。末龄幼虫体长22～25 mm，体背淡红色，头部暗褐色，前胸背板深褐色，体各节有粗大的灰褐色瘤点。

成虫

幼虫为害玉米

幼虫为害桃

574 甜菜白带野螟　*Spoladea recurvalis* (Fabricius, 1775)

别　称　甜菜叶螟、白带螟蛾、甜菜螟。
分　布　我国各省份均有发生。
寄　主　甜菜、大豆、玉米、甘薯、甘蔗、茶、向日葵、苋菜、菠菜、黄瓜等。
形　态　成虫翅展 24～26 mm，体棕褐色；头部白色，额有黑斑，翅暗棕褐色，前翅中室有 1 条斜波纹状的黑缘宽白带，后翅也有 1 条黑缘白带，双翅展开时，白带相接呈倒"八"字形。老熟幼虫体长约 17 mm，淡绿色，近似纺锤形。

草螟科 Crambidae

成虫

幼虫

幼虫

575 豆荚野螟 *Maruca testulalis* (Geyer, 1832)

别　称　豆螟蛾、大豆螟蛾、豆豇螟、大豆卷叶螟。
分　布　除新疆、青海外，我国各省份均有分布。
寄　主　大豆、豇豆、绿豆、扁豆等。
形　态　成虫体长 10~16 mm，翅展 25~28 mm。前翅黄褐色，中室部有 1 个白色透明带状斑，后翅近外缘有 1/3 面积色泽同前翅，其余部分为白色半透明。老熟幼虫体长 18 mm，中、后胸背板有黑褐色毛片 6 个，排成 2 列。

成虫

成虫

幼虫

576 瓜绢野螟 *Diaphania indica* (Saunders, 1851)

别　称　瓜螟、瓜绢螟、棉螟蛾。
分　布　辽宁、内蒙古以南地区均有发生。
寄　主　丝瓜、苦瓜、节瓜、黄瓜、甜瓜、冬瓜、西瓜、番茄、茄等。
形　态　成虫体长 11 mm，翅展 25 mm，头胸黑色，腹部白色，末端具黄色毛丛，前后翅白色透明，略带紫色，前翅前缘和外缘、后翅外缘呈黑色宽带。老熟幼虫体长 23～26 mm，头部、前胸背板淡褐色，胸腹部草绿色，亚背线呈 2 条较宽的乳白色纵带。

为害状

幼虫

成虫

577 桑绢野螟 *Glyphodes pyloalis* Walker, 1859

别　称　桑螟。

分　布　北京、陕西、辽宁、河北、山东、江苏、安徽、浙江、福建、云南、贵州、四川、湖北、台湾、广东。

寄　主　桑。

形　态　成虫翅展 21～24 mm。翅白色，具黄褐至黑褐色斑纹，中室端具 1 条褐色宽带，略呈"8"字形。末龄幼虫体长约 24 mm，背线深绿色，胸部各节有黑色毛片，毛片上生刚毛 1～2 根。

成虫

幼虫

幼虫

幼虫

幼虫

578 菜螟 *Hellula undalis* (Fabricius, 1794)

别　称　菜心野螟、萝卜螟、甘蓝螟、白菜螟。

分　布　黑龙江、吉林、辽宁、内蒙古、陕西、山西、河北、北京、山东、河南、安徽、江苏、浙江、江西、湖北、湖南、四川、贵州、云南、广西、广东、福建、海南。

寄　主　甘蓝、花椰菜、白菜、萝卜等。

形　态　成虫翅展 15～20 mm，体灰褐色或黄褐色。前翅有灰白色的内横线和外横线，灰褐色镶边。后翅灰白色，近外缘稍带褐色。幼虫共 5 龄，老熟幼虫体长 12～14 mm。头部黑色，有"八"字形裂纹，体淡黄绿色，体背有数条灰褐色纵纹。

草螟科 Crambidae

成虫背面

成虫侧面

幼虫

鳞翅目

草螟科 Crambidae

579 草地螟 *Loxostege sticticalis* (Linnaeus, 1761)

别　称　黄绿条螟、甜菜网螟、网锥蛾野螟。

分　布　黑龙江、吉林、辽宁、内蒙古、甘肃、宁夏、山西、陕西、河北、山东、江苏、河南、新疆、青海、西藏。

寄　主　小麦、燕麦、玉米、高粱、甜菜、甘蓝、大豆、豌豆、扁豆、马铃薯、向日葵、亚麻、瓜类、胡萝卜、葱、洋葱、茴香等。

形　态　成虫体长 8～10 mm，翅展 14～26 mm，体淡灰褐色，前翅灰褐色，外缘有淡黄色的条纹。初孵幼虫身体淡黄色。

成虫

成虫

580　亚洲玉米螟　*Ostrinia furnacalis* (Guenée, 1854)

分　布　我国各省份均有发生。

寄　主　玉米、高粱、粟、棉花、小麦、大麦、马铃薯、豆类、向日葵、甘蔗、甜菜、番茄、茄等。

形　态　雄成虫体长 10～14 mm，前翅内横线为暗褐色波状纹，内侧黄褐色，外横线为暗褐色锯齿状纹，外横线与外缘线之间有一褐色带，内横线与外横线之间淡褐色，有 2 个褐色斑。雌成虫体色比雄成虫浅。末龄幼虫体长 20～30 mm，体淡灰褐色或淡红褐色，胸部第 2、3 节背面各有 4 个圆形毛瘤，腹部第 1—8 节背面各有 2 列横排毛瘤，前 4、后 2 排列。

草螟科 Crambidae

成虫

卵

低龄幼虫

幼虫

蛹

581 麦牧野螟 *Nomophila noctuella* (Denis & Schiffermuller, 1775)

分 布 吉林、内蒙古、北京、河北、山东、河南、陕西、甘肃、青海、西藏、四川、云南、湖北、湖南、江苏、台湾、广东、广西。

寄 主 小麦、大麦、甘薯、苜蓿等。

形 态 成虫翅展 23～30 mm。头、胸部褐色；前翅红褐色，中室内及端部各有 1 个暗褐色大斑纹，外横线及外缘线暗褐色锯齿状。

成虫侧面

成虫背面

582 油菜角野螟 *Evergestis extimalis* (Scopoli, 1763)

别　称　茴香薄翅野螟、茴香螟、油菜螟、油菜薄翅野螟。

分　布　黑龙江、内蒙古、新疆、青海、宁夏、陕西、山西、河北、河南、山东、江苏、安徽、浙江、四川、贵州、云南。

寄　主　茴香、甜菜、白菜、油菜、萝卜、甘蓝、芥菜。

形　态　成虫翅展 28 mm，黄褐色。前翅淡黄色，内横线褐色中部向外突出；外缘紫褐色。后翅淡黄褐色，外缘有紫褐色曲线。老熟幼虫体长约 25 mm，黄绿色，背中线呈黄色或暗红色纵带，气门线为淡黄色；头黑色，前胸背板上的黑色盾板分为左右 2 块，中后胸及腹部第 9 节各有 4 个黑色毛片，腹部第 1—8 节背面各有 6 个黑色毛片，前 4 后 2 排成两排。

草螟科 Crambidae

幼虫侧面

幼虫背面

583 水稻切叶野螟　　*Herpetogramma licarsisalis* (Walker, 1859)

分　布　江苏、浙江、上海、江西、湖南、福建、台湾、广东、广西、云南。

寄　主　稻、甘蔗等。

形　态　成虫翅展 22～24 mm，暗褐色。前翅内横线暗褐色向外弯曲，中室内有 1 个黑斑，中室端脉有 1 个黑褐色斑，外横线暗褐色弯曲如锯齿状，在中室下角之间向外弯而后又向内收缩。后翅外横线不明显，弯曲如锯齿状。

成虫

584 枇杷扇野螟　　*Pleuroptya balteata* (Fabricius, 1798)

分　布　甘肃、陕西、天津、河南、湖北、浙江、江西、湖南、福建、四川、重庆、贵州、云南、广东、广西、台湾、海南、西藏。

寄　主　枇杷等。

形　态　成虫翅展 25～34 mm，体黄色。前翅有暗褐色弯曲不清晰的内横线及外横线，中室内有暗褐色小点，外缘暗褐色，缘毛黄褐色，末端白色。腹部黄色，各节后缘白色。

成虫

585　豆蚀叶野螟　*Omiodes indicata* Fabricius, 1775

别　称　豆卷叶螟、豆卷叶野螟、大豆卷叶虫。

分　布　除青海、新疆、西藏外，我国各省份均有分布。

寄　主　大豆、绿豆、豇豆等豆科植物。

形　态　成虫体长 10 mm 左右，体黄褐色，胸部两侧附有黑纹。前翅外缘黑色，后翅生有 2 条黑横线，外缘也为黑色，翅展开时与前翅内、外横线相连。

成虫

草螟科 Crambidae

586　圆斑黄缘禾螟　*Cirrhochrista brizoalis* Walker, 1859

别　称　圆斑黄缘野螟。

分　布　湖北、江西、四川、福建、广东、云南、台湾。

寄　主　无花果。

形　态　成虫翅展 20～22 mm，体白色有光泽。胸部背线褐色，腹部背面各节中央有褐色带。前翅前缘黄色，内横线从翅前缘向外伸出黄三角形带，两侧有深褐色边缘；中横线黄色三角形左右环绕暗褐色边到中室下角附近间断。Cu_2 脉位置有 1 个圆斑，下侧有 1 个褐缘黄斑连接前翅下角。

成虫

鳞翅目　559

草螟科 Crambidae

587 茄黄斑螟　　Leucinodes orbonalis Guenée, 1854

别　称　茄白翅野螟、茄螟。

分　布　上海、浙江、安徽、江西、湖北、湖南、四川、贵州、福建、广东、广西、海南。

寄　主　茄、辣椒等。

形　态　成虫体长 6.5～10 mm，翅展 18～32 mm，体翅均白色。前翅有 4 个明显的大黄斑，后翅中室有 1 个大黑点。老熟时多呈粉红色，体长 15～18 mm，各节均有 6 个黑褐色毛斑及 2 个瘤突。

为害状

幼虫

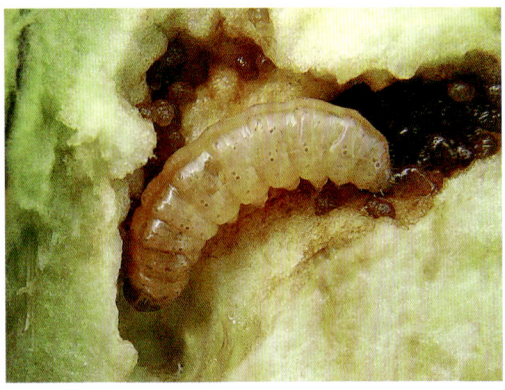

幼虫

588 紫苏野螟 *Pyrausta phoenicealis* Hübner, 1818

分　布　河北、安徽、浙江、福建、台湾。
寄　主　紫苏、丹参等。
形　态　成虫体长6 mm，翅展14～16 mm。头部橘黄色，两侧有白色条纹。前翅深红色，后翅顶角深红褐色。幼虫共4龄。末龄幼虫体长16～18 mm，体黄绿色或紫红色。头部浅褐色，具深褐色点状纹。

草螟科 Crambidae

幼虫

幼虫

鳞翅目

589　锈黄缨突野螟　*Udea ferrugalis* Hübner, 1796

分　布　陕西、甘肃、青海、河北、河南、山东、江苏、浙江、湖北、江西、湖南、广东、广西、四川、贵州、云南、台湾。

寄　主　大豆。

形　态　成虫翅展 16~19 mm，头部灰褐色带黄色，两侧有白条。前翅黄棕色，翅中部有 1 条不明显的灰色横线，中室外有深褐色斑点。后翅灰褐色，中室下角有 1 个深褐斑。前、后翅外缘均有 1 排黑点。

成虫

590　茶须野螟　*Nosophora semitritalis* (Lederer, 1863)

分　布　浙江、江西、北京、河南、安徽、湖北、湖南、贵州、四川、云南、甘肃、广东、海南、福建、台湾。

寄　主　茶、油茶等。

形　态　成虫体长约 12 mm，翅展 22~30 mm。前翅基半部土黄色，端半部灰黄色；中间有 1 个大的椭圆形透明斑，近前缘 2/3 处另有 1 个小型透明斑；后翅黄色，但大部分被棕色斑点覆盖，也有 1 个前翅大小近似的透明斑。

成虫

591 荸荠白禾螟 *Scirpophaga praelata* (Scopoli, 1763)

别　称　纯白螟、无纹白螟、荸荠白螟、荸荠钻心虫。

分　布　黑龙江、内蒙古、新疆、台湾、福建、广东、广西、云南。

寄　主　荸荠、甘蔗。

形　态　雄成虫体长 23～26 mm，雌虫体长 40～42 mm。全体白色，仅雌蛾臀鳞丛棕褐色，雄蛾后翅反面暗褐色。初孵幼虫长 1.5～2 mm，黑色。老熟幼虫体长 15 mm，黄白色略带灰色。

草螟科 Crambidae

成虫背面

成虫侧面

592 甘薯白羽蛾 *Pterophorus niveodactyla* (Pagenstecher, 1900)

别　称　雪指羽蛾。
分　布　福建、台湾、海南。
寄　主　甘薯。
形　态　成虫体长 8 mm，翅展 18 mm，全体白色密被白鳞片，前翅、后翅似白色鸟羽，前翅距翅基 2/5 处分为 2 支，其上杂有 2～3 个黑色斑点，末端后卷；后翅 3 支，周缘具白鳞毛。足细长，后足尤为突出。幼虫共 5 龄，末龄幼虫近老熟时暗绿色，体长 10 mm 左右，各节上均生毛瘤，前胸、中胸、后胸节上各具 4 对。

成虫

幼虫背面

幼虫侧面

593 甘薯异羽蛾 *Emmelina monodactyla* (Linnaeus, 1758)

分　布　山东、江苏、浙江、江西、广西、云南、四川、湖南、陕西、山西、河北、甘肃、青海、宁夏等。

寄　主　甘薯等。

形　态　成虫翅展 20～22 mm。胸部和翅基片灰白色至褐色。前翅灰白色至褐色，前缘基半部和后缘基部、中部均具一系列小斑点，翅端部裂口前具 1 个小横斑。后翅分为 3 叶，细披针形，具颜色较浅的缘毛。

成虫

594 扁豆羽蛾 *Sphenarches anisodactylus* (Walker, 1864)

分　布　天津、山东、江西、湖南、海南、四川、台湾等。

寄　主　扁豆。

形　态　成虫体长 6～7 mm，翅展 13～16 mm，浅褐色。前翅在中部分成 2 支，前支具 4 个不规则的深褐色或褐色斑块，后支末端似笔尖状。老熟幼虫体长 8～10 mm，头黑褐色，体紫红色带绿色或污绿色带赤色。体表具刺状刚毛和末端呈铲状的毛。

成虫

羽蛾科 Pterophoridae

枯叶蛾科 Lasiocampidae

595 波纹杂毛虫 *Kunugia undans* (Walker, 1855)

别　称　黄斑波纹杂毛虫。

分　布　黑龙江、吉林、辽宁、河北、北京、内蒙古、山西、甘肃。

寄　主　山楂、苹果、栗、玉米、苜蓿等。

形　态　雄成虫体长 26～31 mm，翅展 54～69 mm；雌成虫略大。雄蛾体浅褐色，触角梗节黄色，翅黄褐色，前翅中、外横线褐色；雌蛾体黄褐色，翅浅黄褐色，前翅中、外横线及亚外缘斑列淡褐色，后翅无斑纹，缘毛灰黄色。老熟幼虫体长 60～100 mm。3 龄前橙黄色，3 龄后呈棕黄色、暗红褐色或灰褐色，体被灰色长毛，两侧气门下缘毛最多。头褐色，颜面有 1 个"火"字形斑。

成虫背面

成虫侧面

成虫头面

596 天幕毛虫　*Malacosoma neustria* (Linnaeus, 1758)

别　称　天幕枯叶蛾、带枯叶蛾、梅毛虫。
分　布　我国各省份均有发生。
寄　主　苹果、梨、桃、李、杏、梅、樱桃、海棠等。
形　态　雌蛾翅展 31～36 mm，翅呈褐色，腹部色较深，前翅中部有 1 条褐色宽带，后翅淡褐色，斑纹不明显。雄蛾翅展 19～22 mm，体黄褐色，前翅中央有 2 条深褐色横线，后翅中部有 1 条褐色横线。老熟幼虫长 50～55 mm，背部有数道黄白色、橙黄色和黑色相间的条纹，体背各节具黑色长毛。

枯叶蛾科 Lasiocampidae

为害状

幼虫侧面

成虫

597 苹果枯叶蛾　*Odonestis pruni* (Linnaeus, 1758)

别　称　苹毛虫、杏枯叶蛾。

分　布　黑龙江、吉林、辽宁、内蒙古、山西、北京、河北、河南、山东、江苏、安徽、浙江、江西、湖北、湖南、福建、广西、广东。

寄　主　苹果、桃、杏、李、梅、樱桃等。

形　态　成虫体长23～30 mm，翅展45～70 mm，赤褐色或橙褐色。前翅外缘略呈锯齿状，近中室端有1个近圆形白斑。老熟幼虫体长50～60 mm，体青灰色或茶褐色。各节两侧气门下线处生灰褐色长毛；前胸两侧气门前瘤突生有黑色长毛束；中胸背面有蓝黑色横列的短毛丛；第8腹节背面有1个瘤状突起，有细长毛。

幼虫背面

幼虫侧面

598 松大毛虫　　*Lebeda nobilis* Walker, 1855

别　称　大灰枯叶蛾、油茶大毛虫、油茶枯叶蛾。

分　布　安徽、江西、浙江、福建、台湾、湖南、广西、云南、四川。

寄　主　油茶等。

形　态　雄蛾体长 32～49 mm，翅展 73～90 mm；雌蛾体长 40～52 mm。翅展 100～141 mm。雄蛾体翅棕褐色，触角黄褐色，前翅呈 4 条浅褐色横线，形成 2 条灰褐色宽带。雌蛾触角梗节米黄色。体翅淡褐色，后翅较深。

枯叶蛾科 Lasiocampidae

成虫背面

成虫侧面

枯叶蛾科 Lasiocampidae

599 杨枯叶蛾 *Gastropacha populifolia* (Esper, 1783)

分 布　我国各省份均有发生。

寄 主　苹果、梨、李、杏等。

形 态　雄蛾翅展 38～63 mm，雌蛾翅展 54～96 mm，体、翅黄色、黄褐色或深黄褐色；前翅具 5 条波状横纹，有时不明显，外缘和后缘呈波浪形。老熟幼虫体长约 100 mm，灰绿色或灰黑色，中后胸背面各有一黑色刷状毛簇，腹部两侧生灰黑色毛丛，第 8 节背面中央具黑色瘤状突，上生长毛。

成虫侧面

成虫背面

幼虫

600 栗黄枯叶蛾 *Trabala vishnou gigantina* Yang, 1978

- **别　称**　蓖麻枯叶蛾、青黄枯叶蛾、绿黄枯叶蛾、大黄枯叶蛾。
- **分　布**　陕西、河南、浙江、四川。
- **寄　主**　核桃、栗、苹果等。
- **形　态**　雄蛾翅展 54～62 mm，雌蛾翅展 70～95 mm。雄蛾头部绿色，触角长双栉齿状，胸部背面绿色，略带黄白色；翅绿色，外缘线与缘毛黄白色，缘毛端略带褐色，前翅内、外横线均为深绿色，其内侧各嵌有白色条纹。雌蛾头部黄褐色，触角短双栉齿状。胸部背面黄色，翅黄绿色微带褐色，外缘线黄色、波状，缘毛黑褐色。老熟幼虫体长 65～84 mm。头部黄褐色，雄性密生灰白色长毛，雌性密生深黄色长毛。

幼虫

雄成虫

雌成虫

天蚕蛾科 Saturniidae

601 绿尾大蚕蛾 *Actias ningpoana* C. Felder et R. Felder, 1862

别　称　水青蚕、柳蚕、燕尾蚕、长尾目蚕。

分　布　吉林、辽宁、河北、河南、安徽、江苏、浙江、福建、台湾、江西、湖北、湖南、广东、广西、海南、四川、云南、西藏。

寄　主　栗、樱桃、苹果、梨、杏、石榴等。

形　态　成虫体长35～45 mm。头灰褐色，头部两侧及肩板基部前缘有暗紫色横带，触角土黄色，雄、雌均为长双栉形；体披较密的白色长毛；翅粉绿色，基部有较长的白色绒毛，前翅前缘暗紫色；后翅延伸成尾形。老熟幼虫体长80～100 mm，体黄绿色粗壮、被污白细毛，体节近六边形，着生肉突状毛瘤。

成虫

初孵幼虫

低龄幼虫

幼虫侧面

幼虫背面

602 银杏大蚕蛾 *Saturnia japonica* Moore, 1862

别　称　栗天蚕、日本大蚕蛾、核桃揪天蚕蛾。

分　布　黑龙江、吉林、辽宁、河北、陕西、山东、湖北、安徽、浙江、江西、湖南、贵州、四川、重庆、云南、福建、广东、广西、台湾。

寄　主　苹果、梨、杏、桃、李、梅、樱桃、柿、核桃、栗等。

形　态　成虫体色灰褐色至紫褐色，雄蛾体长 25～40 mm，翅展 90～120 mm，雌蛾体长 25～60 mm，翅展 94～150 mm。前翅内横线赤褐色，外横线暗褐色。幼虫体形肥大，1～2 龄幼虫灰黑色，具黑色毛，3 龄以后具黄绿色或褐色刺毛。

成虫

幼虫背面

幼虫侧面

603 樗蚕蛾 *Samia cynthia* Drury, 1773

别　称　樗蚕、柏蚕、乌桕樗蚕蛾。

分　布　山东、北京、河北、河南、山西、江苏、安徽、浙江、江西、四川、福建、台湾。

寄　主　核桃、石榴、柑橘、蓖麻、花椒等。

形　态　成虫体长 25～30 mm，翅展 110～130 mm。体青褐色。头部四周、颈板前端、前胸后缘、腹部背面、侧线及末端都为白色。前翅褐色，前翅顶角后缘呈钝钩状。低龄幼虫淡黄色，中龄后全体被白粉，老熟幼虫体粗大，头部、前胸、中胸对称蓝绿色棘状突起。气门筛淡黄色，围气门片黑色。胸足黄色，腹足青绿色。

幼虫

幼虫

幼虫

幼虫

成虫

604 樟蚕 *Eriogyna pyretorum* (Westwood, 1847)

别　称　枫蚕。
分　布　江西、浙江、湖南、湖北、四川、广东、广西、福建、河北、东北等。
寄　主　枇杷、柑橘、栗等。
形　态　雌蛾体长 32～35 mm，翅展 100～115 mm，雄蛾略小。体翅灰褐色，前翅基部暗褐色，近前缘中部有 1 个眼斑，眼斑外层为蓝黑色。后翅与前翅略同。初孵幼虫黑色，成长幼虫头黄色，胴部青黄色，被白毛。各节亚背线、气门上线及气门下线处，生有瘤状突起，瘤上具黄白色及黄褐色刺毛。

天蚕蛾科 Saturniidae

幼虫

成虫

605 茶蚕 *Andraca bipunctata* Walker, 1865

别　称　茶狗子、茶叶家蚕。

分　布　江苏、安徽、浙江、湖北、湖南、江西、福建、台湾、广东、广西、四川、贵州、云南、海南。

寄　主　茶、油茶等。

形　态　雌成虫体长 15～20 mm，翅展 40～60 mm，棕黄色至暗棕色，略具绒状光泽，头顶白色。雄成虫体长 12～15 mm，翅展 26～34 mm，体色较深。幼虫体长约 55 mm，肥大柔软，略呈纺锤形。头黑色，体赤褐色，有 11 条黄白色纵线，各节气门前有 1 个黑色圆斑，气门后有 1 个橘红色斑。

为害状

幼虫

成虫

606 野蚕 *Bombyx mandarina* (Moore, 1872)

别　称　野蚕蛾、桑狗、桑野蚕。

分　布　黑龙江、吉林、辽宁、内蒙古、甘肃、陕西、山西、河北、北京、河南、山东、江苏、安徽、浙江、江西、湖北、湖南、台湾、西藏、云南、广西、广东。

寄　主　桑。

形　态　雌成虫体长 16 mm 左右，翅展 40 mm 左右；体、翅灰褐色；前翅外缘顶角下方有一弧形凹陷。雄成虫体长 12 mm 左右，翅展 31 mm 左右，体、翅黄褐色，尾上举。初孵幼虫体灰黑色，3 龄体黄褐色或灰褐色，4 龄体灰黄色，5 龄体黄褐色或灰色。

成虫

卵块

低龄幼虫

幼虫侧面

幼虫背面

607 白线野蚕蛾 *Theophila religiosa* Helfer, 1837

别　称　直线野蚕蛾。
分　布　湖北、四川、云南。
寄　主　桑。
形　态　成虫翅展 47～49 mm。体翅灰褐色，触角双栉形，棕褐色；前翅前缘中部向下方凹陷，内线及外线成灰白色弧形，顶角顶端有黑色斑，下方至外缘中部向内凹陷；后翅中部靠外缘有 1 条圆弧形白线。

成虫腹面

成虫背面

608　一点钩翅蚕蛾　　*Mustilia hepatica* Moore, 1879

分　布　浙江、江西、福建、海南、广东、广西、云南、西藏。
寄　主　桑。
形　态　成虫体长 18～21 mm。触角基半部双栉形，黄色，端半部为单栉形；前翅淡黄色，顶角向外伸出呈钩状，外线从顶角至内缘中部为 1 条直线，近臀角处有 2 个白色的圆斑，前缘距基部 1/3 处有 1 个棕色斑。

成虫

609　日本双带钩蛾　　*Nordstromia japonica* Moore, 1877

别　称　日本线钩蛾。
分　布　陕西、四川、河南、安徽、浙江、上海、湖北、湖南、福建、海南。
寄　主　栗。
形　态　成虫翅展 26～32 mm，体灰褐色。前翅前缘黄褐色，从前缘到后缘有 2 条紫褐色斜带，缘毛深褐。后翅条纹与前翅相同。

成虫

蚕蛾科 Bombycidae

钩蛾科 Drepanidae

钩蛾科 Drepanidae

610 三线钩蛾 *Pseudalbara parvula* Leech, 1890

别　称　眼斑钩蛾。
分　布　黑龙江、河北、北京、陕西、湖北、浙江、江西、湖南、广西、四川、重庆。
寄　主　核桃。
形　态　成虫翅展 20～25 mm。前翅灰褐色，有 3 条深褐色斜纹，中间 1 条较显著。中室端有 2 个灰白色小点，顶角向外突出，端部有 1 个眼状斑。

成虫

611 白星黄钩蛾 *Tridrepana crocea* (Leech, 1889)

别　称　仲黑缘黄钩。
分　布　辽宁、河南、安徽、浙江、江西、四川、台湾。
寄　主　栗。
形　态　成虫翅展 30～35 mm，体黄色。翅黄色，前翅中室有 1 个白点，白点上方有 3 个褐色点，亚外缘线上有棕黑色斑，顶角中间部位有云斑状褐色区；后翅色稍淡，中室有 2 个并列的白点。

成虫

612 银星黄钩蛾 *Tridrepana arikana* Matsumura, 1921

别　称　俄黄钩蛾。

分　布　江西、台湾、广东、广西、云南、海南。

寄　主　荔枝、龙眼。

形　态　成虫翅展 25～29 mm，体翅鲜黄色。触角双栉状，栉齿自基部向端部逐渐变短。前翅中室有 1 个黄褐色斑，边缘不明显，斑内位于翅室顶点有 1 个白点；中室近前缘处有 2 个深褐色斑点；后翅亚基线、外线和亚缘线均由 1 列黄褐色点组成，中室端有 1 个银白斑，周围黄褐色。老熟幼虫棕褐色，头顶分叉，顶端尖；胸部第 2 节和第 3 节、腹部第 4 节和第 8 节，以及臀板背部，各具有 1 对弯曲钩状凸起。

成虫

低龄幼虫

高龄幼虫

钩蛾科 Drepanidae

613　波纹蛾　*Thyatira batis* (Linnaeus, 1758)

分　布　甘肃、黑龙江、辽宁、吉林、河北、江苏、安徽、浙江、江西、湖南、四川、云南、广西、广东、西藏等。

寄　主　草莓。

形　态　成虫翅展 32～45 mm。体翅灰褐色，腹面黄白色。颈板和肩板有淡红纹，足黄白色；腹背有 1 列暗褐色毛丛。前翅暗棕色，其上有 6 个带白边的桃红斑，斑上有棕色鳞片，基部斑最大。后翅褐色，外缘暗，缘毛色淡。

成虫背面

成虫侧面

幼虫

幼虫

614 春尺蛾 *Apocheima cinerarius* (Erschoff, 1874)

别　称　春尺蠖、沙枣尺蠖、杨尺蠖、梨尺蠖。

分　布　黑龙江、吉林、辽宁、内蒙古、河北、陕西、山东、江苏、安徽、河南、山西、甘肃、宁夏、青海、新疆。

寄　主　桑、苹果、梨、核桃、沙枣、杏、杨、柳、榆、槐、胡杨等。

形　态　雌成虫体长 9～19 mm，体灰褐色，触角丝状，无翅，腹部各节背面具棕黑色横行刺列。雄成虫体长 10～15 mm，翅展 28～39 mm，触角羽状；前翅灰褐色，内线、中线和外线黑褐色，中线有时不明显；后翅黄白色。

尺蛾科 Geometridae

雄成虫

雌成虫

幼虫

615 大造桥虫 *Ascotis selenaria* (Denis et Schiffermüller, 1775)

分　布　我国各省份均有发生。

寄　主　棉花、大豆、茄、辣椒、白菜、莴笋、蕹菜、柑橘、梨等。

形　态　成虫体长 15～20 mm，体色变异很大，有黄白色、淡黄色、淡褐色、浅灰褐色，一般为浅灰褐色，散布有黑褐色及淡黄色鳞片。老熟幼虫体长 38～49 mm，黄绿色，圆筒形，表皮光滑。头黄褐色至褐绿色。背线宽，淡青色至青绿色，由前胸直达尾端。

成虫

幼虫

幼虫

616 油桐尺蛾　*Biston suppressaria* (Guenée, 1857)

- **分　布**　江苏、安徽、河南、陕西、湖北、湖南、江西、浙江、福建、台湾、广东、广西、四川、贵州、云南。
- **寄　主**　油茶、茶、梨、柑橘、花椒等。
- **形　态**　雌蛾翅展 67~76 mm；体翅均灰白色，密布黑色小点。触角丝状。前翅基线、中横线和亚外缘线为黄褐色波纹。雄体较雌体小，触角双栉齿状，前后翅基线和亚外缘线灰黑色。

成虫

617 茶担尺蛾　*Heterarmia diorthogonia* (Wehrli, 1925)

- **别　称**　茶担冥尺蛾。
- **分　布**　湖南、贵州、四川、云南、广东、台湾。
- **寄　主**　茶。
- **形　态**　成虫翅展约 34 mm。体浅灰黄色；当翅膀展开后，前、后翅及腹部有 1 条暗褐色粗纹连接成 1 条横带，直而平，两端各有 1 条竖带直达前翅前缘。

成虫

618 木橑尺蛾 *Biston panterinaria* (Bremer & Grey, 1853)

分　布　山西、河北、河南、山东、江苏、安徽、浙江、江西、福建、台湾、四川。

寄　主　核桃、茶、苹果、梨、柿、大豆、棉花等。

形　态　成虫体长 20～30 mm，翅展 58～80 mm。体白色，头棕黄色，复眼暗褐色；雌蛾触角丝状，雄蛾羽状。胸背有棕黄色鳞毛，中央有 1 个浅灰色斑纹。翅底白色，上有灰色、褐色和橙色斑点，在前翅和后翅的的外线上各有 1 串橙色和深褐色圆斑，前翅基部有 1 个大圆橙斑，后翅基部的圆橙斑较小。

成虫

成虫

619　刺槐外斑尺蛾　*Ectropis excellens* (Butler, 1884)

别　　称　耸埃尺蛾、大鸢尺蠖。
分　　布　黑龙江、辽宁、吉林、北京、河南。
寄　　主　苹果、梨、棉花、花生、绿豆、苜蓿等。
形　　态　成虫体长 12～17 mm，翅展 33～43 mm，体灰褐色。前翅内横线褐色弧形，外横线和亚外缘线波浪形；中室外侧有 1 个明显的黑褐色斑；前缘有 1 列小黑点。

成虫

620　烤焦尺蛾　*Zythos avellanea* Prout, 1932

分　　布　浙江、江西、湖南、广东、广西、云南、海南。
寄　　主　荔枝。
形　　态　成虫翅展 36～42 mm。翅面焦褐色，密布浅色碎纹；前翅前缘有 1 条灰黄色宽带，在翅基部扩展至后缘；翅中部为 1 条浅色纵带。后翅基半部色较浅，外线锯齿状。

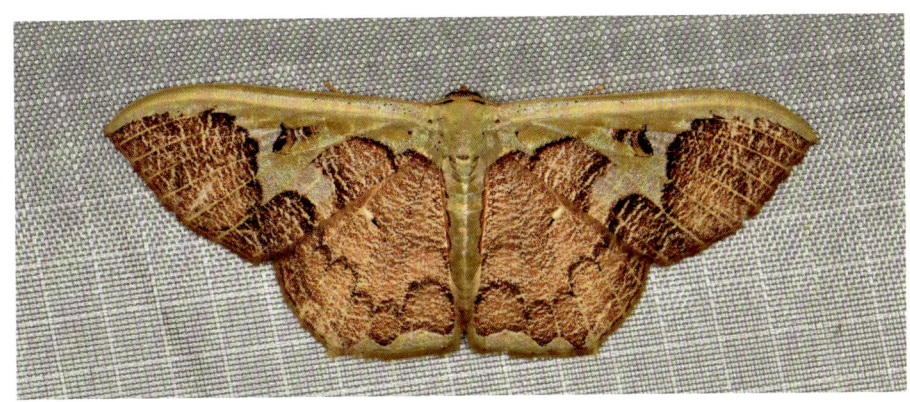

成虫

621 茶尺蠖 *Ectropis obliqua* (Prout, 1915)

分 布 江苏、安徽、浙江、江西、湖北、湖南、四川、福建、广东、广西。

寄 主 茶、油茶、大豆、豇豆、芝麻、向日葵等。

形 态 成虫体长9～12 mm，翅展20～30 mm。全体灰白色，翅面疏被茶褐或黑褐色鳞片。初孵幼虫黑色；5龄幼虫体长26～30 mm，灰褐色，腹部第2—4节背面的黑色菱形斑纹及第8节背面的倒"八"字形黑纹明显。

幼虫侧面

幼虫背面

622 茶银尺蠖 *Scopula subpunctaria* (Herrich-Schäffer, 1847)

别　称　白尺蠖、青尺蠖。

分　布　江苏、浙江、安徽、湖南、贵州、四川。

寄　主　茶。

形　态　雌蛾翅展 31~36 mm，体白色。前翅有 4 条淡棕色波状横纹，近翅中央有 1 个棕褐色点，翅尖有 2 个小黑点；后翅有 3 条波状横纹。雌蛾触角丝状，雄蛾双栉齿状。初孵幼虫淡黄绿色，2~3 龄幼虫深绿色，4 龄幼虫青色，气门线银白色；5 龄幼虫腹足和尾足淡紫色，体长 22~27 mm。

成虫

幼虫背面

幼虫侧面

623 茶用克尺蛾 *Jankowskia athleta* Oberthür, 1884

别　称　云纹尺蛾。

分　布　安徽、江苏、浙江、江西、湖南、贵州、广东、海南、台湾。

寄　主　茶、柑橘等。

形　态　成虫翅展 39～59 mm，体翅灰褐色至赭褐色。前翅有 5 条暗褐至黑色横线，中室上方有 1 个深色斑。老熟幼虫体长 30～53 mm，茶褐色至咖啡色，体表满布黄白色或黑色间断的波状纵纹，第 8 腹节背面有明显的突起。

雌成虫

雄成虫

幼虫背面

624　桑尺蛾　*Phthonandria atrilineata* (Butler, 1881)

别　称　桑造桥虫。

分　布　吉林、辽宁、河北、山东、山西、陕西、甘肃、宁夏、江苏、河南、湖北、湖南、安徽、浙江、江西、福建、台湾、广东、广西、海南、四川、云南、西藏。

寄　主　桑。

形　态　雄蛾体长 16 mm，雌蛾体长 10 mm。体、翅灰褐色，触角暗褐色。前翅灰色，外缘呈不规则齿状。后翅近三角形，外缘波状，缘毛灰黑色。末龄幼虫体长 52 mm，体圆筒形，从头至尾逐渐粗大。头扁平，灰褐色。

幼虫

幼虫

625 桑褶翅尺蛾 *Zamacra excavata* (Dyar, 1905)

分 布 辽宁、河北、天津、北京、陕西、宁夏、河南、山东、江苏、安徽、湖南、四川、新疆。

寄 主 苹果、梨、核桃、山楂、桑等。

形 态 成虫体长 11.5～12.5 mm，展翅 46～48 mm，体灰褐色。触角丝状。翅面有赤色和白色斑纹，后基部及端部灰褐色，近翅基部为灰白色。后足胫节有距 2 对，尾部有 2 簇毛。初孵幼虫黑色，后体色有黑褐色、绿色、浅灰色、绛色、红褐色。

成虫

幼虫侧面

幼虫背面

626 枣尺蠖 *Sucra jujuba* Chu, 1979

别　称　枣步曲。

分　布　河北、天津、河南、山西、江苏、浙江、四川、广西、云南。

寄　主　枣、苹果、沙果、梨、桃等。

形　态　雌蛾体长14～16 mm，灰褐色，体形较大，头小，翅退化，腹部肥胖。雄蛾体长13～15 mm，翅展30～34 mm，翅灰褐色，头小。幼虫共5龄，初孵时体黑色，2—5龄幼虫体由深青灰色渐变为浅青灰色，老熟幼虫长约40 mm，头部灰黄色，密生黑色斑点，气门呈一黑色圆点，周围黄色。

尺蛾科 Geometridae

幼虫

幼虫

627 大钩翅尺蛾 *Hyposidra talaca* (Walker, 1860)

别 称 突角黯钩尺蛾、柑橘尺蛾。

分 布 江西、福建、广东、广西、海南、台湾。

寄 主 柑橘、桑、茶、荔枝、龙眼等。

形 态 成虫翅展 28～56 mm。头部黄褐色至灰黄褐色，雄成虫触角羽状，雌成虫触角线状。体和翅黄褐色至灰紫黑色。前翅顶角外凸呈钩状，内线纤细，中线至外线为一深色宽带。老熟幼虫体长 27～46 mm，头部与前胸及腹部 1—6 节之间各有 1 条白色斑点带。

成虫

幼虫侧面

幼虫背面

628　拟柿星尺蛾　*Antipercnia albinigrata* (Warren, 1896)

别　称　胡麻斑尺蛾、麻斑白枝尺蛾。
分　布　甘肃、山东、河南、安徽、江西、湖南、西藏、四川、贵州、云南。
寄　主　核桃、柿。
形　态　雄蛾前翅长 24~27 mm，雌蛾前翅长 25~29 mm。触角线形，具致密短纤毛。下唇须、额和头顶前半部黑色，额下缘白色，头顶后半部和胸腹部背面灰白色排列黑斑。翅白色至灰白色，前翅前缘浅灰色，斑点黑色。

成虫

成虫

鳞翅目

629 雪尾尺蛾　*Ourapteryx nivea* Bulter, 1884

分　布　浙江、江西、湖南。

寄　主　茶等。

形　态　雌蛾前翅长 25～37 mm；头橙褐色，体翅白色；后翅外缘近中部突出成尾状，内侧具 2 个斑点，大斑橙红色具黑圈，小斑黑色；雄蛾大斑的红点小，前翅长 23 mm。

成虫

630 星缘锈腰尺蛾　*Hemithea tritonaria* (Walker, 1863)

别　称　锈腰青尺蛾。

分　布　浙江、湖南、福建、台湾、香港、海南。

寄　主　无花果、杧果。

形　态　成虫翅展 25～28 mm。头顶前半部白色，后半部绿色。胸部及腹部背面灰绿色，第 3、第 4 腹节背面红褐色杂黑褐色。翅灰绿色，前翅前缘黄褐色散布黑斑，内线、外线白色，外线在中部外凸；前、后翅在脉端有小白点。

成虫

631 肾纹绿尺蛾 *Comibaena procumbaria* (Pryer, 1877)

别　称　珠链绿尺蛾。

分　布　吉林、辽宁、北京、河北、甘肃、山西、山东、河南、上海、浙江、江西、湖北、湖南、四川、贵州、台湾、福建、海南。

寄　主　茶、油茶、无花果等。

形　态　成虫翅展 20～25 mm，体翅青绿色。前翅后缘外侧有 1 个肾形斑纹，外围褐色，中间白色，翅外缘有波浪状的褐色线；后翅顶角外缘也有一肾形纹，周围褐色，中间白色，有 2 条褐色线。

成虫背面

成虫翅反面

632　三岔绿尺蛾　*Mixochlora vittata* (Moore, 1867)

分　布　江苏、浙江、湖北、湖南、江西、四川、云南、台湾、福建、广西。
寄　主　蓝莓等。
形　态　成虫体长约 11 mm，翅展约 37 mm。翅灰绿色，横带深绿；前翅外带斜直，中带分 3 岔，内带有时不很清楚；后翅外带微向外曲，内带不分岔；胸部被绿毛，腹部灰黄色；翅反面微呈杏黄色。

成虫

633　赤线尺蛾　*Culpinia diffusa* (Walker, 1861)

别　称　红足青尺蛾。
分　布　青海、甘肃、宁夏、陕西、吉林、浙江、江西、四川、台湾、福建。
寄　主　桑。
形　态　前翅长 13.5～15 mm，翅青黄色。前翅前缘赤色，外横线白色，仅下部 1/3 清楚，外缘有 1 条赤色线，边缘弯曲，前、后翅缘毛白色，有赤点。

成虫

634　粗胫翠尺蛾　*Thalassodes immissaria* Walker, 1861

分　布　广东、海南。
寄　主　荔枝、龙眼。
形　态　成虫翅展 30～34 mm，体淡绿色或翠绿色。前后翅布满白色细纹，各有 2 条不明显的白色横线，缘毛淡黄色。前翅外缘、后翅外缘和内缘具黑色刻点，缘毛淡黄色。幼虫体色多变，有灰绿色、青绿色、灰褐色、深褐色等，头顶两侧有角状隆起，后缘呈"八"字形沟纹状。

尺蛾科 Geometridae

成虫

幼虫侧面

幼虫背面

635　芋单线天蛾　*Theretra silhetensis* (Walker, 1856)

分　布　江苏、安徽、浙江、江西、湖北、湖南、福建、贵州、四川、云南、广西、广东、香港、台湾、海南。

寄　主　芋。

形　态　成虫翅展 65～72 mm，体褐色，腹部具 1 条明显的白色背线；前翅灰褐色，正面具一宽一窄的黑色和黄灰色条纹，该条纹外侧具 2 条黑色和 1 条黄灰色线纹；中室端部具 1 枚黑点。低龄幼虫体绿色，高龄幼虫体褐色，老熟幼虫体长 67～73 mm，从中胸至第 8 腹节身体两侧各有 1 对紫灰色眼斑，眼斑中央黄褐色；气门附近有紫褐色斑。

成虫

幼虫

636　鬼脸天蛾　*Acherontia lachesis* (Fabricius, 1798)

别　称　人面天蛾、骷髅天蛾。

分　布　甘肃、陕西、湖南、福建、台湾、广东、广西、海南、云南。

寄　主　茄、辣椒、向日葵等。

形　态　成虫翅长 50～60 mm。胸部背面有骷髅形斑纹，眼斑以上有灰白色大斑；前翅黑色，反面粉黄色；后翅杏黄色，中部、基部及外缘处有较宽的黑色横带 3 条，后角附近有灰蓝色斑 1 块。

成虫背面

幼虫侧面

幼虫侧面

637 芝麻鬼脸天蛾　Acherontia styx Westwood, 1847

分　布　黑龙江。

寄　主　芝麻、枸杞、茄、番茄、烟草、马铃薯等。

形　态　成虫翅展 100～120 mm，头部棕黑色，胸部背面有蟋蟀形纹，前半部棕色带褐色，后半部较暗，有 2 个眼形黑点。老熟幼虫体长 95～115 mm，浅绿色，第 1—8 跗节有黄色斜纹，斜贯 2 个体节，上方镶有蓝晕。

幼虫

幼虫

638 甘薯天蛾 *Agrius convolvuli* (Linnaeus, 1758)

别　称　旋花天蛾、白薯天蛾、甘薯叶天蛾。
分　布　我国各省份均有发生。
寄　主　甘薯、蕹菜、葡萄、扁豆等。
形　态　成虫体长43～52 mm，翅展100～120 mm，体、翅暗灰色。前翅内、中、外横线各为双条黑褐色波状线，后翅有4条黑褐色横带，缘毛白色与暗褐色相杂。初孵幼虫淡黄白色，1—3龄体黄绿色至绿色，4—5龄体色多变。

天蛾科 Sphingidae

成虫

卵

幼虫

幼虫

幼虫

幼虫

蛹

天蛾科 Sphingidae

639 缺角天蛾　*Acosmeryx castanea* Rothschild & Jordan, 1903

别　称　半缘缺角天蛾。

分　布　陕西、河南、安徽、江西、福建、湖南、广西、云南、西藏。

寄　主　葡萄等。

形　态　成虫翅展 75～85 mm。身体紫褐色，有金黄色闪光；触角背面污白色，腹面棕赤色；腹部背面棕黑色；前翅各横线呈波状，前缘略中央至后角有较深色斜带；后翅棕黄色，前缘灰褐色。

成虫

640 葡萄缺角天蛾　*Acosmeryx naga* (Moore, 1858)

别　称　全缘缺角天蛾。

分　布　北京、安徽、山东、河南、浙江、湖南、海南。

寄　主　葡萄、猕猴桃。

形　态　成虫翅展 105～110 mm。体灰褐色，下唇须茶褐色，触角背面褐色有白色鳞毛。肩板边缘有白色鳞毛；腹部各节有棕色横带；前翅各横线棕褐色，亚外缘线达到后角，顶角端部缺，稍内陷；后翅前缘及内缘灰褐色。

成虫

641 赭绒缺角天蛾 *Acosmeryx sericeus* (Walker, 1856)

- **分 布** 陕西、河南、江西、广东、云南。
- **寄 主** 猕猴桃、葡萄。
- **形 态** 成虫翅展约 105 mm。体翅深赭色，前翅各横线赭棕色，各线间有紫粉色斑纹，顶角内侧有深赭色三角形斑，后角有紫粉色短纹。

成虫

642 黄山鹰翅天蛾 *Ambulyx sericeipennis* Butler, 1875

- **分 布** 辽宁、北京、河北、山东、河南、陕西、甘肃、上海、江苏、安徽、浙江、湖北、江西、福建、台湾、广东、海南、广西、四川、重庆、贵州、云南、西藏。
- **寄 主** 核桃等。
- **形 态** 成虫体长 35～38 mm，翅长 43～48 mm。前翅黄褐色，基部有 5 个大小不一的斑点。内线、中线、外线较细，外线内侧黄色带较宽，外缘呈深色宽带，后角内侧有 1 个大斑。

成虫

鳞 翅 目 | 605

643 栎鹰翅天蛾 *Ambulyx liturata* Butler, 1875

分　布　甘肃、陕西、四川、湖南、海南。
寄　主　核桃等。
形　态　成虫翅展 130 mm 左右，体翅灰橙褐色；颜面粉白色，头顶与颈的分界处棕褐色；胸部两侧棕褐色；腹部背面中央有 1 条褐色纵线，各节后缘有褐色横纹，腹部腹面橙黄色；前翅橙灰色，内线部位下方有 1 个绿褐色圆斑，前缘有 4 条褐色暗影。

成虫

644 鹰翅天蛾 *Ambulyx ochracea* Butler, 1885

别　称　裂斑鹰翅天蛾。
分　布　吉林、辽宁、河北、山东、山西、陕西、甘肃、河南、湖北、江苏、安徽、浙江、江西、福建、台湾、广东、广西、海南、四川、贵州、云南、西藏。
寄　主　核桃等。
形　态　成虫体长 48～50 mm，翅展 97～110 mm。体翅橙褐色，胸背黄褐色，两侧浓绿色至褐绿色。前翅暗黄色，中线和外线褐绿色波状，顶角弯曲呈弓状似鹰翅；后翅呈黄色，有较明显的棕褐色中带及外缘带。

成虫

645 葡萄天蛾　*Ampelophaga rubiginosa* Bremer & Grey, 1853

别　称　车天蛾。

分　布　黑龙江、辽宁、吉林、宁夏、河北、山东、山西、陕西、河南、安徽、江苏、浙江、湖北、湖南、江西、四川、广东。

寄　主　葡萄等。

形　态　成虫体长 43 mm 左右，翅展 85 mm，体纺锤形，茶褐色，背面色暗，腹面色淡，近土黄色。老熟幼虫体长 75 mm 左右，绿色，背面色较淡。体表布有横条纹和黄色颗粒状小点。

成虫

幼虫

646 杶果天蛾 *Amplypterus panopus* Cramer, 1779

分布 湖南、江西、福建、香港、广东、云南、海南。

寄主 杶果、桉等。

形态 成虫翅展115～136 mm。头、胸部枯黄色至棕褐色；腹部棕黄色；前翅暗黄色，基部颜色较深，外线棕色较宽，外缘中部有较大的棕色三角形斑块，近后角处有椭圆形棕黑色斑块，斑块上方3条半圆形白色线纹；后翅中央有粉红斑，外缘呈深褐色横带；翅反面深黄色。

成虫

647 平背天蛾 *Cechenena minor* (Butler, 1875)

分布 北京、陕西、河南、安徽、浙江、湖北、江西、湖南、福建、台湾、广东、广西、四川、贵州、云南、海南。

寄主 猕猴桃等。

形态 成虫翅展约80 mm。体青褐色，头及肩板两侧有白色鳞毛，前胸背板中央有1个黑点，腹部背面有灰褐色纵条纹。前翅灰褐色，顶角至后缘有棕色斜线6条，翅基部及中室端各有1个黑点。

成虫

648 榆绿天蛾 *Callambulyx tatarinovii* Bremer & Grey, 1853

分 布 黑龙江、吉林、辽宁、内蒙古、新疆、河北、北京、山西、陕西、甘肃、宁夏、青海、河南、山东、安徽、江苏、上海、浙江、湖北、湖南、江西、福建、台湾、广东、广西、四川、云南、西藏。

寄 主 桑等。

形 态 成虫翅长35～40 mm。翅面绿色，前翅前缘顶角有1块较大的多角形深绿色斑，中线、外线间连成1块深绿色斑。老熟幼虫体长60～70 mm，体深绿色。头近三角形，两侧有黄色边缘；体密布颗粒状突起，第1—8腹节两侧有7条淡绿色斜线。

幼虫侧面

幼虫背面

649 咖啡透翅天蛾　*Cephonodes hylas* (Linnaeus, 1771)

别　称　大透翅天蛾。

分　布　山西、安徽、江西、湖南、湖北、四川、福建、广西、云南、台湾。

寄　主　咖啡、花椒等。

形　态　成虫翅展 40～68 mm。胸部背面黄绿色，腹面白色；腹部前端草青色，中部紫红色，后部杏黄色，尾部毛丛黑色；腹部腹面黑色；触角黑色；翅透明，脉棕黑色；后翅内缘至后角有浓绿色鳞毛。

成虫

幼虫

幼虫

幼虫

幼虫

650 豆天蛾 *Clanis bilineata tsingtauica* Mell, 1922

别　称　大豆天蛾、刺槐天蛾、豆虫、豆蝉。
分　布　除西藏外，我国各省份均有发生。
寄　主　大豆等。
形　态　成虫体长 40～60 mm，翅展 100～120 mm。体和翅黄褐色，前翅狭长，由前缘至后缘有 6 条褐色波状横纹，前缘中部有 1 个半圆形浅白斑，翅顶部有 1 个三角形褐色斑块。幼虫共 5 龄，末龄幼虫长 60～90 mm，黄绿色，体两侧各有 7 条向背后方倾斜的淡黄色斜纹。

成虫

幼虫背面

幼虫侧面

651 红天蛾 Deilephila elpenor Linnaeus, 1758

别　称　红夕天蛾、暗红天蛾、葡萄小天蛾。

分　布　黑龙江、吉林、河北、山西、陕西、山东、安徽、浙江、四川、贵州、云南、台湾、西藏。

寄　主　葡萄、半夏等。

形　态　成虫翅展 25～35 mm。体翅红色为主，有红绿色闪光，头部两侧及背部有2条纵行的红色带，腹部背线红色，两侧黄绿色，外侧红色；前翅基部黑色；后翅红色。老熟幼虫体长 75～80 mm；头和前胸小，体上密布网纹；胸部淡褐色，胸足黄褐色。尾角黑褐色，腹部腹面黑褐色。

成虫

幼虫侧面

幼虫背面

652　枇杷六点天蛾　*Marumba spectabilis spectabilis* (Bulter, 1875)

分　布　海南、广东、福建、湖南、江西、浙江、安徽、河南、甘肃、陕西。
寄　主　枇杷。
形　态　成虫翅展约 110 mm。体翅赭褐色，胸部及腹部的背线赭色。前翅棕黄色，各横线棕黑色，中室有1个浅色小点，顶角下方由端线至外缘形成1个深棕色三角形斑，后角内侧有2个赭黑色斑。后翅后角也有2个赭黑色斑。

成虫

653　椴六点天蛾　*Marumba dyras* Walker, 1856

分　布　辽宁、陕西、甘肃、河北、江苏、浙江、江西、湖南、广东、海南、云南等。
寄　主　枣等。
形　态　成虫体长 33～37 mm，翅展 90～100 mm。体翅灰黄褐色；触角灰黄色；肩板内侧及颈板内缘呈茶褐色线纹。前翅灰黄褐色，各横线深棕色。后翅褐色，前缘稍黄，后角内有棕黑色斑2个。

成虫

654 构月天蛾 *Parum colligata* (Walker, 1856)

分 布 吉林、辽宁、陕西、甘肃、北京、河北、河南、山东、湖南、广东、海南、广西、贵州、四川、台湾。

寄 主 桑等。

形 态 成虫翅展 65~80 mm。体色灰绿色或灰橄榄绿色，前胸背板中央呈"八"字形斑，前翅有 2 个黑色大斑，前缘及外缘端像翻卷的枯叶。1—2 龄幼虫体灰白色具斜状的细横纹，以后颜色变绿色，终龄幼虫体背中央有 1 条红色的纵纹，头面为绿色、白色的"八"字形纵纹。

成虫

幼虫

655 盾天蛾 *Phyllosphingia dissimilis* (Bremer, 1861)

- 分　布　黑龙江、陕西、甘肃、河北、北京、山东、浙江、湖南、海南、台湾。
- 寄　主　核桃、山核桃。
- 形　态　成虫翅展 105~115 mm。体翅棕褐色；胸部背线棕黑色；腹部背线紫黑色；前翅基部色稍暗；后翅有3条深色波浪状横带，外缘紫灰色不整齐。

成虫

656 葡萄昼天蛾 *Sphecodina caudata* (Bremer & Grey, 1853)

- 分　布　山东、北京、河南、浙江、安徽、江西、湖北、重庆、四川、云南、福建、广东。
- 寄　主　葡萄、猕猴桃等。
- 形　态　成虫翅展 62~67 mm；体赭黑色，胸部背面黑色；前翅黑褐色，内线及中线呈较宽的黑色带及斑纹。老熟幼虫体长 39~42 mm；头近三角形，黄绿色；体黄绿色，自腹部第1节背侧有斜向气门前缘的黄色刺状带，在斜带前方气门上线部位有紫褐色斑。

幼虫

657　芋双线天蛾　*Theretra oldenlandiae* (Fabricius, 1775)

分　布　甘肃、北京、河北、河南、山东、安徽、江西、湖南、广东、广西、海南、四川、台湾。

寄　主　芋、山核桃、甘薯等。

形　态　成虫翅展 65～75 mm。体褐绿色，头及胸部两侧有灰白色缘毛；胸部背线灰褐色，两侧有黄白色纵条，腹部有 2 条银白色背线，两侧有棕褐色及淡黄褐色纵条；身体腹面土黄色；前翅灰褐绿色，后翅黑褐色，缘毛白色。幼虫体长 70 mm 左右，体暗褐色，胸背部有 2 行黄白色斑，腹侧面有 1 列黄色圆斑，圆斑内有黄黑两色，也有红黑两色。体末端有尾角，尾角黑色，仅末端白色。

成虫

幼虫侧面

幼虫背面

658 斜纹天蛾 *Theretra clotho clotho* (Drury, 1773)

分　布　浙江、福建、台湾、江西、湖北、湖南、广东、广西、海南、云南、贵州。
寄　主　葡萄等。
形　态　成虫翅展 75～85 mm。体翅灰黄色；胸部背线棕色，尾端有白色毛丛；前翅翅基有黑斑，自顶角至后缘有棕褐色斜纹3条，下面1条明显；后翅棕黑色，前缘及后缘棕黄色。

天蛾科 Sphingidae

成虫

幼虫

鳞翅目

659 雀纹天蛾 *Theretra japonica* (Biosduval, 1869)

分　布　我国各省份均有发生。

寄　主　葡萄等。

形　态　成虫体长 27～38 mm，翅展 68～72 mm。体背棕褐色，触角背面灰色，腹面棕黄色。头、胸两侧有白色鳞片。前翅灰黄色，后缘近基部白色，后翅黑褐色。老熟幼虫体长 75～80 mm，青绿色或褐色。

成虫背面

成虫头面

660 浙江土色天蛾 *Theretra latreillei lucasii* (Walker, 1856)

- **别 称** 土色斜纹天蛾。
- **分 布** 浙江、福建、台湾。
- **寄 主** 葡萄等。
- **形 态** 成虫翅展约 75 mm。体翅灰黄色，头及胸部两侧有灰白色鳞毛；腹部背面有 3 条较明显的棕黑色纹，腹面黄褐色；前翅灰黄色，外缘及后缘直；后翅棕褐色，前缘及后角灰黄色。

成虫

661 青背斜纹天蛾 *Theretra nessus* (Drury, 1773)

- **别 称** 黄腹斜纹天蛾。
- **分 布** 广东、福建、台湾。
- **寄 主** 芋等。
- **形 态** 成虫翅展 105～115 mm，体长 48～53 mm。体褐绿色，头及胸部两侧有灰白色缘毛，胸部背面有橙黄色带；腹部背面中央褐绿色，两侧有橙黄色带，腹面橙黄色，中部有灰色白带。前后翅褐色，基部及前缘暗绿色；后翅黑褐色，外缘至后角有灰黄色带；翅的反面灰橙色。

成虫

662 栎掌舟蛾　　*Phalera assimilis* (Bremer & Grey, 1852)

别　称　肖黄掌舟蛾、栎黄斑天社蛾、黄斑天社蛾。

分　布　黑龙江、吉林、辽宁、河北、陕西、山东、河南、安徽、江苏、浙江、湖北、江西、四川。

寄　主　栗等。

形　态　雄蛾翅展 44～45 mm，雌蛾翅展 48～60 mm。头顶淡黄色，触角丝状。胸背前半部黄褐色，后半部灰白色。前翅灰褐色，前缘顶角处有 1 个略呈肾形的淡黄色大斑。后翅淡褐色。幼虫体长约 55 mm，头黑色，身体暗红色，老熟时黑色。体被较密的灰白色至黄褐色长毛。体上有 8 条橙红色纵线。

幼虫背面

幼虫侧面

663 苹掌舟蛾 *Phalera flavescens* (Bremer & Gery, 1853)

别　称　舟形毛虫、苹果天社蛾、黑纹天社蛾。

分　布　我国各省份均有发生。

寄　主　苹果、梨、桃、杏、李、山楂、樱桃、枇杷、梅等。

形　态　成虫体长 22～25 mm，复眼黑色，前翅淡黄白色，后翅淡黄白色。幼虫共 5 龄，末龄幼虫体长 55 mm 左右，被灰黄长毛。头、前胸盾、臀板均黑色。胴部紫黑色，背线和气门线及胸足黑色。体侧气门线上下生有多个淡黄色的长毛簇。

舟蛾科 Notodontidae

成虫

幼虫

鳞翅目 | 621

664 榆掌舟蛾 *Phalera takasagoensis* Matsumura, 1919

分 布 黑龙江、吉林、辽宁、内蒙古、甘肃、陕西、北京、河北、山东、河南、江苏、安徽、浙江、湖北、江西、湖南、福建、云南、台湾等。

寄 主 樱桃、栗、桃、李等。

形 态 成虫翅展48～58 mm，体黄褐色，头顶淡黄色。前翅灰褐色，具银色光泽，顶角有1个淡黄色斑，近臀角处有1个暗褐色斑。老熟幼虫体长约50 mm，头部黑色，背部纵贯数条黄白色纵纹，每节有1条深橘红色横纹。

幼虫背面

幼虫侧面

665 杨扇舟蛾　*Clostera anachoreta* (Denis & schiffermüller, 1775)

别　称　杨树天社蛾。

分　布　除西藏外，我国各省份均有分布。

寄　主　油茶等。

形　态　成虫体长 13～20 mm，翅展 28～42 mm。虫体灰褐色。头顶有 1 个椭圆形黑斑。臀毛簇末端暗褐色。前翅灰褐色，扇形，有灰白色横带 4 条。后翅灰白色，中间有 1 条横线。老熟幼虫体长 35～40 mm，头黑褐色。全身密披灰黄色长毛，身体灰赭褐色，背面带淡黄绿色，每个体节两侧各有 4 个赭色小毛瘤。

舟蛾科 Notodontidae

成虫背面

成虫侧面

幼虫

666 核桃美舟蛾 *Uropyia meticulodina* (Oberthur, 1884)

别　称　核桃舟蛾、双色美舟蛾。

分　布　黑龙江、吉林、辽宁、河北、山东、山西、陕西、甘肃、河南、湖北、安徽、浙江、江西、湖南、福建、台湾、广西、四川、云南。

寄　主　核桃等。

形　态　成虫体长 18～23 mm，雄虫翅展 44～53 mm，雌虫翅展 53～63 mm。头部赭色；颈板和腹部灰褐黄色；胸部背面暗棕色。前翅暗棕色，前、后缘各有 1 块黄褐色大斑。后翅淡黄色，后缘较暗。

幼虫

幼虫

667 梨威舟蛾 *Wilemanus bidentatus* (Wileman, 1911)

别 称 亚梨威舟蛾。

分 布 黑龙江、辽宁、北京、河北、山西、陕西、河南、山东、江苏、安徽、浙江、湖北、湖南、江西、福建、广东、广西、重庆、四川、贵州、云南。

寄 主 梨、栗、苹果。

形 态 成虫翅展33~40 mm。头和胸背灰白色带褐色，颈板和翅基片后缘有黑边；前翅灰白色带褐色，有2个暗褐色斑。老熟幼虫体长20~25 mm，体绿色，胸背中央有1条紫色纹，与腹部背面紫色纹相接，在亚背区每节两侧各有1个紫褐斑。

幼虫背面

幼虫侧面

668 龙眼蚁舟蛾 *Stauropus alternus* Walker, 1855

分　布　浙江、江西、福建、广东、广西、台湾、海南。

寄　主　龙眼、杧果、咖啡等。

形　态　成虫翅展 42～62 mm，腹背灰褐色，末端 4 节近灰白色。雄蛾前翅前缘区和后缘区暗褐色，其余灰白色，雌蛾灰红褐色。幼虫体红褐色至黑褐色，状如蚂蚁，中足细长，腹背第 1—5 节各具 1 对瘤突，臀足特化呈枝状。

成虫

幼虫

669 梭舟蛾　　Netria viridescens Walker, 1855

- 分　布　浙江、贵州、四川、云南、海南。
- 寄　主　油茶、人心果、杧果。
- 形　态　雄蛾翅展约 70 mm，体灰褐色。头、胸背及前、中足、腹部末端有绿色鳞片。前翅灰褐色带绿色，所有横线黑色，亚基线双线呈齿形，中室下缘向外斜伸与内线接近，内线双线不规则锯齿形，端线细黑褐色波浪形。

舟蛾科 Notodontidae

成虫

670 方斑拟灯蛾　　Asota plaginota (Butler, 1875)

- 分　布　江西、贵州、云南、广东、海南。
- 寄　主　杧果。
- 形　态　成虫翅展 56～70 mm。头、胸及腹部橙黄色，翅基片与后胸具黑点，前翅灰褐色，基部橙黄色，上有 5 个黑点，中室下角有 1 个白点，翅脉白色；后翅橙黄色，中室端具黑斑，外线有 2 个黑斑。

拟灯蛾科 Hypsidae

成虫

鳞翅目

671 一点拟灯蛾 *Asota caricae* (Fabricius, 1775)

分　布　湖南、四川、云南、福建、广西、广东、海南、台湾。

寄　主　油茶、龙眼、无花果等。

形　态　成虫翅展 24.5～31 mm，体橙黄色。触角黑褐色，前翅灰褐色、基部橙黄色，翅基片与后胸具黑点，中室下角有 1 个白点，翅脉白色。后翅橙黄色。足灰黄白色，腿节和胫节端黑色。

成虫

672 长斑拟灯蛾 *Asota plana* Walker, 1854

分　布　广东、云南、台湾。

寄　主　柠果。

形　态　成虫翅展 64～70 mm。头、胸、腹部赭黄色。翅基片、中胸、后胸具黑点。前翅褐色，基部具黄斑，中部有 1 个大的白色长斑，中室上角外有 1 个方形小白斑。

成虫

673 优雪苔蛾 *Cyana hamata* (Walker, 1854)

- **分 布** 河南、湖北、江西、重庆、广西、海南。
- **寄 主** 玉米、棉花、豆类、柑橘。
- **形 态** 成虫翅展26～40 mm，白色，触角褐色，颈板、胸及翅基片的带和后胸斑点红色，前足胫节和跗节具褐带，胸背端部染红色；雄蛾前翅亚基线红带向前缘扩宽。

成虫

674 煤色滴苔蛾 *Agrisius fuliginosus* Moore, 1872

- **分 布** 河南、湖北、浙江、江苏、江西、四川、贵州。
- **寄 主** 柑橘。
- **形 态** 成虫翅展43～45 mm，白色染淡褐色，触角除基部外黑色，前翅前缘基部黑边；后翅浅褐色，翅脉色深。

成虫

675 巨网灯蛾　*Macrobrochis gigas* Walker, 1854

别　称　巨网苔蛾。
分　布　云南、广西。
寄　主　杧果。
形　态　成虫翅展 70～84 mm。头、颈板、翅基片内半橙色，胸及翅基片外半黑色带绿色闪光。前翅黑色，带绿色闪光，基部有 1 个小白点，其外方具 1 个椭圆形大白斑，后缘上方有 1 条白带，中室端具 1 个白色方斑，其下方具 1 个白窄斑，外线白斑 3 个，亚端线白斑 4 个。

成虫

幼虫

676 八点灰灯蛾 *Creatonotos transiens* (Walker, 1855)

分 布 北京、河北、山东、山西、陕西、河南、江苏、安徽、湖北、湖南、江西、浙江、福建、广东、广西、海南、四川、云南、西藏。

寄 主 油菜、白菜、甘蓝、玉米、大豆、桑、茶、柑橘等。

形 态 雌蛾体长 20～23 mm，翅展 50～60 mm；雄蛾稍小。头、胸白色，稍带褐色。触角与复眼黑色。前翅灰白色，后翅灰色。腹背橘黄色，背中纵列 6 个黑点。腹面白色，有黑点 2 列。初孵幼虫体灰黄色，2—4 龄幼虫胴部呈黄色、黑色相间，6 龄幼虫黑色，体长 45 mm，头及胸盾板黑色，密生黑色毛簇。

灯蛾科 Arctiidae

成虫侧面

成虫背面

鳞 翅 目 | 631

677 黑条灰灯蛾 *Creatonotos gangis* (Linnaeus, 1763)

分　布　辽宁、河南、江苏、浙江、安徽、江西、福建、台湾、湖南、湖北、广东、广西、海南、四川、云南、西藏。

寄　主　桑、茶、甘蔗、柑橘、大豆、咖啡。

形　态　成虫翅展 36～46 mm。头、胸淡红灰色，颈板及胸部具有黑色纵带；胸部背面红色，背面与侧面具有黑点列，腹面黑色；前翅中室下方有 1 个黑色长条斑，中室下角处有 1 个黑色小楔形斑；后翅灰黑色。雌蛾后翅色较淡，为赭白色。

成虫背面

成虫背面

成虫侧面

678 人纹污灯蛾 *Spilarctia subcarnea* (Walker, 1855)

别 称 红腹白灯蛾、红腹灯蛾、人字纹灯蛾。

分 布 除青海、新疆外，我国各省份均有分布。

寄 主 大豆、芝麻、马铃薯、芋、白菜、甘蓝、萝卜、花椰菜、桑、枣、酸枣、苹果、海棠等多种农作物、蔬菜和果树。

形 态 成虫翅展 40～54 mm，头黄白色，触角锯齿形，黑褐色。前翅外缘至后缘有一斜列黑点，两翅合拢时呈"人"字形，后翅略染红色。不同龄期幼虫形态变化较大，体毛密布，除尾部体毛为黑褐色外，其余多为黄白色，背线和亚背线为断续黄白色线。

成虫

幼虫

679 尘污灯蛾　　*Spilarctia obliqua* Walker, 1855

别　称　尘白灯蛾、人纹灯蛾。

分　布　江苏、安徽、江西、浙江、福建、湖北、云南、四川。

寄　主　桑、棉花、花生、芝麻、萝卜等。

形　态　雄蛾翅展 40～58 mm，雌蛾翅展 50～66 mm。淡黄色至褐黄色，额两侧通常黑色，触角黑色，胸背面有时具 1 条黑带，足大多黑色，前足基节及腿节上方红色，腹部背面除基部及端部外红色，背面、侧面及亚侧面各有 1 列黑点；前翅翅基半部常染红色。

成虫

卵

幼虫

幼虫

幼虫

680 星白雪灯蛾 *Spilosoma menthastri* (Denis & Schiffermüller, 1775)

别　称　红腹灯蛾、黄腹灯蛾、星白灯蛾。
分　布　河南、江苏、安徽、浙江、上海、福建、贵州、云南。
寄　主　甜菜、桑、薄荷、玉米、豆类、十字花科类、茄科、棉花等。
形　态　成虫体长约 15 mm，翅展 33～46 mm。体白色，触角暗褐色。胸足具黑纹，腿节上方黄色或红色。前翅散生黑点。幼虫土黄色至深褐色，头黑色，背面有灰色或灰褐色纵带，密生棕黄色至黑褐色长毛，气门白色，腹足土黄色。

灯蛾科 Arctiidae

成虫

幼虫

鳞　翅　目　635

681 稀点雪灯蛾 *Spilosoma urticae* (Esper, 1789)

分　布　我国各省份均有发生。

寄　主　玉米、小麦、粟、桑、薄荷等。

形　态　成虫体白色。雌蛾体长14～18 mm，翅展39～44 mm，雄蛾略小。触角端部黑色。前翅、后翅、腹面白色，腹背黄色，腹背中央有黑点纹7个。幼虫黄褐色，4龄后变为暗褐色，末龄幼虫体长21.5～25.8 mm，全身披有暗灰色长毛，头部黑色。

成虫背面

成虫侧面

幼虫

682　黄星雪灯蛾　*Spilosoma lubricipedum* (Linnaeus, 1758)

分　布　黑龙江、吉林、辽宁、内蒙古、甘肃、河北、陕西、河南、江苏、安徽、浙江、湖北、江西、福建、四川、贵州、云南。

寄　主　甜菜、桑、梨、樱桃、苹果等。

形　态　成虫翅展 33～46 mm，体白色，触角暗褐色，足具黑纹，腿节上方黄色，腹部背面除基节和端节外黄色，背面、侧面及亚侧面各有 1 列黑点；前翅黑点或多或少。

成虫背面

成虫侧面

683　黄领麻纹灯蛾　*Spilosoma imparilis* Butler, 1877

分　布　江西、湖南、云南、贵州等。

寄　主　茄、菊芋、薄荷、草莓、蓝莓等。

形　态　雌蛾翅展 53 mm，触角黑色，翅黄白色，前翅前缘具 5 个黑色斑，后翅近外缘处有 3 个暗色斑。雄虫较小，翅暗黑色，腹部背面、前胸橙黄色。末龄幼虫体长 40～45 mm，头红褐色，有光泽，背中线上黄色白带明显，各体节有褐色毛瘤。胸足黑色，腹足红色。

幼虫

幼虫

684 红缘灯蛾 *Aloa lactinea* (Cramer, 1777)

别　称　红袖灯蛾、红边灯蛾。
分　布　除新疆、青海外，我国各省份均有发生。
寄　主　玉米、粟、高粱、马铃薯、甘薯、棉花、大豆等。
形　态　雌蛾体长20～31 mm，翅展56～71 mm。头红色，领片后缘深红色，两翅基片中前方各有1个黑点。前后翅粉白色，前翅前缘鲜红色呈1条红边。老熟幼虫体长45～55 mm，头黄褐色，胴部深赭色或黑色，全身密披红褐色或黑色长毛，每节有12个毛瘤，胸足黑色，腹足红色。

成虫

幼虫侧面

幼虫背面

灯蛾科 Arctiidae

685 美国白蛾 *Hyphantria cunea* (Drury, 1773)

别　称　秋幕毛虫。

分　布　黑龙江、吉林、辽宁、内蒙古、北京、河北、天津、山西、陕西、山东、河南、江苏、安徽、湖北。

寄　主　苹果、桃、李、海棠、山楂、梨、杏、樱桃、葡萄等。

形　态　雄蛾体长 8 mm，翅展 32～36 mm，雌蛾略大。体、翅为白色。复眼圆大，黑色。前翅白色，散布淡黑色斑点；前足基节及腿节端部橘黄，胫节及跗节大部分为黑色。老熟幼虫体长 28～35 mm，背线、气门上线、气门下线均为浅黄色；背部毛瘤黑色，体侧毛瘤多为橙黄色；气门白色，椭圆形，镶黑边。

为害状

低龄幼虫

幼虫背面

幼虫侧面

成虫交尾

686 大丽灯蛾 *Aglaomorpha histrio* (Walker, 1855)

分 布 江苏、河南、安徽、浙江、湖北、湖南、江西、福建、台湾、四川、云南、广西、广东。

寄 主 桑、油茶等。

形 态 雄蛾翅展 66~90 mm，雌蛾翅展 75~100 mm。头、胸、腹橙色，额黑色，翅基片黑色，胸部具黑色纵斑，腹部背面具黑带；前翅黑色、有闪光，中室末端有 1 个橙色斑点，翅面散布许多白斑；后翅橙色，中室中部下方至后缘有 1 条黑带，中室端部至外缘 3 列黑斑，翅顶黑色。

成虫

成虫

687 首丽灯蛾 *Callimorpha principalis* (Kollar, 1844)

分　布　黑龙江、福建、湖南、湖北、浙江、江西、陕西、四川、贵州、云南、西藏。
寄　主　苹果。
形　态　成虫翅展 60～94 mm；头顶红色具黑斑，触角黑色；翅基片墨绿色有闪光、两侧具黄毛，胸橙黄色、有墨绿色带，足黑色、具红色和黄色斑纹，腹部背面红色，腹面橙黄色；前翅墨绿色有闪光，散布许多白色或橙色斑块。

成虫

成虫

688 粉蝶灯蛾 *Nyctemera plagifera* Walker, 1854

分　布　内蒙古、河北、北京、河南、山东、安徽、江苏、浙江、福建、台湾、江西、湖北、湖南、广东、广西、海南、四川、云南、西藏。

寄　主　柑橘、无花果等。

形　态　成虫翅展 44～56 mm。头黄色，头顶及额中央具黑斑，颈板黄色，胸与翅基片黄白色，翅基片有 2 个黑斑，足白色具黑褐纹条，腹部白色、末端 2—3 节黄色；前翅白色，内半部前缘具黑褐边，外半翅脉黑褐色；后翅白色，中室下角处有 1 个黑褐色斑。

成虫

幼虫背面

幼虫侧面

689 枇杷瘤蛾 *Melanographia flexilineata* Hampson, 1898

别　称　枇杷黄毛虫。

分　布　山东、安徽、河南、甘肃、湖北、湖南、江西、江苏、浙江、福建、台湾、海南、广东、广西、云南、贵州、四川、西藏。

寄　主　枇杷。

形　态　成虫体长9～10 mm，展翅宽23 mm左右，雄虫略小；体灰白色，有银光。前翅有2个弯曲的黑斑，缘毛黑色，前胸两侧密布灰白色鲜毛。老熟幼虫体长22～23 mm，头体背黄色，腹面草绿色。中、后胸及腹部各节背面每节生有3对毛瘤。

成虫

幼虫背面

幼虫侧面

690 臭椿皮蛾　　*Eligma narcissus* (Cramer, 1775)

别　称　旋皮夜蛾。

分　布　河北、山西、湖北、湖南、浙江、福建、四川、云南。

寄　主　香椿、臭椿、桃、李等。

形　态　成虫体长 26～28 mm，翅展 67～80 mm，头及胸部为褐色，腹面橙黄色。前翅狭长，翅的中部近前方自基部至翅顶有 1 条白色纵带，把翅分为 2 部分，前半部灰黑色，后半部黑褐色，足黄色。

成虫

幼虫背面

幼虫侧面

瘤蛾科 Nolidae

691 胡桃豹夜蛾　*Sinna extrema* (Walker, 1854)

分　布　黑龙江、甘肃、陕西、河南、江苏、浙江、湖北、湖南、江西、福建、四川、海南。

寄　主　核桃、山核桃。

形　态　成虫翅展 32～40 mm。头、胸白色，颈板、翅基片及前、后胸均有黄斑；前翅橘黄色，外线内方有许多白斑，顶角有 1 个白色大斑，近似三角形，其边缘有 4 个小黑斑，翅外缘后半部有 3 个黑点；后翅白色带浅褐色；腹部黄白色。

成虫

692 稻穗瘤蛾　*Nola taeniata* Snellen, 1874

分　布　江苏、浙江、福建、江西、湖北、云南。

寄　主　稻、棉花、桑、苜蓿等。

形　态　成虫体长 5.6～6 mm，翅展 13～16 mm，白色，前翅内横线及外横线黑褐色，混有银色鳞片，线内外两侧还有茶褐色线，构成阔带；亚外缘线茶褐色，断续状。

成虫

693 人心果阿夜蛾 *Achaea serva* (Fabricius, 1775)

- 分　布　广西、广东、云南、海南。
- 寄　主　菠萝、荔枝、龙眼。
- 形　态　成虫翅展62～80 mm。头、胸及前翅棕褐色，前翅内线黑棕色波浪形外斜，环纹为1个黑点，肾纹仅前、后端可见1个黑点，中线、外线黑棕色，外线后半波浪形内斜，亚端线隐约可见，端区色较浓。

成虫

694 短栉夜蛾 *Brevipecten consanguis* Leech, 1900

- 别　称　胞短栉夜蛾。
- 分　布　陕西、北京、河北、山东、安徽、江苏、湖北、浙江、江西、湖南、四川、贵州、云南、台湾、福建、广东。
- 寄　主　桑、苹果、梨、桃等。
- 形　态　成虫翅展28 mm。头部棕灰色，胸部背面棕灰色，前、中足胫节及跗节外侧褐黑色；前翅棕色杂有灰白色，基线黑色，翅脉黑棕色；后翅灰褐色；腹部背面褐灰色，腹面灰黄色。

成虫

695 小造桥虫 *Anomis flava* (Fabricius, 1775)

别　称　小造桥夜蛾、棉夜蛾、棉小造桥虫。
分　布　我国各省份均有发生。
寄　主　棉花、黄麻、苘麻、大麻槿等。
形　态　成虫体长10～13 mm，头胸部橘黄色，腹部背面灰黄至黄褐色。雄蛾前翅黄褐色，后翅淡灰黄色，翅基部色较浅。雌蛾触角丝状，前翅淡黄褐色，后翅黄白色。末龄幼虫体长33～37 mm，体黄绿色。背线、亚背线、气门上线灰褐色，中间有不连续的白斑。

成虫

幼虫

696 苎麻夜蛾 *Arcte coerula* (Guenée, 1852)

分 布 陕西、河北、山东、安徽、浙江、江西、福建、湖北、湖南、广东、海南、四川、云南。

寄 主 苎麻、荨麻、蓖麻、亚麻、大豆等。

形 态 成虫翅展 73~98 mm。头、胸黄棕色，前翅赤褐色，顶角有 1 个近三角形褐斑，环纹为一黑点，肾纹有黑边。老熟幼虫体长约 60 mm。黄色型体黄白色，头部及胸足黄色，前胸背板、腹部臀板和腹足橙黄色。气门线黑褐色，上下各有 1 个黑点。黑色型体黑色，头部、前胸背板及腹部臀板褐色，每节背面有 6 条黄色横纹。

成虫

幼虫

幼虫

幼虫

幼虫

697 橘肖毛翅夜蛾 *Artena dotata* (Fabricius, 1794)

别　称　肖毛翅夜蛾、斜线关夜蛾。

分　布　陕西、甘肃、河南、江苏、浙江、湖北、湖南、江西、福建、台湾、广东、四川、贵州、云南。

寄　主　柑橘、葡萄、苹果、梨、桃、李、杏。

形　态　成虫体长 25～27 mm，翅展 57～60 mm。头、胸及前翅棕色，前翅布有黑褐细点，肾纹为 2 个褐圆斑，后翅黑棕色，中部有 1 条蓝白色弯带，缘毛黄白色。

成虫

成虫

698 肖毛翅夜蛾 *Thyas juno* (Dalman, 1823)

别　称　庸肖毛翅夜蛾、毛翅夜蛾。

分　布　陕西、甘肃、黑龙江、辽宁、河北、山东、河南、安徽、浙江、湖北、湖南、福建、江西、海南、四川、贵州、云南。

寄　主　核桃、栗、橘、梨、桃、李、苹果、李等。

形　态　成虫体长30～33 mm；翅展81～85 mm。头部赭褐色；腹部红色，背面大部分暗灰棕色；前翅赭褐色或灰褐色，布满黑点，前、后缘红棕色，肾纹暗褐边；后翅黑色，端区红色，中部有粉蓝色钩形纹。

成虫

成虫

裳蛾科 Erebidae

699　枯安纽夜蛾　*Thyas coronata* (Fabricius, 1775)

分　布　湖北、广东、云南、广西、海南、西藏。

寄　主　柑橘、梨、黄皮、杧果、木瓜、荔枝、番石榴、菠萝等。

形　态　成虫翅展 76～80 mm。头、胸褐色。前翅赭褐色，基线、内线及外线暗褐色，内线直线外斜，环纹为 1 个褐环，肾纹大，灰褐色或黑棕色，有时不明显，亚端线浅褐色内斜，外缘有 1 列黑点。

成虫

700　苹眉夜蛾　*Pangrapta obscurata* Butler, 1879

分　布　陕西、甘肃、黑龙江、河北、山东、湖南。

寄　主　苹果、梨、樱桃等。

形　态　成虫翅展 25 mm。头部与胸部褐色，足跗节外侧褐黑色，各节间有白斑；前翅灰褐色微带紫色，基线黑色；后翅灰褐色，前缘区色浅；腹部褐色。

成虫

701 柿梢鹰夜蛾　*Hypocala deflorata* Fabricius, 1794

别　称　鹰夜蛾。

分　布　河北、山西、陕西、甘肃、安徽、江苏、浙江、江西、湖北、湖南、广东、广西、云南、四川、台湾、西藏。

寄　主　柿、柁果。

形　态　成虫翅展 40～44 mm。头、胸灰褐色，杂有黑色。前翅紫灰色，外侧臀角处白色，端线黑色。后翅黄色，端区有 1 条黑色宽带，臀角有 1 条黄纹。

成虫

成虫

702 毛胫夜蛾 *Mocis undata* (Fabricius, 1775)

分　布　陕西、甘肃、河北、山东、河南、江苏、浙江、江西、福建、台湾、湖南、广东、贵州、云南。

寄　主　大豆、甘薯等。

形　态　成虫翅展50 mm，头、胸、腹及前翅灰褐色，前翅带紫色，基线灰黑色，肾纹大，中有曲纹；后翅暗褐黄色，外线、亚端线黑褐色。幼虫细长，老熟幼虫体长50～57 mm，体色多变。头黄褐色，具点刻构成纵条纹，腹部土黄色，亚背线、气门线为紫褐色细点线，在第1腹节亚背面具1个黄白色眼形斑。

成虫

幼虫侧面

幼虫背面

703　懈毛胫夜蛾　*Remigia annetta* Butler, 1878

分　布　吉林、陕西、甘肃、山东、江苏、浙江、安徽、湖北、湖南、江西、福建、四川。

寄　主　豆科植物。

形　态　成虫体长 18 mm 左右，翅展 42 mm。头、胸及前翅棕色；前翅微带紫色，各横线暗棕色，肾纹窄曲；后翅浅褐黄带灰色，基部色浅；腹部暗褐灰色。

成虫

成虫

704 鸟嘴壶夜蛾 *Oraesia excavata* (Butler, 1878)

别　称　葡萄紫褐夜蛾、葡萄夜蛾。

分　布　黑龙江、吉林、辽宁、河北、山东、山西、陕西、河南、江苏、安徽、湖北、湖南、江西、浙江、福建、台湾、广东、广西、海南、四川、云南、西藏。

寄　主　成虫为吸果类夜蛾，可为害柑橘、桃、葡萄、苹果、梨等。

形　态　成虫体长23～26 mm，翅展49～51 mm。头部及颈板赤橙色，胸部赭褐色，腹部灰黄色，背面带褐色；前翅褐色带紫，后翅黄色。

成虫背面

成虫侧面

705 嘴壶夜蛾 *Oraesia emarginata* (Fabricius, 1794)

别　称　桃黄褐夜蛾、小鸟嘴壶夜蛾、凹缘裳夜蛾。

分　布　我国各省份均有发生。

寄　主　成虫为吸果夜蛾，可为害柑橘、苹果、葡萄、枇杷、杨梅、番茄、梨、桃、杏、柿、栗等。

形　态　成虫体长 17～25 mm，翅展 36～45 mm，头与颈板红褐色，胸腹部褐色，腹部腹面棕红色。雌蛾前翅紫红褐色；雄蛾前翅褐色。幼虫共 6 龄，老熟幼虫体黑色，体背两侧各有 1 条由大小不一的黄色和红色斑点组成的纵纹。

幼虫

幼虫

裳蛾科 Erebidae

706　斜带三角夜蛾　*Chalciope mygdon* (Cramer, 1777)

别　称　三角夜蛾。
分　布　江西、福建、广东、广西、云南。
寄　主　龙眼、杧果、柑橘。
形　态　成虫翅展 31～33 mm。头、胸褐色。前翅前缘区及端区灰褐色，其余主要为黑褐色，由 1 条细白外线分界形成三角形黑褐色区，亚前缘近基部至白色外线后端有 1 条白色外斜窄带，顶角有 1 条内斜黑纹。

成虫

707　肾巾夜蛾　*Dysgonia praetermissa* Warren, 1913

分　布　浙江、湖南、江西、福建、台湾、云南。
寄　主　葡萄、柑橘、杧果、番石榴、梨、菠萝。
形　态　成虫翅展约 58 mm，头、胸部褐色。前翅褐色，中部有 1 条白色外斜宽带，中室端部有 1 个小黑点，外线褐色，折角微曲内斜，后端与中带接近，外线外方翅色淡，顶角至外线折角处有 1 条斜纹。

成虫

708 石榴巾夜蛾 *Dysgonia stuposa* Fabricius, 1794

别　称　石榴夜蛾、石榴叶夜蛾。

分　布　辽宁、甘肃、河北、山西、陕西、河南、安徽、江苏、浙江、江西、福建、台湾、广东、海南、广西、云南、四川、西藏。

寄　主　石榴、苹果、梨、桃、番石榴等。

形　态　成虫体长 18~20 mm，翅展 43~48 mm。头、胸、腹褐色或黄褐色。前翅褐色，后翅棕褐色。初龄幼虫体长 0.6~0.65 mm，黑色。老熟幼虫体长 43~50 mm，体背灰褐色或黑褐色，头部灰褐色。

成虫

幼虫

幼虫

709 玫瑰巾夜蛾 *Parallelia arctotaenia* (Guenée, 1852)

分　布　河北、河南、江西、湖北、湖南、浙江、贵州、四川、广西、广东等。
寄　主　石榴、柑橘、蓖麻等。
形　态　成虫翅展约 40 mm。头、胸暗褐色，前翅灰褐色，前翅有 1 条白色中带，其上布有细褐色点，翅外缘灰白色；后翅有 1 条白色椎形中带，翅外缘中、后部白色，缘毛灰白色。幼虫绿褐色，有赭褐色细点，第 1 腹节背面有 1 对黄白色小眼斑，第 8 腹节背面有 1 对小黑斑。

成虫

幼虫背面

幼虫侧面

710 分夜蛾　*Trigonodes hyppasia* (Cramer, 1779)

- **别　称**　短带三角夜蛾。
- **分　布**　湖北、江西、广东、广西、贵州、云南。
- **寄　主**　柑橘、梨、荔枝、龙眼。
- **形　态**　成虫翅展 34～40 mm。头、胸暗灰色，翅基片有褐色纹，前翅灰褐色，中部有 1 个棕黑色三角区，其前缘中央至臀角有 1 条白色斜条纹，三角区外侧有 1 条白色及褐色带，亚端线波浪形内弯。

成虫

711 灰长须夜蛾　*Herminia tarsicrinalis* (Knoch, 1782)

- **分　布**　江西、江苏、河北、黑龙江。
- **寄　主**　大豆。
- **形　态**　成虫翅展 25 mm。头部灰褐色，雄蛾触角线形，胸部灰褐色；前翅灰色，密布褐色细点，肾纹小，黑棕色；后翅灰色，微带褐色，外线黑棕色，微波曲；腹部暗黄灰色。

成虫

712 落叶夜蛾 *Eudocima phalonia* (Linnaeus, 1763)

分　布　黑龙江、吉林、辽宁、内蒙古、河北、山东、山西、陕西、河南、安徽、湖北、湖南、江苏、浙江、福建、广东、广西、海南、四川、云南、西藏。

寄　主　成虫为吸果夜蛾，可为害柑橘、葡萄、苹果、杧果、荔枝、梨、菠萝等。

形　态　成虫翅展 93~96 mm。头、胸赭褐色，前翅赭褐色，翅脉上布有黑色细点，内线黑色内斜，肾纹隐约可见，外线不明显，亚端线微黄色，自顶角直线内斜。后翅橘黄色，端区有 1 条黑色宽带。

成虫背面

成虫侧面

713 艳叶夜蛾 *Eudocima salaminia* Cramer, 1777

分　布　山东、浙江、江西、四川、云南、福建、广东、广西、台湾。
寄　主　成虫为吸果夜蛾，可为害柑橘。
形　态　成虫翅展 76～80 mm。头、胸褐绿色，前翅顶角至翅后缘近基部、近翅外缘各有 1 条斜行分界线，线外方白色，布有暗棕色细纹，其余部分金绿色。后翅橘黄色，端区有 1 条黑带，外区有 1 个黑色肾形斑。腹部橘黄色。

成虫

714 枯艳叶夜蛾 *Eudocima tyrannus* (Guenée, 1852)

分　布　安徽、湖北、浙江、陕西、江西、上海、云南、贵州、台湾。
寄　主　枣、苹果、梨、桃、柑橘、葡萄、枇杷、无花果、杧果、猕猴桃、杨梅、栗等。
形　态　成虫翅展约 98 mm。头、胸棕褐色。前翅褐色，自顶角向后缘中部有 1 条褐色线，环纹为 1 个黑点，肾纹黄绿色；后翅橘黄色，亚端区有 1 个牛角形黑带，中后部有 1 个肾形黑斑。腹部橙黄色。

成虫

715 朴变色夜蛾 *Hypopyra feniseca* Guenée, 1852

分　布　云南、四川、贵州、福建、广东、海南。

寄　主　桃、梨、柑橘等。

形　态　成虫翅展约 89 mm。头与颈板棕黑色，胸部与前翅浅褐色，前翅顶角尖突，内线黑棕色波浪形，肾纹模糊，后外侧有 1 个显著黑斑，中线双线暗褐色波浪形，后半直线内斜，外线黑棕色波浪形。后翅灰褐色。

成虫

716 变色夜蛾 *Hypopyra vespertilio* (Fabricius, 1787)

分　布　辽宁、河北、陕西、山东、江苏、安徽、浙江、江西、福建、台湾、广东、广西、四川、云南。

寄　主　成虫为吸果夜蛾，可为害柑橘、桃、梨等。

形　态　成虫翅展 76～80 mm。头与颈板暗褐色，胸部灰褐色。前翅浅灰褐色，内线黑色内弯，肾纹窄，后外侧有 3 个卵形黑褐色斑点，中线黑棕色波浪形，外侧暗褐，顶角有 1 条暗棕色纹。后翅灰褐色，中线双线，外线波浪形。

成虫

717 旋目夜蛾 *Spirama retorta* (Clerck, 1759)

- **别　称**　环夜蛾。
- **分　布**　辽宁、甘肃、陕西、河南、山东、江苏、浙江、江西、福建、湖北、广东、海南、广西、四川、云南。
- **寄　主**　苹果、葡萄、梨、桃、杏、李、柑橘、杧果、木瓜、番石榴、刺果番荔枝等。
- **形　态**　成虫体长约 20 mm。雌蛾褐色至灰褐色，颈板黑色，前翅蝌蚪形黑斑尾部与外线近平行。雄蛾紫棕色至黑色，前翅有蝌蚪形黑斑，斑的尾部上旋与外线相连。

成虫

718 龙眼合夜蛾 *Sympis rufibasis* Guenée, 1852

- **分　布**　福建、广东、广西、海南。
- **寄　主**　荔枝、龙眼。
- **形　态**　成虫翅展约 41 mm。头、胸褐红色。前翅中线内褐红色，中线外棕色，中线双线棕色，线间蓝白色，肾纹淡紫褐色，有黑边，外方有 1 个深红色斑，其前方的前缘脉上有 1 个小白点。后翅棕色，中部有 1 条白纹。

成虫

719 象夜蛾 *Grammodes geometrica* (Fabricius, 1775)

分　布　山东、河南、安徽、湖北、江西、湖南、台湾、福建、海南、四川、云南。

寄　主　石榴、柑橘、蓖麻、稻、花生、大豆等。

形　态　成虫翅展 39~41 mm。头、胸、腹及前翅灰褐色，前翅中部有 1 条黄色带，内侧有近三角形内斜斑；后翅灰棕色。

成虫

幼虫背面

幼虫侧面

720 甘薯绮夜蛾　*Acontia trabealis* (Scopoli, 1763)

别　称　谐夜蛾、甘薯谐夜蛾。
分　布　我国各省份均有发生。
寄　主　甘薯、蕹菜、花生、棉花、大豆等。
形　态　成虫体长 8～10 mm，翅展 19～22 mm。头、胸暗赭色，腹部黄白色；前翅黄色。末龄幼虫体长 20～25 mm，体细长似尺蠖，淡红褐色，头部有褐绿色型、黑色型、红色型等。

成虫背面

成虫侧面

721 梨剑纹夜蛾 *Acronicta rumicis* (Linnaeus, 1758)

别　称　梨剑蛾、酸模剑纹夜蛾。
分　布　我国各省份均有发生。
寄　主　苹果、桃、李、杏、梨、梅、山楂等。
形　态　成虫体长约14 mm，前翅暗棕色间以白色斑纹，基横线成一黑色短粗纹。幼虫体长约33 mm，体粗壮，灰褐色，背面有1列黑斑，中央有橘红色点。

成虫

幼虫侧面

幼虫背面

722 果剑纹夜蛾 *Acronicta strigosa* (Denis & Schiffermüller, 1775)

别　称　樱桃剑纹夜蛾。

分　布　除广东、广西、海南外，我国各省份均有分布。

寄　主　山楂、桃、苹果、梅等。

形　态　成虫体长约 15 mm。前翅灰色，基剑纹、中剑纹和端剑纹黑色明显；肾状纹灰白色，内侧黑色。幼虫共 5 龄，老熟幼虫体长约 30 mm，头部黑色，体绿色或红褐色，体背有 1 条红褐色纵带。

幼虫

幼虫

夜蛾科 Noctuidae

723 桃剑纹夜蛾 *Acronicta intermedia* Warren, 1909

别　称　苹果剑纹夜蛾。

分　布　我国各省份均有发生。

寄　主　苹果、桃、梨、李、杏、梅、樱桃、山楂、核桃、桑等。

形　态　成虫体长 18～22 mm。前翅灰褐色，有 3 条黑色剑状纹。幼虫体长约 40 mm，体背有 1 条橙黄色纵带，两侧每节各有 1 对黑色毛瘤，腹部第 1 节背面为 1 个凸起的黑毛丛。

幼虫侧面

幼虫背面

724　桑剑纹夜蛾　*Acronicta major* (Bremer, 1861)

别　称　大剑纹夜蛾、桑夜蛾、香椿灰斑夜蛾。
分　布　我国各省份均有发生。
寄　主　桑、桃、梅、李、柑橘等。
形　态　成虫体长 27～29 mm，翅展 62～69 mm。体深灰色，腹面灰白色；前翅灰白色至灰褐色，剑纹黑色，翅基剑纹树枝状。幼虫共 6 龄，各龄体色、斑纹略有差异。老熟幼虫体长 48～52 mm，体黑色，密被黄色长毛、短毛及粗针状黑色短刺毛。

幼虫背面

幼虫侧面

725 甘薯烦夜蛾 *Aedia leucomelas* (Linnaeus, 1758)

别　称　甘薯黑白夜蛾、白斑烦夜蛾。

分　布　山东、安徽、江苏、四川、贵州、云南、湖南、台湾、福建、广西、广东。

寄　主　甘薯、蕹菜等。

形　态　成虫翅展 33~35 mm，体黑褐色。前翅有许多黑色斑纹，内横线为双条波状纹，环状纹有黑边，肾状纹外侧有 3 个白点，外横线锯齿形；后翅白色，外缘有 1 条宽形黑带。老熟幼虫体长 35~45 mm，体由浅灰色变成深灰色或黄绿色，背线黄色，第 8 腹节时有 1 个白色斑块，亚背线、亚腹线及气门上线均为黄色，气门黑色。

成虫

幼虫背面

幼虫侧面

726 红棕灰夜蛾 *Sarcopolia illoba* (Butler, 1878)

别　称　苜蓿紫夜蛾。

分　布　黑龙江、吉林、辽宁、内蒙古、河北、山东、陕西、河南、安徽、江苏、浙江、福建、江西、湖南、贵州、四川、新疆。

寄　主　茄、胡萝卜、甜菜、草莓、枸杞、豌豆、苜蓿、大豆、豇豆、桑等。

形　态　成虫体长 16 mm，翅展 38～42 mm。体棕色至红棕色。腹部褐色，腹端具褐色长毛。前翅上褐色剑纹粗大，环纹灰褐色，圆形。后翅大部分红棕色，基部色淡，缘毛白色。初孵幼虫浅灰褐色，3 龄幼虫绿色或青绿色，4 龄后出现红棕色型，6 龄时基本都成为红棕色。

夜蛾科 Noctuidae

幼虫侧面

幼虫背面

727 小地老虎 *Agrotis ipsilon* (Hufnagel, 1766)

别　称　土蚕、黑地蚕、切根虫。
分　布　我国各省份均有发生。
寄　主　食性很杂，主要以幼虫为害各种旱生作物。
形　态　成虫体长16～23 mm，翅展42～54 mm。头部及胸部背面暗褐色；内横线、外横线将前翅分为3段，中室端具有明显的肾形纹，外侧有一尖端向外的长三角形黑斑，与亚外缘线上的2个尖端向内的三角形黑斑相对。老熟虫体长37～47 mm，灰黑色稍带黄色，体表布满黑色圆形小突起。

成虫

幼虫

为害状

728　黄地老虎　*Agrotis segetum* (Denis & Schiffermuller, 1775)

分　布　除广东、广西、海南外，我国各省份均有分布。

寄　主　玉米、高粱、大豆、花生、芝麻、烟草等多种旱生作物。

形　态　成虫翅展 31～43 mm。头、胸、前翅浅褐色，基线、内线及外线均黑色，肾形纹、环形纹和楔形纹均明显，各围以黑褐色边；后翅白色半透明。老熟幼虫体长 33～43 mm，体黄褐色，体表颗粒不明显，有光泽，多皱纹。

成虫

729　大地老虎　*Agrotis tokionis* Butler, 1881

分　布　我国各省份均有发生。

寄　主　烟草、棉花、麦类、豆类等多种旱生作物。

形　态　成虫翅展 45～48 mm。头、胸及前翅褐色，基线、内线及外线均双线，肾纹外方有 1 个黑斑，后翅浅褐黄色，腹部灰褐色。老熟幼虫体长 41～61 mm，黄褐色，体表皱纹多。各腹节体背前后有 2 个毛片，大小相似。

成虫

夜蛾科　Noctuidae

730 白边地老虎　*Euxoa oberthuri* Leech, 1900

别　称　白边切夜蛾、白边切根虫。

分　布　黑龙江、吉林、辽宁、内蒙古、河北、山西、宁夏、甘肃、青海、山西、河南、山东、安徽、浙江、江西、湖北、贵州、四川、新疆、西藏。

寄　主　大豆、烟草、麦类、甜菜、玉米、高粱等。

形　态　成虫翅展 40 mm。头、胸及前翅褐色，前翅中区和端区色暗，前缘区浅褐灰色，基线、内线双线黑色，线间黄白色；后翅浅褐色；腹部黑褐色。

成虫

731 交兰纹夜蛾　*Stenoloba confusa* (Leech, 1889)

分　布　安徽、浙江、湖南、福建、广西、四川、贵州、云南。

寄　主　龙眼等。

形　态　成虫体长 13~15 mm，翅展 30~36 mm。头、胸部白色间黑色，头顶有 2 个黑斑，颈板中央黑色。腹部灰褐色。胸背杂有黑色及黑纹。前翅黑褐色，中室后有 1 条白色纵纹沿中脉伸至中室端与白色横脉纹相连。后翅白色。

成虫

732 葫芦夜蛾 *Anadevidia peponis* Fabricius, 1775

分 布 甘肃、陕西、山东、江西、广东、西藏。

寄 主 葫芦、节瓜。

形 态 成虫翅展 31～40 mm；头部及胸部灰褐色；腹部淡褐黄色；前翅褐灰色，后翅褐灰色。老熟幼虫体长 25～30 mm，绿色，背线、亚背线、气门线黄白色，体型前端细小，后端粗大，第1、第2对腹足退化；体表具许多刺状突起。

成虫

幼虫背面

幼虫侧面

733 银纹夜蛾 *Ctenoplusia agnata* (Staudinger, 1892)

别　称　黑点银纹夜蛾、豆银纹夜蛾、菜步曲。

分　布　我国各省份均有发生。

寄　主　甘蓝、花椰菜、白菜、萝卜等十字花科蔬菜，豆类作物，莴笋、茄、胡萝卜等。

形　态　成虫体长 12～17 mm，翅展 32 mm 左右，体灰褐色。前翅深褐色，具 2 条银色横纹。翅中央有 1 个马蹄形银纹和 1 个近三角形的银色斑点。后翅暗褐色，有金属光泽。老熟幼虫体长约 30 mm，淡绿色，虫体前端较细，后端较粗。气门线黑色。

成虫背面

成虫侧面

734 白条夜蛾 *Ctenoplusia albostriata* (Bremer & Grey, 1853)

别　称　白条银纹夜蛾。

分　布　黑龙江、吉林、辽宁、河北、陕西、河南、湖南、江苏、湖北、福建、广东、海南。

寄　主　白菜、甘蓝、萝卜等。

形　态　成虫体长 15 mm 左右，翅展 33 mm 左右。头部及胸部褐色，颈板有黑线，腹部淡褐色。前翅暗褐色，基线、内线及外线棕黑色，肾纹黑边。后翅淡褐色，外半色较深。

成虫背面

成虫侧面

735 银锭夜蛾 *Macdunnoughia crassisigna* (Warren, 1913)

分　布　我国各省份均有发生。

寄　主　十字花科植物，莴笋、辣椒、茄、菜豆、胡萝卜、牛蒡、蓖麻、菊等。

形　态　成虫体长 15~16 mm，翅展 32 mm，头、胸部灰黄褐色，腹部黄褐色。前翅灰褐色，马蹄形银斑与银点连成 1 个凹槽，肾形纹外侧具 1 条银色纵线，后翅褐色。老熟幼虫体长 30~34 mm，头较小，黄绿色，两侧具灰褐色斑；背线、亚背线、气门线、腹线黄白色，气门线明显。

成虫

幼虫背面

幼虫侧面

736 莴苣冬夜蛾 *Cucullia pustulata fraterna* Butler, 1878

分　布　黑龙江、辽宁、吉林、内蒙古、河北、山东、安徽、江西、浙江、新疆等。
寄　主　莴笋。
形　态　成虫体长 20 mm 左右，翅展 46 mm。头部、胸部灰色。腹部褐灰色。前翅灰色或杂褐色，翅脉黑色。后翅黄白色，翅脉明显。末龄幼虫体长 45 mm 左右，头黑色，头盖缝灰白色。气门线、背线黄色。

成虫

幼虫侧面

幼虫背面

夜蛾科 Noctuidae

737 棉铃虫 *Helicoverpa armigera* (Hübner, 1808)

别　称　棉铃实夜蛾。

分　布　我国各省份均有发生。

寄　主　大豆、花生、棉花、稻、小麦、苹果、梨、柑橘、桃、李、葡萄、无花果、草莓等。

形　态　成虫体长15～17 mm，翅展27～28 mm，体色多变化，雌蛾红褐色，雄蛾灰绿色。前翅正面肾状纹、环状纹和各横线均不太明显。老熟幼虫体长30～42 mm，体色变化很大，有淡绿色、绿色、黄白色、淡红色、黑紫色等。头部黄色，气门上线较体色深，气门多呈白色。

成虫

幼虫

幼虫

幼虫

幼虫

738 烟青虫 *Helicoverpa assulta* (Guenée, 1852)

别　称　烟草夜蛾、烟实夜蛾、烟夜蛾。

分　布　我国各省份均有发生。

寄　主　烟草、辣椒、番茄、南瓜、棉花、玉米、高粱、麻、大豆、豌豆、扁豆等。

形　态　成虫体长15～18 mm，翅展27～35 mm，黄褐色或黄色。复眼暗绿色。前翅黄褐色，具黑色波状细纹3条，缘毛前端白色。初孵幼虫铁锈色。老熟幼虫31～41 mm，幼虫体色变化大，一般夏季为绿色或青绿色，秋季多为红色或暗褐色。头部黄褐色。体背有背线1条，气门上线和气门下线各2条。

成虫

幼虫

幼虫

夜蛾科 Noctuidae

739 黏虫 *Mythimna separata* (Walker, 1865)

别　称　东方黏虫、粟夜盗虫、剃枝虫。
分　布　我国各省份均有发生。
寄　主　食性杂，喜食禾本科植物。
形　态　成虫体长17～20 mm，翅展35～45 mm，体色呈淡黄色或淡灰褐色，前翅中央近前缘有2个淡黄色圆斑，外侧圆斑较大，其下方有1个小白点，白点两侧各有1个小黑点。幼虫体长可达38 mm，体色多变，头部中央沿蜕裂线有1个"八"字形黑褐色纹。

成虫

幼虫

幼虫

幼虫

幼虫

740 劳氏黏虫　*Leucania loreyi* (Duponchel, 1827)

别　称　白点黏夜蛾。

分　布　我国各省份均有分布。

寄　主　稻、小麦、玉米、甘蔗等。

形　态　成虫头部及胸部褐赭色，颈板有 2 条黑线；腹部白色微带褐色；前翅褐赭色，翅脉微白，两侧衬褐色，各脉间褐色；后翅白色，翅脉及外缘带褐色；腹部白色，微带褐色。

成虫背面

成虫侧面

幼虫

741 白脉黏虫 *Leucania venalba* Moore, 1867

别 称 间纹黏夜蛾。

分 布 我国各省份均有发生。

寄 主 稻、玉米、高粱等。

形 态 成虫翅展 36 mm。头、胸、前翅浅赭黄色。前翅中室较暗，翅脉白色衬以褐色，脉间另有褐色纵纹；后翅白色，有 1 条模糊褐端带，前宽后窄；腹部赭黄色。

成虫

成虫

742　甘蓝夜蛾　*Mamestra brassicae* (Linnaeus, 1758)

分　布　除福建、台湾、广东外，我国各省份均有分布。

寄　主　甘蓝、白菜、番茄、萝卜、油菜、马铃薯、玉米、甘薯、棉花、麦类、豆类、瓜类、烟草、甘蔗、柑橘等。

形　态　成虫体长 20～25 mm，翅展 45～50 mm。前翅褐色，基线和内线呈双线黑色、波浪形，环形斑的边缘黑色，中间褐色，肾纹白色，中间有深浅不等的褐色区域，外线黑色、锯齿形。卵馒头形，卵顶有放射状紫褐色纹。老熟幼虫体长 50 mm，头部褐色，胴部腹面淡绿色，背面呈黄绿色或棕褐色，白色气门线一直延伸到臀足末端。

成虫

卵

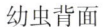

幼虫背面

幼虫侧面

蛹

夜蛾科 Noctuidae

743 稻螟蛉 *Naranga aenescens* Moore, 1881

别　称　稻螟蛉夜蛾、双带夜蛾、青尺蠖。

分　布　黑龙江、吉林、辽宁、河北、山东、陕西、山西、河南、江苏、湖北、安徽、浙江、江西、湖南、四川、贵州、云南、福建、广西、广东、海南。

寄　主　稻、高粱、玉米、甘蔗、粟、菱白等。

形　态　成虫翅展16~24 mm，前翅黄色至深黄色，上有2条略平行的断续暗紫色斜带。卵扁球形，直径约0.5 mm。老熟幼虫体长约20 mm，体绿色，背线、亚背线白色。蛹体长7~9 mm，褐色至黄褐色。

成虫

卵

幼虫

茧

蛹

744 大螟 *Sesamia inferens* (Walker, 1856)

别　称 稻蛀茎夜蛾、紫螟。

分　布 山东、河南、安徽、江苏、浙江、江西、湖北、湖南、四川、贵州、福建、广东、广西、云南、海南。

寄　主 稻、麦类、高粱、玉米、甘蔗、粟、茭白、蚕豆、油菜、向日葵等。

形　态 成虫体长 12～15 mm，翅展 27～30 mm，雌蛾身体较大。头胸部灰黑色，腹部淡褐色，前翅近长方形，淡灰褐色，外缘色深，从翅基到外缘有 1 条暗褐色纵线纹，条纹上下各有 2 个小黑点。老熟幼虫体长 20～30 mm，头红褐色，体背紫红色，无纵线，腹面淡黄色。

成虫

低龄幼虫

幼虫背面

幼虫侧面

为害状

745 梦尼夜蛾 *Orthosia incerta* Hufnagel, 1766

分　布　黑龙江、吉林、内蒙古、陕西、宁夏、浙江、新疆等。

寄　主　苹果、海棠、杏等。

形　态　成虫翅展 41～44 mm，头、胸部灰褐色；雌蛾触角丝状、雄蛾触角双栉齿；前翅灰褐色，环纹和肾纹棕色，亚端灰黄色，内衬棕黑色边，端线内侧有 1 列小黑点，边缘灰色，翅脉上有黑点。老熟幼虫体长约 43 mm，黄绿色或黄白色，亚背线、气门上线均为黄白色。

成虫

幼虫侧面

幼虫背面

746 联梦尼夜蛾 *Orthosia carnipennis* Bulter, 1878

分　布　黑龙江、山西、河南、贵州、云南。
寄　主　苹果、梨等。
形　态　成虫翅展 41 mm 左右。头部及胸部灰色，雄蛾触角双栉形；前翅紫灰色，基线仅前缘脉上 1 个黑点，中室后 1 个三角形黑斑，亚中褶有一黑条连接内外线；后翅白色，端区带有褐色，横脉纹微黑，缘毛红褐色；腹部赭色。

成虫背面

成虫侧面

747 宽胫夜蛾 *Protoschinia scutosa* (Denis & Schiffermuller, 1775)

分　布　黑龙江、吉林、辽宁、内蒙古、河北、山东、山西、江苏、安徽、河南、湖北、浙江、江西、湖南、甘肃、青海、四川、新疆、西藏。

寄　主　大豆、苜蓿等。

形　态　成虫翅展 31～35 mm。头、胸灰棕色；前翅灰白色，基线、内线及亚端线黑色，剑纹大，环、肾纹褐色；后翅黄白色，端带黑褐色；腹部灰褐色。

成虫

748 粉条巧夜蛾 *Ataboruza divisa* (Walker, 1862)

分　布　宁夏、安徽、山东、江苏、浙江、江西、福建、广西、广东、海南。

寄　主　大豆、高粱。

形　态　成虫体长 7 mm，翅展 17～19 mm。头部黄色；胸部白色，颈板黄褐色；前翅棕褐色，前缘区有很宽的白色带；后翅棕色，基部及后缘区大部白色。

成虫

749 斜纹夜蛾 *Spodoptera litura* (Fabricius, 1775)

别　称　莲纹夜蛾、莲纹夜盗蛾。
分　布　我国各省份均有发生。
寄　主　大豆、玉米、稻、甘薯、辣椒等 200 余种植物。
形　态　成虫体长 14～20 mm，翅展 35～40 mm，体深褐色。前翅灰褐色，内、外横线灰白色波浪形，中间有 3 条白色斜纹。卵扁平半球形，初产时黄白色，后转为淡绿色，孵化前紫黑色，外覆盖灰黄色绒毛。老熟幼虫体长 35～50 mm，头部黑褐色，胸腹部的颜色变化大，从中胸至第 9 腹节背面各有 1 对半月形或三角形黑斑。蛹长 15～30 mm，红褐色，尾部末端有 1 对短棘。

成虫背面

成虫侧面

卵

初孵幼虫

低龄幼虫

鳞　翅　目 | 693

夜蛾科 Noctuidae

幼虫

幼虫

幼虫

幼虫

幼虫

幼虫

幼虫

蛹

750 甜菜夜蛾 *Spodoptera exigua* (Hübner, 1808)

别　称　玉米叶夜蛾、玉米小夜蛾、贪夜蛾、白菜褐夜蛾。

分　布　我国各省份均有发生。

寄　主　谷类、豆类、芝麻、花生、烟草、玉米、高粱、棉花、麻、甜菜、茶、牧草、苜蓿等多种植物。

形　态　成虫体长 8～10 mm，体灰褐色。前翅灰褐色，基线仅前段可见双黑纹；内横线双线黑色，波浪形外斜；环纹和肾纹粉黄色，有黑边；缘线为 1 列黑点，各点内侧均衬白色。幼虫体色多变，气门线下黄白色或绿色，直达腹末；气门后白点明显。

成虫

卵

幼虫

幼虫

幼虫

幼虫

幼虫

夜蛾科 Noctuidae

751 草地贪夜蛾 *Spodoptera frugiperda* (Smith, 1797)

别　称　秋行军虫、秋黏虫、草地夜蛾。

分　布　除青海、新疆、辽宁、吉林、黑龙江外，我国各省份均有发生。

寄　主　玉米、小麦、稻、甘蔗、高粱、粟、青稞、燕麦、油菜等。

形　态　成虫翅展 32～40 mm，雌蛾前翅灰褐色，斑纹不明显，圆形斑和肾形斑轮廓线黄褐色；雄蛾前翅具黑斑和浅色暗纹，翅顶角向内有 1 个三角形白斑，圆形斑后侧自外缘至中室有 1 条淡黄色的斜纹。幼虫头部有 1 条倒"Y"形的白色缝线，背中线和气门线黑色。老熟幼虫体长 35～40 mm，在头部具黄色倒"Y"形斑，黑色背毛片着生原生刚毛；腹部末节有呈正方形排列的 4 个黑斑。

成虫

卵

幼虫

夜蛾科 Noctuidae

为害状

幼虫

幼虫

幼虫

头壳

腹末

蛹

鳞翅目 | 697

752 淡剑袭夜蛾 *Spodoptera depravata* Butler, 1879

别　称　淡剑夜蛾、稻小灰夜蛾、淡剑灰翅夜蛾。

分　布　吉林、辽宁、陕西、河北、四川、湖北、河南、上海、江苏、安徽、浙江、江西、福建、广西、广东。

寄　主　稻、粟等。

形　态　成虫体长12～15 mm，翅展23～27 mm。雌成虫触角线状，雄成虫触角羽状。前翅灰褐色，翅面有1个近梯形的暗褐色区域，外缘线有1列黑点。老熟幼虫褐色，体背有5条明显的纵线，从中胸至第10腹节沿亚背线内侧各具1对近三角形的黑斑。

成虫背面

成虫侧面

幼虫

753 粉纹夜蛾 *Trichoplusia ni* (Hübner, 1803)

别　称　粉斑夜蛾。
分　布　除黑龙江、吉林外，我国各省份均有分布。
寄　主　白菜、甘蓝、花椰菜、莴笋、甜菜、豌豆、芹菜、芫荽、番茄、马铃薯等。
形　态　成虫翅展约 31 mm。头、胸部暗褐色杂少许灰白色；灰褐色，内线双线黑色波浪形外弯，线间白色，环纹白色，后端连 1 个银白色斜斑和 1 个扁圆斑，斑内有褐色细圈。幼虫绿色，体背两侧各有 1 条白色纵线。第 1、第 2 对腹足退化。

夜蛾科 Noctuidae

成虫

幼虫背面

幼虫侧面

夜蛾科 Noctuidae

754 犁纹黄夜蛾   *Xanthodes transversa* Guenée, 1852

别　称　梨纹丽夜蛾、芙蓉二尖蛾。
分　布　四川、广东、台湾、福建、湖南、湖北、江苏。
寄　主　棉花、蜀葵、秋葵等。
形　态　成虫体长 16 mm，翅展 36～40 mm。头、胸部嫩黄色；前翅黄色，散布黑细点，基线褐色；后翅黄色，缘毛褐色；腹部黄褐色；幼虫灰绿色，亚背线、气门线及亚气门线上有 1 列白点，各节亚背线上有 1 个大黄点。

成虫

幼虫

755 掌夜蛾 *Tiracola plagiata* (Walker, 1857)

分　布　山东、浙江、湖南、福建、台湾、海南、四川、云南、西藏。

寄　主　玉米、桑、茶、柑橘、大豆、辣椒、茄、油菜、甘蓝、花椰菜、白菜、萝卜等。

形　态　成虫翅展 51～55 mm，头、胸、前翅褐黄色，前翅具 2 条银色横纹，翅中有 1 个显著的 "U" 形银纹和 1 个近三角形斑。低龄幼虫头部暗红褐色，体有稀疏刚毛；老熟幼虫体长 53～67 mm，体棕褐色至灰黑色，第 1—3 腹节两侧黄白斑明显，第 5、第 6 腹节背面各有 1 条黑色横线连接两侧亚背线处的黑斑，雌虫在第 7—9 腹节两侧有黄白斑；腹部末端微拱起。

夜蛾科 Noctuidae

低龄幼虫

高龄幼虫

鹿蛾科 Amatidae

756 茶鹿蛾　*Amata germana* Felder, 1862

- **别　称**　蕾鹿蛾、茶鹿子蛾。
- **分　布**　云南、福建。
- **寄　主**　茶、桑、大豆、蓖麻、橘、黑荆等。
- **形　态**　成虫体长 12～16 mm。体黑褐色。触角丝状黑色，顶端白色。头黑色，额橙黄色。腹部各节具有黄或橙黄色带。翅黑色，后翅后缘基部黄色，中室、中室下方为透明斑。

成虫

757 广鹿蛾　*Amata emma* (Butler, 1876)

- **分　布**　河北、陕西、山东、江苏、浙江、江西、福建、台湾、湖北、湖南、广东、广西、四川、贵州、云南。
- **寄　主**　茶。
- **形　态**　成虫翅展 24～36 mm。头、胸、腹部黑褐色，颈板黄色，触角顶端白色，腹部背侧面各节具黄带，腹面黑褐色；翅黑褐色，后翅后缘基部黄色，前缘区下方具有 1 个较大的透明斑。

成虫

758　南鹿蛾　*Amata sperbius* Fabricius, 1787

分　布　河南、四川、云南、广西、广东、海南。

寄　主　桑等。

形　态　成虫翅展 24～30 mm。黑色，额黄色或白色，触角顶端白色，后胸具黄斑，腹部第 1 节与第 5 节有金黄色带；翅斑透明，近翅顶处缘毛白色；后翅中室下方具 1 个透明斑，后缘金黄色。雌蛾肛毛簇赭黄色。

成虫

759　清新鹿蛾　*Caeneressa diaphana* (Kollar, 1844)

分　布　浙江、江苏、贵州、湖北、四川、湖南、云南、江西、福建、广西、广东。

寄　主　油茶、柑橘、栗。

形　态　成虫翅展 32～54 mm。雄蛾触角锯齿状，雌蛾触角丝状，黑色，尖端白色。头黑色，颈板乳白色至橙色，中间常被黑纹分开。后胸具白色、黄色或橙色横斑。翅黑色，前翅翅斑大小不一，变异较大。

成虫

760 伊贝鹿蛾 *Ceryx imaon* (Cramer, 1780)

分 布 西藏、云南、福建、广西、广东、海南。

寄 主 油茶、枇杷、甘蔗等。

形 态 成虫翅展 35～40 mm，体背黑色，具蓝色光泽，头胸间具黄纹，腹部有 2 条黄色环带。雄虫前翅翅端的空窗列少了 1 枚，上下的 2 枚分离，雌虫为 5 枚白斑紧邻。雄蛾体型瘦小，前翅下方的白色空窗，上下 2 枚分离。

成虫

761 黑褐盗毒蛾 *Porthesia atereta* Collenette, 1932

分 布 甘肃、山东、河南、安徽、浙江、江西、湖北、湖南、福建、广东、广西、四川、贵州、云南、西藏。

寄 主 茶、栗等。

形 态 雌蛾翅展 30～40 mm，雄蛾翅展 20～24 mm。头橙黄色，触角黄色。前翅棕色，散布黑色鳞片，前缘黄色，外缘有 3 个黄色斑。

成虫

762　盗毒蛾　*Euproctis similis* (Fuessly, 1775)

别　称　黄尾毒蛾、桑叶毒蛾、金毛虫、桑毛虫、桑毒蛾。

分　布　除西藏外，我国各省份均有发生。

寄　主　桑、苹果、梨、桃、李、杏、梅、山楂、柑橘、樱桃、柿、栗等。

形　态　雌蛾体长 18～20 mm，雄蛾体长 14～16 mm。复眼球形，黑褐色。前翅后缘近臀角处和近基部各有 1 个褐色至黑褐色斑纹。幼虫体长 25～40 mm，头暗褐，体黑褐至黑色。前胸盾黄色，有 2 条黑色纵线；背线红色，气门下线黄色，前胸背板两侧各有 1 个红色大瘤，上生黑色长毛和白色松枝状毛。

毒蛾科 Lymantriidae

成虫侧面

成虫背面

幼虫

763 茶白毒蛾 *Arctornis alba* Bremer, 1861

别　称　白毒蛾、花毛虫、毒毛虫。

分　布　黑龙江、吉林、辽宁、内蒙古、河北、山西、陕西、山东、河南、江苏、安徽、浙江、湖北、湖南、江西、福建、广东、广西、四川、贵州、云南。

寄　主　茶、油茶、栎、柞树等。

形　态　成虫体长12～15 mm，翅展34～44 mm。体、翅均白色，前翅稍带绿色，具丝缎样光泽，翅中央有1个小黑点。幼虫头红褐色，体黄褐色，每节有8个瘤状突起。

成虫

卵

低龄幼虫

幼虫背面

幼虫侧面

764 茶黄毒蛾　　*Euproctis pseudoconspersa* Strand, 1923

别　称　茶毛虫。
分　布　江苏、浙江、安徽、福建、江西、湖北、湖南、广东、广西、四川、贵州、云南、西藏、陕西、甘肃、台湾、香港。
寄　主　茶、油茶、柑橘、柿、梨、玉米等。
形　态　成虫体长 6~13 mm，翅展 20~35 mm。雌蛾稍大，体翅黄褐色；雄蛾稍小。前翅中间有 2 条淡黄色横纹，翅尖淡黄色区内有 2 个黑点。雌蛾体末端有黄色毛丛。成熟幼虫体长约 20 mm，黄褐色，体密生长短不齐的黄色毒毛，各体节有 8 个黄色或黑色毛瘤。

毒蛾科 Lymantriidae

成虫

成虫

毒蛾科 Lymantriidae

765 折带黄毒蛾 *Euproctis flava* Fabricius, 1775

别　称　黄毒蛾、柿黄毒蛾、杉皮毒蛾。

分　布　除西藏外，我国各省份均有发生。

寄　主　柿、苹果、海棠、梨、山楂、樱桃、桃、李、梅、枇杷、石榴、栗、茶等。

形　态　成虫体长约16 mm，翅展约40 mm，体浅橙黄色。翅黄色，前翅中部有条棕色宽带，翅顶角有2个褐色圆斑。老熟幼虫体长约为38 mm，体黄至橙黄色。第1、第2和第8腹节背部有黑色瘤，瘤上长有褐色毛。

成虫

幼虫背面

幼虫侧面

766 乌桕黄毒蛾　　*Euproctis bipunctapex* (Hampson, 1891)

别　称　双斑黄毒蛾。

分　布　江苏、浙江、湖北、江西、湖南、福建、四川。

寄　主　苹果、桃、李、梅、枇杷、柿、桑等。

形　态　雄蛾翅展 23～38 mm，雌蛾翅展 32～42 mm。体黄棕色。触角干浅黄色，栉齿浅棕色；前翅底色黄色，除顶角、臀角外密布红棕色和黑褐色鳞，顶角黄色区域内有 2 个黑斑。幼虫体长 25～30 mm，黄褐色，体侧及背上具黑疣突，上有白色毒毛。

毒蛾科 Lymantriidae

成虫

低龄幼虫

高龄幼虫

767 河星黄毒蛾　　*Euproctis staudingeri* Leech, 1889

分 布　江西、湖南、云南、广西、福建、台湾、西藏。

寄 主　茶。

形 态　成虫翅展 34~45 mm。头、胸部橙黄色，前翅鲜黄色，基部有 1 个红棕色斑，从翅顶斜向翅后缘有 1 个红棕色斜带，上布稀疏的黑色鳞片，横脉纹为 1 个褐黑色圆点。足橙黄色。

成虫背面

成虫侧面

768 肾毒蛾 *Cifuna locuples* Walker, 1855

别　称　豆毒蛾、大豆毒蛾、肾纹毒蛾。
分　布　我国各省份均有发生。
寄　主　大豆、绿豆、棉花、甘薯、苜蓿、茶、柿、苹果、樱桃、海棠等。
形　态　雄蛾翅展 34～40 mm，腹部较瘦。雌虫翅展 45～50 mm，腹部较肥大。头、胸部均深黄褐色，腹部黄褐色。前翅内区前半褐色，后翅淡黄带褐色。老熟幼虫体长 40 mm 左右，体黑褐色。前胸背板黑色，有黑色毛；前胸背面两侧各有 1 个黑色大瘤。

毒蛾科 Lymantriidae

成虫

卵

低龄幼虫

高龄幼虫

蛹

769 古毒蛾 *Orgyia antiqua* (Linnaeus, 1758)

别　称　落叶松毒蛾、缨尾毛虫、褐纹毒蛾、桦纹毒蛾。
分　布　除广东、广西、云南、海南外，我国各省份均有分布。
寄　主　苹果、梨、李、山楂、大豆等。
形　态　雌蛾体长 10~20 mm，头胸部较小，体肥大，翅退化，体被灰黄色细毛，无鳞片。雄蛾体长 10~12 mm，翅展 25~30 mm，体锈褐色。前翅黄褐色。幼虫体长 25~36 mm，头黑褐色、体黑灰色，有红色、白色花纹。

幼虫

幼虫

770 小白纹毒蛾　Orgyia postica Walker, 1855

别　称　棉古毒蛾、灰带古毒蛾。

分　布　江西、福建、云南、广东、广西、台湾。

寄　主　柑橘、葡萄、苹果、草莓、大豆、蔬菜等。

形　态　雌成虫灰黄色或褐黄色，翅退化；雄成虫灰色，翅展 22～25 mm；前翅棕褐色，内线黑色，波浪形；横脉纹棕色带黑边和白边；外线黑色，波浪形。幼虫体色鲜艳，前胸两侧各具长毛 1 束，胸部两侧各有黄白毛束 1 对。

毒蛾科 Lymantriidae

幼虫侧面

幼虫背面

771 舞毒蛾 *Lymantria dispar* (Linnaeus, 1758)

别　称　秋千毛虫、柿毛虫、松针黄毒蛾。

分　布　陕西、新疆、内蒙古、黑龙江、吉林、辽宁、北京、河北、河南、山东、安徽、江西、湖北、湖南、贵州、四川、福建、云南。

寄　主　桑、苹果、柿、梨、桃、杏、山楂等。

形　态　成虫雌雄异型。雌虫体长 25～30 mm，翅展 78～93 mm，体、翅污白色；前翅有许多褐色深浅不一的斑纹。前、后翅外缘翅脉间有黑褐色斑点。雄虫稍小，体、翅暗褐色，前翅前缘至后缘有较明显的 4 条浓褐色波浪纹。老熟幼虫体长 50～70 mm，头黄褐色正面有"八"字形黑纹，背线黄褐，腹面带暗红色，胸、腹足暗红色。

成虫

幼虫

772 栎毒蛾 *Lymantria mathura* Moore, 1865

分 布 黑龙江、吉林、辽宁、河北、山西、陕西、河南、山东、江苏、浙江、湖南、湖北、广东、四川、云南。

寄 主 苹果、梨等。

形 态 雄成虫翅展约 50 mm，雌成虫翅展约 80 mm。雄成虫翅灰色，斑纹黑褐色，前翅中室中央有 1 个圆斑，翅面有许多新月斑；雌成虫翅灰白色，颈板基部粉红色，足粉红色带黑色斑。老熟幼虫体长 50～55 mm，头部黄褐色带黑褐色圆点，体黑褐色带黄白色斑；气门线黑色；前胸背面两侧各有 1 个黑色大瘤，上生黑褐色毛束。

幼虫

雄成虫

雌成虫

773 模毒蛾 *Lymantria monacha* (Linnaeus, 1758)

分　布　黑龙江、吉林、辽宁、甘肃、陕西、湖北、安徽、江西、江苏、浙江、湖南、贵州、四川、福建、台湾。

寄　主　苹果、杏、花椒等。

形　态　雄成虫体长 40~46 mm，雌成虫略大。头部、胸部、腹部基部白棕色。前翅白色，基部有 7 个黑褐色斑，内横线黑褐色，波浪形；中室中央有 1 个黑褐色圆点；外横线双线，黑褐色，锯齿状内斜；亚缘线黑褐色，锯齿状，端线为 1 列黑褐色点，缘毛灰白色，上有 1 列黑褐色斑。

成虫背面

成虫侧面

774 日本羽毒蛾 *Pida niphonis* (Butler, 1881)

别　称　云星黄毒蛾。

分　布　辽宁、甘肃、山西、陕西、河北、河南、山东、浙江、湖北、贵州、四川、江西、湖南。

寄　主　锥栗、醋栗等。

形　态　成虫体长 14～20 mm，翅展 35～44 mm，体黄色。前翅黄色，前缘基部黑褐色，中室后方及外方密布黑褐色鳞片，形成 1 个近三角形大斑，横脉纹为黑褐色圆斑，缘毛黄色。足黄色，跗节具黑色纵纹。

成虫背面

成虫侧面

毒蛾科 Lymantriidae

775 双线盗毒蛾 *Somena scintillans* Walker, 1856

别　称　棕夜黄毒蛾、桑褐斑毒蛾。

分　布　河南、安徽、江苏、浙江、湖北、湖南、江西、福建、台湾、广东、广西、四川、贵州、云南。

寄　主　豇豆、丝瓜、辣椒、菜豆、甘薯、柑橘、龙眼、苹果、梨、桃树、柿等。

形　态　雄蛾翅展 20～26 mm，雌蛾翅展 26～38 mm。前翅赤褐色微带浅紫色闪光，前缘、外缘和缘毛黄色，外缘有时被赤褐色部分分隔成 3 段。末龄幼虫体长 17～25 mm，头淡褐色，胸、腹暗棕色，第 3 节背线黄色，第 4、第 5、第 11 节有棕色短毛，第 5—10 节背线黄色，较宽，末节有黄斑。

成虫

幼虫

幼虫

776 香蕉弄蝶　*Erionota torus* Evans, 1941

别　称　黄斑蕉弄蝶、芭蕉卷叶虫、蕉苞虫、蕉弄蝶。
分　布　湖南、江西、福建、贵州、云南、广西、广东、海南。
寄　主　香蕉、芭蕉等。
形　态　雌成虫体长 28～31 mm，全体黑褐色或茶褐色。触角黑褐色，近膨大部呈白色。翅正面褐色，前翅中域有 3 个近长方形的淡黄色斑，近膨大部呈白色。复眼赤褐色。老熟幼虫 50～64 mm，体披白色蜡粉，头黑色，略呈三角形。

弄蝶科 Hesperiidae

成虫

幼虫

幼虫

777　幺纹稻弄蝶　*Parnara bada* (Moore, 1878)

分　布　陕西、河南、山东、安徽、浙江、江西、福建、台湾、贵州、云南。

寄　主　稻、茭白、玉米、高粱、大麦、粟等。

形　态　成虫翅展 28~30 mm，一般中室外有 6 个黄白色小斑纹；后翅中域斑有的全部消失，通常有 1~2 个斑清晰可见。两翅反面中域斑全部或一部分退化成褐色小点，但多数都较清晰可见。

成虫腹面

成虫背面

778 直纹稻弄蝶 *Parnara guttata* (Bremer & Grey, 1853)

别　　称　稻苞虫。
分　　布　除新疆、青海、西藏外，我国各省份均有分布。
寄　　主　稻、玉米、高粱、茭白、大麦、小麦等。
形　　态　成虫体长 16～22 mm。前翅有 7～8 枚半透明斑，排成半环状；雌成虫后翅有 4 枚半透明斑，排成一直线，雄成虫斑排列不平直，且 2 枚斑退化变小或变成褐色点。末龄幼虫体长 22～24 mm，头部正面中央有"山"字形纹，背线深绿色。

弄蝶科 Hesperiidae

成虫侧面

成虫背面

幼虫

779 隐纹谷弄蝶　*Pelopidas mathias* (Fabricius, 1798)

别　称　褐弄蝶。

分　布　辽宁、北京、甘肃、陕西、河南、山东、安徽、湖北、江西、福建、台湾、浙江、广东、广西、贵州、四川、云南、海南。

寄　主　稻、高粱、玉米、粟、甘蔗等。

形　态　雄成虫前翅长17~19 mm。触角长约为前翅长的1/2，端突钩状。翅面褐色，斑纹白色。前翅具中室斑2个，上中室斑略向外移，亚顶斑3个。后翅正面无斑，基部及中域常有黄褐色毛簇；反面7个小白斑排列成弧形。雌成虫斑纹近似雄成虫。

成虫

幼虫背面

幼虫侧面

780 中华谷弄蝶 *Pelopidas sinensis* Mabille, 1877

别　称　中华褐弄蝶。

分　布　安徽、江西、浙江、湖北、湖南、福建、广东、广西、四川、贵州、云南、西藏、台湾。

寄　主　稻等。

形　态　成虫翅展39～40 mm，翅面黑褐色，前翅8个半透明白斑排列成半环状。雄性在中室下方有1个线条性标，雌性在中室下方有2个斑。

成虫背面

成虫侧面

凤蝶科 Papilionidae

781 柑橘凤蝶　Papilio xuthus Linnaeus, 1767

别　称　花椒凤蝶、橘黄凤蝶、黄菠萝凤蝶。
分　布　我国各省份均有发生。
寄　主　柑橘、花椒、山椒等。
形　态　成虫展翅约 110 mm，翅膀表面黑色，有米黄色斑纹；腹面米黄色，有明显黑色条状斑纹，下翅有尾状突起。幼虫黄绿色，1—2 龄幼虫身体褐色中带有白色，5 龄幼虫绿色，背上有黑色眼状斑及深绿色带蓝色的斜横带。

成虫背面

成虫侧面

凤蝶科 Papilionidae

卵

幼虫

幼虫

幼虫

预蛹

蛹

鳞翅目 | 725

782 碧凤蝶 *Papilio bianor* Cramer, 1777

分 布 山东、河南、陕西、安徽、江苏、浙江、湖北、湖南、江西、福建、台湾、广东、广西、四川、贵州、云南、西藏。

寄 主 柑橘、花椒等。

形 态 成虫翅展 90~135 mm，体、翅黑色；雄成虫翅背面黑褐色，密部翠绿色鳞片，后翅亚外缘有 1 列弯月形蓝色和红色斑；雌成虫翅底色较浅，翠绿色鳞片稀疏；后翅背面红斑发达清晰。老熟幼虫体长约 50 mm，体绿色、黄绿色或黄色，胸部有云状纹，后胸眼状纹暗褐色，上有红色弧形纹，第6—9腹节体侧共有 3 条斜线。

成虫背面

成虫侧面

幼虫

783 金凤蝶 *Papilio machaon* Linnaeus, 1758

别　称　黄凤蝶、茴香凤蝶。

分　布　黑龙江、吉林、辽宁、河北、河南、山东、江西、安徽、浙江、广东、广西、福建、台湾、山西、陕西、甘肃、青海、新疆、云南、四川、西藏。

寄　主　茴香、胡萝卜、芹菜等。

形　态　成虫翅展 90～120 mm。体黑色或黑褐色，胸背有 2 条"八"字形黑带。翅黑褐色至黑色，斑纹黄色或黄白色。前翅基部的 1/3 有黄色鳞片；中室端半部有 2 个横斑；中后区有 1 纵列斑。后翅基半部被脉纹分隔的各斑占据。翅反面有黄色斑。老熟幼虫绿色，各节有断续的黑色带状纹。

凤蝶科 Papilionidae

成虫

幼虫背面

幼虫侧面

凤蝶科 Papilionidae

784　玉斑凤蝶　*Papilio helenus* Linnaeus, 1758

分　布　浙江、江西、湖北、湖南、福建、台湾、广东、广西、四川、云南。
寄　主　柑橘、花椒等。
形　态　成虫翅展 95～107 mm，翅背面黑色，具暗土色中室纹和脉间纹，后翅正面中部有 3 个白色或黄白色斑，臀角处有 2 个红色斑。低龄幼虫拟态鸟粪，体黄褐色，具黄白色斑纹；末龄幼虫体绿色，胸背部两侧假眼大，红色，第 4—5 腹节两侧褐色斜带在背部相连，第 6 腹节两侧具 1 条褐色斜带。

成虫

幼虫

785 玉带凤蝶 *Papilio polytes* Linnaeus, 1758

别　称　玉带美凤蝶、白带凤蝶、黑凤蝶、缟凤蝶。

分　布　北京、河北、陕西、山西、河南、山东、江苏、安徽、浙江、江西、湖北、湖南、福建、广东、广西、海南、贵州、四川、云南、西藏。

寄　主　柑橘、花椒等芸香科植物。

形　态　成虫体长25～28 mm，体翅均黑色，雄蝶前翅外缘有黄白色斑点9个，后翅中部有黄白色斑7个，横贯前后翅，形似玉带。雌蝶（玉带型）：斑纹同雄蝶，仅色泽较淡。雌蝶（红珠型）：前翅端半部灰色，具黑色翅脉和脉间纹，后翅室端具成团白斑，亚外缘红斑发达鲜艳。老熟幼虫体长36～45 mm，体绿色至深绿色，前胸前缘中央有紫红色臭腺。

凤蝶科 Papilionidae

雌成虫

雄成虫

幼虫

凤蝶科 Papilionidae

786 宽带凤蝶　*Papilio nephelus* Boisduval, 1836

分　布　江西、云南、广西、台湾、福建。

寄　主　柑橘等。

形　态　成虫翅展 95～120 mm。体、翅黑色或黑褐色。后翅端半部的上半部有 3～4 个白斑或淡黄色斑，并排。翅反面色淡，前翅亚臀角处有白斑或灰白斑 1～3 个，后翅除 4 个白斑与正面相同外，在白斑下还有 3 个小的白斑或黄斑排到内缘。雌蝶前翅臀角附近的白斑比雄蝶清楚明显。

成虫

幼虫背面

幼虫侧面

787 菜粉蝶　　*Pieris rapae* (Linnaeus, 1758)

别　称　菜白蝶、白粉蝶，幼虫称菜青虫。
分　布　我国各省份均有发生。
寄　主　油菜、甘蓝、花椰菜、白菜等十字花科植物。
形　态　成虫体长12～20 mm，体灰黑色，翅白色，顶角灰黑色，雌蝶前翅有2个显著的黑色圆斑，雄蝶仅有1个显著的黑斑。幼虫共5龄，初孵时灰黄色，后变青绿色，体圆筒形，密布细小黑色毛瘤，气门线黄色，每节的线上有2个黄斑。

粉蝶科 Pieridae

为害状

成虫

卵

幼虫

蛹

788　东方菜粉蝶　*Pieris canidia* (Sparrman, 1768)

别　称　黑缘粉蝶、多点菜粉蝶。
分　布　我国各省份均有发生。
寄　主　甘蓝、花椰菜、芥蓝、菜心、白菜、萝卜等。
形　态　成虫翅展 43~52 mm，体背黑色，着生白色绒毛，腹面白色。翅面粉白色。前翅前缘有细黑色线，翅基部布满黑色鳞片。幼虫暗绿色，体背黑褐色的毛瘤周围有墨绿色的圆斑，各腹节气门线上有 2 个黄斑，其一为环状围绕气门，背中线鲜黄色。

成虫腹面

成虫背面

789 大菜粉蝶 *Pieris brassicae* (Linnaeus, 1758)

别　称　欧洲粉蝶。

分　布　黑龙江、吉林、内蒙古、河北、山西、陕西、青海、四川、云南、新疆。

寄　主　油菜、甘蓝、花椰菜、白菜等。

形　态　成虫翅展 60～70 mm，前、后翅乳白色，顶角三角形黑斑到达 Cu_1 脉，黑斑内缘呈圆弧形。后翅反面微黄，前缘具 1 个黑斑。老熟幼虫体长 36～44 mm，体表每节分布大小不一的黑色瘤状突起，上有白色长毛，背线黄白色；气门椭圆形，黄褐色。

成虫

幼虫

790 橙黄豆粉蝶 *Colias fieldii* Ménétriès, 1855

分 布 黑龙江、陕西、甘肃、青海、北京、山西、山东、湖北、湖南、广西、四川、贵州、云南、西藏。

寄 主 大豆、苜蓿等豆科植物。

形 态 成虫翅展 43～58 mm。雌雄异型，翅橙黄色，前后翅外缘有黑色的宽带，雌蝶在带中有 1 列橙黄色的斑纹，雄蝶则无斑纹，但黑带的内侧边缘较雌蝶整齐；前后翅中室端的黑斑及橙黄色点较大。缘毛粉红色。翅反面颜色较淡。

成虫

幼虫背面

幼虫侧面

791　东亚豆粉蝶　*Colias poliographus* Motschulsky, 1860

分　布　我国各省份均有发生。

寄　主　豆科植物。

形　态　雄蝶翅展 44～55 mm，雌蝶翅展 46～59 mm；体躯黑色；头胸部密被灰色长绒毛，头及前胸绒毛端部红褐色；腹部被黄色鳞片和灰白色短毛，腹面色较淡。翅色变化较大，为黄色或淡黄绿色，前翅中室端部有 1 个黑斑，外缘为 1 条黑色宽带；后翅中室端部有 1 个橙色斑，端带黑色模糊。老龄幼虫体长约 30 mm，头壳为绿色，体深绿色，密布小黑点，体节多褶皱，体背密生黑色短毛，气门线黄白色，气门的后方有橙色斑，气门白色，外环褐色。

粉蝶科 Pieridae

成虫

幼虫背面

幼虫侧面

792　云粉蝶　*Pontia edusa* (Fabricius, 1777)

分　布　西藏、新疆、青海、内蒙古、甘肃、宁夏、陕西、四川、黑龙江、吉林、辽宁、河南、河北、北京、山西、山东、江苏、江西、浙江、广东、广西、云南等。

寄　主　油菜、甘蓝、花椰菜、白菜等。

形　态　雄蝶翅展 33~53 mm。前翅白色，正面有 1 个大的黑色中室端斑，顶角处的白斑有 1 条白线连到翅缘；反面中室基半部覆黄绿色鳞粉。后翅正面前缘中部有 1 个黑斑，反面黄绿色，从前缘经外缘到内缘有 9~10 个近圆形的短白斑，中域有 1 条白带，中室内有 1 个圆形的白斑。雌蝶前翅正面基部和前缘的基部到中室端斑处都密布黑褐色鳞粉，其余斑纹与雄蝶相似。春型和秋型差别较大，春型个体小，后翅反面为深褐色，夏型的个体较大，后翅反面黄绿色。

成虫

卵

幼虫背面

幼虫侧面

蛹

793 黄尖襟粉蝶 *Anthocharis scolymus* Butler, 1866

分　布　黑龙江、吉林、辽宁、北京、青海、陕西、山西、河北、河南、安徽、湖北、上海、浙江、福建。

寄　主　油菜等。

形　态　成虫翅展 40~50 mm，翅面白色，前翅狭长，中室端有 1 个肾形黑斑，顶角尖出，略呈钩状，顶角区域在前缘处有稍宽的黑色带，外缘处有 1 个黑斑，其余部分为橙黄色，翅反面也有中室端斑，顶角处前缘和外缘为绿色云状斑，中间区域白色。后翅正面白色，前缘中部有 1 个不规则形绿色斑。

成虫侧面

成虫背面

794 苎麻珍蝶 *Acraea issoria* (Hübner, 1819)

别　称　苎麻黄蛱蝶、苎麻斑蛱蝶、麻毛虫。

分　布　浙江、安徽、江西、湖北、湖南、福建、四川、云南、广东、广西、海南、西藏、台湾等。

寄　主　茶、苎麻等。

形　态　成虫体长 20~26 mm，翅展 56~70 mm，前后翅土黄色。前翅楔形纹褐色，前缘和外缘黑褐色，外缘黑褐色部分内有土黄色斑 8~9 个；后翅近外缘黑褐色部分内有土黄色斑 8 个。末龄幼虫体长 30~35 mm，头部赤黄色，前胸背板和腹部臀板黑褐色，其余各节蛋黄色，背线、亚背线、气门线、基线绛紫色，胸、腹部背面生有枝刺，基部蜡黄色，其余紫黑色。

成虫背面

成虫侧面

幼虫为害状

幼虫

蛹

795 曲纹蜘蛱蝶 *Araschnia doris* Leech, 1892

分　布　河南、陕西、江苏、安徽、浙江、江西、湖北、湖南、福建、四川、重庆、云南。

寄　主　苎麻。

形　态　成虫翅展约 36 mm，体、背黑色，腹面黄白色。前翅具橙黄色、黑褐色和黄白色斑纹，翅背面中域的黄带明显粗壮，后翅黄带弯曲，翅腹面斑纹粗。

成虫侧面

成虫背面

796 波蛱蝶 *Ariadne ariadne* (Linnaeus, 1763)

分　布　我国各省份均有发生。

寄　主　蓖麻。

形　态　成虫翅展 50～60 mm，翅背面呈红褐色，前翅中室有数条深褐色短纹，两翅有多列大致与外缘平行的深褐色波浪线纹，前翅顶区附近有 1 个小白斑。翅腹面色暗呈深红褐色，有暗色波浪线纹，翅基至中部有 3 条褐红色带。

成虫

幼虫背面

幼虫侧面

797 尖翅翠蛱蝶 *Euthalia phemius* (Doubleday, 1848)

分 布 福建、广东、香港、广西、云南、海南、西藏。
寄 主 杧果。
形 态 成虫翅展 55～70 mm，雄成虫前翅中室外侧有数条白色条纹，后翅自臀角向上延伸 1 条蓝色长三角形斑；雌成虫前翅前缘至有缘有数个白斑组成的斜带。幼虫体绿色，背部具 1 条黄绿色至白色细线，体侧具发达的羽状棘突。

成虫

幼虫

798 大红蛱蝶 *Vanessa indica* (Herbst, 1794)

分　布　辽宁、内蒙古、河北、北京、天津、山东、安徽、江苏、浙江、上海、云南等。

寄　主　苎麻、黄麻、大麻、荨麻等。

形　态　成虫翅展 54～60 mm，体粗壮黑色，翅面黑色，前翅顶角有 4 个白斑，中央有 1 条红色宽横带；后翅外缘红色，内有 4 个黑色斑，臀角黑色。

成虫

幼虫

799　小红蛱蝶　*Vanessa cardui* (Linnaeus, 1758)

分　布　我国各省份均有发生。

寄　主　菊科、桑科、麻类等。

形　态　成虫翅展 47～65 mm。翅膀背面橘色、褐色；翅端黑色，有明显的白带和小白点。前翅顶角附近有几个小白斑，翅中域有红黄色不规则横带；后翅基部与前缘同样密生黄色鳞片。翅膀腹面颜色暗淡，褐色或灰色。

成虫侧面

成虫背面

800　黄钩蛱蝶　*Polygonia c-aureum* (Linnaeus, 1758)

分　布　除西藏外，我国各省份均有分布。

寄　主　大麻、亚麻、柑橘、梨等。

形　态　成虫体长 18 mm，翅展 45~61 mm。前翅前缘暗色，外缘有黑褐色波带，中室内有 3 个黑褐色斑点；后翅中室基部有 1 个黑点；翅外缘角突尖锐。

成虫背面

成虫侧面

801 稻眉眼蝶 *Mycalesis gotama* Moore, 1857

别　称　黄褐蛇目蝶、日月蝶、蛇目蝶、短角稻眼蝶。

分　布　陕西、甘肃、河南、山东、江苏、安徽、浙江、江西、湖北、湖南、福建、广东、广西、海南、台湾、四川、贵州、云南、西藏。

寄　主　稻、茭白、甘蔗等。

形　态　成虫体长 15~17 mm，体背及翅的正面常为灰褐色，前后翅外缘钝圆，前翅正面的 2 个眼斑各自分开，前小后大，眼斑中央白色，中圈黑色，外圈黄色。初孵幼虫浅白色，老熟幼虫草绿色。

蛱蝶科 Nymphalidae

成虫

幼虫

幼虫头部

802 亮灰蝶 *Lampides boeticus* (Linnaeus, 1767)

别　称　曲纹灰蝶、曲斑灰蝶、波纹小灰蝶。

分　布　北京、陕西、河南、安徽、江苏、浙江、福建、台湾、海南、广东、云南、香港等。

寄　主　扁豆等豆科植物。

形　态　成虫翅展 30～35 mm。雄蝶翅正面紫褐色，前翅外缘褐色；后翅前缘与顶角暗灰色，臀角处有 2 个黑斑。雌蝶前翅基后半部与后翅基部青蓝色，其余暗灰色；后翅臀角处 2 个黑斑清晰，外缘各室淡褐色斑隐约可见。翅反面灰白色。

成虫侧面

成虫背面

幼虫背面

幼虫侧面

卵

803　蓝灰蝶　*Everes argiades* (Pallas, 1771)

分　布　黑龙江、北京、河北、河南、山东、江西、山西、陕西、浙江、福建、海南、台湾。

寄　主　扁豆、豇豆等。

形　态　成虫翅展约 30 mm。雄成虫翅背面蓝紫色，前翅外缘、后翅前缘与外缘褐色。雌成虫则为黑褐色，仅在翅基部具蓝色金属光泽。翅反面灰白色，具许多黑色小斑点，后翅近臀角处具橙色斑，尾突白色，中间有黑色斑。

成虫

804　豆灰蝶　*Plebejus argus* (Linnaeus, 1758)

分　布　我国各省份均有发生。

寄　主　大豆、豌豆、绿豆、豇豆、扁豆等。

形　态　成虫翅展 29~31 mm。成虫翅背面蓝紫色，前翅外缘、后翅前缘和外缘有黑边，缘毛白色。翅腹面灰褐色，前后翅中室端、亚缘、外缘有黑斑列，外缘斑中部有橙色带。后翅基部略呈蓝色。

成虫

双翅目

(Diptera)

双翅目昆虫俗称蝇、蚊、虻、蚋、蠓等，其中，少部分种类为植食性，如潜蝇、实蝇、瘿蚊等，但为害较大，如美洲斑潜蝇、柑橘小实蝇、麦红吸浆虫等。双翅目害虫取食植物叶片、花芽、茎秆、果实、根等部位，造成叶片光合作用效率下降、花芽畸形、茎秆枯死、果实腐烂等。

双翅目害虫的幼虫与成虫的习性和食性很不一致。成虫多白天活动，善飞行，有趋光性，对黄色有较强的趋性，产卵于叶片、果实等部位，吸食植物的汁液、花蜜等。幼虫多潜入植物的叶、茎、果实中取食，少数在地下为害种子和根系，部分种类引起虫瘿，藏匿其中取食。幼虫老熟后，有些种类在为害部位化蛹，有些种类钻出为害部位，钻入土壤化蛹。

双翅目害虫的防治，可结合田间管理，及早摘除受害叶片、果实，带出田间销毁，以减少田间虫源基数。合理安排茬口，与非寄主作物轮作，也是一种经济有效的防治手段。利用双翅目害虫的趋性，设置杀虫灯、粘虫板、诱捕器、诱捕球等诱杀成虫。设施栽培的，还可以利用防虫网阻止其进入为害，或释放姬小蜂、茧蜂等天敌。由于双翅目害虫多钻蛀为害，且部分害虫年生代数多，因此，容易产生抗药性，生产中应注意不同种类的药剂轮换使用。防治潜蝇、瘿蚊，可选用灭蝇胺、阿维菌素、乙基多杀菌素、氰氟虫腙、吡虫啉、啶虫脒等；防治实蝇，可选用甲氨基阿维菌素苯甲酸盐、阿维菌素、阿维·高氯、噻虫胺、氯氰·毒死蜱、阿维·多霉素等。

805 麦黄吸浆虫 *Contarinia tritici* (Kirby, 1798)

分　布　黑龙江、内蒙古、山西、陕西、甘肃、青海、宁夏、河北、河南、湖北、四川、贵州。

寄　主　小麦、大麦、青稞、燕麦等。

形　态　成虫体鲜黄色，雌虫体长 2 mm，雄虫体长 1.5 mm；雄虫抱握器基节内缘光滑无齿，端节末齿小而不明显，腹瓣分裂；雌虫伪产卵管细长，全伸出约为体长的 2 倍。幼虫体长约 2.5 mm，黄绿色，体表光滑。

为害状

幼虫　　　　　　　　　　　　幼虫

806 枣瘿蚊 *Dasineura jujubifolia* Jiao & Bu, 2017

别　称　枣芽蛆、卷叶蛆、枣蛆。

分　布　北京、河北、陕西、河南、山西、山东。

寄　主　枣。

形　态　成虫体橙红色或灰褐色；雌成虫体长 1.4～2 mm，头、胸灰黄色，胸背隆起，黑褐色；复眼黑色，呈肾形；触角灰黑色，触角细长不及体半，念珠状，上生长毛和环丝；前翅椭圆形，灰色，翅面布有黑色微毛，翅脉 3 根。雄成虫略小，灰黄色，触角发达，各节呈瓶状，膨大部分生有长毛和环丝两圈，长超过体半，腹部细长。幼虫蛆状，长 1.5～3 mm，乳白色，无足。

为害状

成虫

幼虫

807　梨卷叶瘿蚊　*Contarinia pyrivora* (Riley, 1886)

别　称　梨红沙虫、梨叶蛆。

分　布　陕西、河南、山东、江苏、安徽、湖北、浙江、江西、福建、四川、重庆、贵州、广西。

寄　主　梨。

形　态　雌成虫体长 1.5～2.3 mm，翅展 3.8～4.5 mm，头、胸部灰黑色，腹部红棕色或橘黄色。头部较小，复眼黑色，大且突出，两复眼左右相连，几乎占据了整个头部。触角念珠状，15 节。胸部明显的隆起。1—2 龄幼虫无色透明，随着幼虫虫龄的增加，由乳白色渐变为橘红色。

为害状

幼虫

808　花椒伪安瘿蚊　*Pseudasphondylia zanthoxyli* Mo, Bu & Li, 2007

分　布　四川、云南。

寄　主　花椒。

形　态　成虫体长 1.5～2.4 mm，雌虫略大。复眼黑色，口器、触角灰黄褐色；胸部黑褐色，翅基部暗黄色，前翅透明，腹部黄褐色。幼虫蛆状，橘黄色。

为害状

幼虫

蛹

809 菠菜潜叶蝇 *Pegomya cunicularia* (Rondani, 1866)

别　称　肖藜泉蝇。

分　布　辽宁、内蒙古、新疆、青海、河北、山西、江苏、安徽。

寄　主　菠菜、甜菜、茄等。

形　态　成虫体长 5～6 mm，全体背面灰黄色或灰褐色；头部几乎全为棕黄色，胸部黑色。幼虫污黄色，长约 7.5 mm，腹部末端具肉质突起 7 个。

为害状

幼虫

幼虫

潜蝇科 Agromyzidae

810　番茄斑潜蝇　*Liriomyza bryoniae* (Kaltenbach, 1858)

别　称　瓜斑潜蝇、蔬菜斑潜蝇。

分　布　我国各省份均有发生。

寄　主　番茄、黄瓜、莴笋、豆类、甘蓝、油菜、白菜、茼蒿等。

形　态　成虫灰黑色，翅长约 2 mm。头部大部分为黄色，额区亮黄色，头内、外顶鬃着生处黄色，外顶鬃有时近黑色外缘；眼眶浅褐灰色；触角第 3 节圆形，黄色。中胸背板黑色有光泽。小盾片半圆形，黄色，两侧黑褐色。老熟幼虫 3 mm，淡黄色。

成虫背面

成虫侧面

为害状

811　美洲斑潜蝇　*Liriomyza sativae* Blanchard, 1938

别　称　蔬菜斑潜蝇、蛇形斑潜蝇、甘蓝斑潜蝇。

分　布　我国各省份均有分布。

寄　主　黄瓜、菜豆、番茄、白菜、油菜、芹菜、茼蒿、生菜等。

形　态　成虫体长 1.3～2.3 mm，胸背面亮黑色有光泽，腹部背面黑色，侧面和腹面黄色，臀部黑色；雄虫腹末圆锥状，雌虫腹末短鞘状。中胸背板亮黑色，小盾片鲜黄色，足基节、腿节黄色，前足黄褐色，后足黑褐色，腹部大部分黑色，但各背板的边缘有宽窄不等的黄色边。幼虫蛆形，1 龄幼虫几乎是透明的，2—3 龄变为鲜黄色，老熟幼虫可达 3 mm，腹末端有 1 对形似圆锥的后气门。

成虫

幼虫

为害状

812 葱斑潜蝇 *Liriomyza chinensis* (Kato, 1949)

别　称　葱潜叶蝇、韭菜潜叶蝇。

分　布　黑龙江、内蒙古、辽宁、宁夏、河北、山东、山西、河南、安徽、福建、台湾、新疆等。

寄　主　葱、韭、蒜、洋葱等。

形　态　雌成虫体长 2～2.5 mm，雄成虫 1.7～2 mm。成虫头部黄色，复眼蓝绿色且有金属光泽；触角 3 节，黄色。胸部灰黑色，仅肩胛、翅基部和背板两侧淡黄色。足黄色。前翅无色透明，后翅平衡棒黄色。

成虫背面

成虫侧面

为害状

幼虫

幼虫

813 豌豆彩潜蝇 *Chromatomyia horticola* (Goureau, 1851)

别 称 豌豆潜叶蝇。

分 布 除西藏外，我国各省份均有发生。

寄 主 豆科、十字花科、菊科、葫芦科的多种作物。

形 态 成虫体长 2～3 mm，翅展 5～7 mm，暗灰色。头部黄色，短而宽。复眼椭圆形，红褐色。触角 3 节，短小，黑色。胸部发达，翅 1 对，透明，有紫色闪光。后翅退化为平衡棒，黄色至橙黄色。幼虫体长 2.9～3.5 mm，前端可见能伸缩的口钩。体表光滑柔软，由乳白色转为黄白色或鲜黄色。

潜蝇科 Agromyzidae

成虫

幼虫

蛹

幼虫潜叶为害

在潜道内化蛹

双翅目

814 麦黑斑潜叶蝇 *Cerodontha denticornis* (Panzer, 1806)

分 布 宁夏、甘肃、陕西、天津、北京、河北、山东、江苏、河南、安徽。

寄 主 小麦、大麦、燕麦等。

形 态 成虫体长约 2 mm，头部黄色，间额褐色，单眼三角区黑色，复眼黑褐色；胸部黄色，背面具 1 个"凸"字形黑斑块，前方与颈部相连，后方至中胸后盾片中部，黑斑中央具"V"形浅洼；小盾片黄色，后盾片黑褐色；翅透明浅黑褐色，平衡棍浅黄色；各足腿节黄色。幼虫体长 2.5~3 mm，乳白色，蛆状，前气门 1 对，黑色；后气门 1 对黑褐色。

为害状

幼虫

蛹

815 狗尾草角潜蝇　　*Cerodontha setariae* (Spencer, 1959)

分　布　辽宁、河北、河南、安徽、上海、海南。

寄　主　玉米、粟、高粱等。

形　态　成虫体长 1.8~2.1 mm，体黑色。幼虫体长约 2 mm，乳白色至黄白色，蛆形，体节明显。蛹长约 2 mm，初为黄色，后变为黄褐色至深褐色。

为害状

幼虫

蛹

816　豆叶东潜蝇　*Japanagromyza tristella* (Thomson, 1869)

分　布　北京、河南、河北、山东、安徽、江苏、福建、四川、陕西、广东、云南。

寄　主　大豆等豆科植物。

形　态　小型蝇，翅长 2.4～2.6 mm。体黑色。幼虫体长约 4 mm，黄白色。

为害状

幼虫

蛹

817 豆秆黑潜蝇 *Melanagromyza sojae* (Zehntner, 1900)

分　布　河南、山东、安徽、上海、福建。

寄　主　大豆、豇豆、菜豆等。

形　态　成虫体长约 2.5 mm，体色黑亮，腹部有蓝绿色光泽，复眼暗红色；前翅膜质透明，具淡紫色光泽，平衡棒全黑色。末龄幼虫体长约 3.3 mm，额凸起或仅稍隆起，口钩每颚具 1 端齿，端齿尖锐，体乳白色。

成虫

为害状

幼虫

818 柑橘小实蝇 *Bactrocera dorsalis* (Hendel, 1912)

分　布　陕西、安徽、湖北、江苏、浙江、贵州、云南、重庆、四川、湖南、广西、广东、台湾、福建。

寄　主　柑橘、枇杷、杨梅、洋桃、桃、李、番木瓜、荔枝、香蕉、杧果、无花果、番荔枝、番石榴、龙眼、梨等。

形　态　成虫体长6～8 mm，翅展16 mm，全体深黑色和黄色相间；胸部共有鬃11对，多为黄褐色；腹部椭圆形，雄虫为4节，雌虫为5节；产卵管发达，但长度不及腹部的一半，后端狭小，部分短于第5腹节。幼虫蛆状，黄白色。

成虫背面

成虫侧面

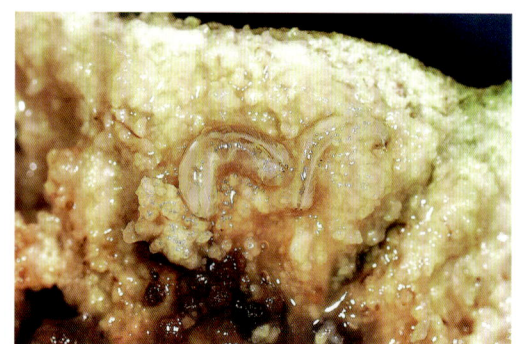

幼虫

819 柑橘大实蝇 *Bactrocera minax* (Enderlein, 1920)

分　布　甘肃、陕西、河南、山东、江苏、湖北、湖南、四川、贵州、广西、云南、台湾。

寄　主　柑橘、橙等柑橘类植物。

形　态　成虫体长 10～13 mm，体淡黄褐色。复眼肾形，金绿色。胸部背面中央有茶褐色"人"字形斑。翅透明，翅脉黄褐色，翅痣和翅端斑棕色。腹部背面有 1 条黑色纵纹，与第 3 节前缘黑纹交叉成"十"字形。

成虫背面

成虫侧面

820 瓜实蝇 *Bactrocera cucurbitae* (Coquillett, 1899)

别　称　黄瓜实蝇、瓜小实蝇、瓜大实蝇。

分　布　江苏、湖南、四川、贵州、云南、福建、广东、广西、海南、台湾。

寄　主　苦瓜、节瓜、冬瓜、南瓜、黄瓜、丝瓜等。

形　态　成虫体长 7～9 mm，前胸背面两侧各有 1 个黄色斑点，中胸两侧各有 1 个较粗的黄色竖条斑，背面有并列的 3 条黄色纵纹，后胸小盾片黄色至土黄色；翅透明，有光泽，亚前缘脉和臀区各有 1 个长条斑，翅尖有 1 个圆形斑。腹部近椭圆形，腹部背面第 3 节前缘有 1 个狭长黑色横纹，从横纹中央向后直达尾端有 1 个黑色纵纹。

成虫

前胸背板

821 具条实蝇 *Bactrocera scutellata* (Hendel, 1912)

分　布　陕西、安徽、贵州、四川、广西、福建。
寄　主　南瓜、丝瓜、黄瓜、西瓜、冬瓜、番茄、茄、辣椒、番石榴、杧果等。
形　态　成虫体长 7～9.5 mm，体褐色，头部黄褐色。胸部黑色，具 3 条黑色闪光纵带。小盾片黄色，端部有黑斑。腹部黄褐色，具 3 条完整的黑横带。翅前缘褐色条纹宽。

成虫背面

成虫侧面

822 南瓜实蝇 *Bactrocera tau* (Walker, 1849)

别　称　南亚果实蝇。

分　布　浙江、江西、湖北、福建、台湾、广东、广西、四川、云南、海南、西藏。

寄　主　南瓜、苦瓜、丝瓜、冬瓜、笋瓜、西葫芦、葫芦、黄瓜、甜瓜、西瓜、茄、番茄、辣椒等。

形　态　成虫体长 11～12 mm。头部黄色或黄褐色，颜面具 2 个黑斑。中胸盾片黄褐色或淡棕褐色，缝后有 3 个黄色纵斑。小盾片黄色，基部有 1 条黑色狭横带。翅前缘带褐色，于翅端部扩展成 1 个椭圆形斑。腹部黄色或黄褐色，第 2、第 3 背板的前缘各有 1 条黑色横带，第 4、第 5 背板的前侧角一般也有黑色短带，第 3—5 背板的中央有 1 条黑色纵纹。

成虫背面

成虫侧面

膜 翅 目
(Hymenoptera)

膜翅目昆虫俗称蜂、蚁，少部分种类为植食性，可对农作物造成为害的类群少，主要包括叶蜂和瘿蜂，可为害叶片、茎秆、果实等部位，造成叶片缺刻、畸形、落果等。少数蚁科昆虫也能造成一定的为害，如入侵害虫红火蚁，不仅能对农作物根系造成为害，还能叮咬农事操作人员，造成伤害。蚁科昆虫能通过"放牧"蚜虫、介壳虫等半翅目害虫，间接给农作物带来为害。

膜翅目害虫每年多发生1代，少数发生多代，以老熟幼虫或蛹在土壤、根茬或虫瘿中越冬。成虫白天活动，飞翔能力不强，取食花蜜补充营养。卵产于为害部位，叶蜂幼虫多啃食叶片，造成叶片残破或吃光叶片，部分种类可蛀果为害；瘿蜂为害常造成叶片、枝条肿大畸形，受害严重时，虫瘿布满树梢，很少长出新梢。

膜翅目害虫可结合田间管理，利用幼虫的群集性或假死性，人工捕杀幼虫或摘除虫瘿。收获后，及时深耕，破坏土茧，也可杀死老熟幼虫或蛹。必要时可喷药防治，药剂可选用高效氯氟氰菊酯、溴氰菊酯、联苯菊酯、吡虫啉、啶虫脒、噻虫嗪等。

823　小麦叶蜂　*Dolerus tritici* Chu, 1949

- **别　称**　齐头虫、小黏虫。
- **分　布**　黑龙江、吉林、辽宁、内蒙古、甘肃、青海、山东、山西、陕西、河南、安徽、江苏、浙江、江西、湖北、湖南、广西、四川。
- **寄　主**　麦类。
- **形　态**　成虫体长 8～9 mm，体大部为黑色，翅近透明。胸腹部光滑，散有细稀点刻；末龄幼虫体长 17～18 mm，圆筒形，胸部较粗，腹末较细，头深褐色，胸腹部灰绿色，腹部各节多横皱。

幼虫背面

幼虫侧面

824 桃叶蜂 *Pristiphora sinensis* Wong, 1977

别　称　中华锉叶蜂、中华锤缘叶蜂。

分　布　北京、河北、山西、山东、河南、安徽、江苏、湖北、湖南、浙江、贵州、福建。

寄　主　桃、李、梨、樱桃等。

形　态　成虫体长 6～7 mm，翅展 15～17 mm；前胸背板后缘凹入深，两端接触肩板；翅黑褐色，前翅有粗短的翅痣。幼虫初为淡黄色或黄白色，取食后变为浅绿色，老熟幼虫体长 18.3～21.6 mm，暗绿色，头部橘黄色，尾部淡黄色。

群集为害

幼虫

幼虫

825 桃粘叶蜂 *Caliroa matsumotonis* (Harukawa, 1919)

别　称　梨叶蜂

分　布　山东、河南、安徽、山西、四川、云南、江苏。

寄　主　梨、桃、李、杏、樱桃、柿、山楂等。

形　态　成虫体长 10～13 mm，体黑色，有光泽。头部较大。触角丝状，9 节。复眼较大，暗红色至黑色。雄虫胸部全黑色，雌虫胸部两侧和肩板黄褐色。翅宽大、透明，微带暗色，翅脉和翅痣黑色。足淡黑褐色。雄虫腹部筒形，雌虫略呈竖扁。幼虫体长 10 mm，黄褐色至绿色。头近半球形，体光滑。

幼虫

幼虫

826　栗瘿蜂　*Dryocosmus kuriphilus* Yasumatsu, 1951

别　称　栗瘤蜂。
分　布　除西藏、新疆外，我国各省份均有发生。
寄　主　栗。
形　态　雌虫体长 3～4 mm，腹部较大；雄虫体长 2～3 mm，腹部较小，末端钝圆。体黑褐色，有光泽。头短而宽，触角丝状，14 节。胸部黑色，密布小点刻和白色纤毛；翅薄透明，上有细毛；足基节黑色，腿节黑色或部分黄色，胫节、跗节黄色。老熟幼虫体长 3.5～3.8 mm，乳白色，粗壮，无足。

为害状

幼虫

绒螨目

（Trombidiformes）

绒螨目隶属蛛形纲（Arachnida），分类上不属于昆虫，但因为叶螨、瘿螨、跗线螨等植食性螨类对农作物造成的为害与部分害虫具有一定的相似性，因此，也常被当作广义上的害虫。植食性螨类主要为害叶片，以成螨和若螨刺吸叶片汁液，造成叶片褪色、畸形、卷缩，甚至全叶枯死。此外，还可传播植物病毒病。

　　植食性螨类每年可发生 2～4 代，部分种类在南方可发生 20 多代，世代重叠，以成螨或卵及若螨在草根、枯叶、土缝或树皮裂缝内越冬。喜群集为害，叶螨有吐丝结网的习性，大发生或食料不足时常千余头群集叶端成一团，也可吐丝下垂，借风力扩散传播。多营两性生殖，有时也可孤雌生殖。幼螨和前期若螨不甚活动，后期若螨则活泼贪食。瘿螨为害，可引起叶片卷曲，芽叶萎缩，芽梢停止生长，严重时枝叶干枯。

　　发生螨类为害后，可适当灌溉，增加田间湿度，减轻为害。因地制宜进行轮作倒茬，合理调整耕作制度。采收后及时浅耕灭茬，冬春进行灌溉，可破坏其适生环境，减轻为害。必要时，在发生初期喷药防治，药剂可选用乙唑螨腈、腈吡螨酯、联苯肼酯、丁氟螨酯、螺螨酯、乙螨唑、炔螨特、四螨嗪、炔螨特、哒螨灵、丁醚脲、噻螨酮、唑螨酯等，注意轮换使用。

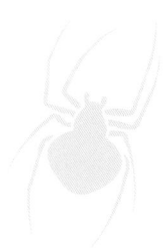

827 麦圆蜘蛛 *Penthaleus major* (Dugès, 1834)

别　称　麦叶爪螨。

分　布　山东、山西、陕西、河南、安徽、江苏、湖北、浙江、江西、四川等。

寄　主　小麦、大麦、燕麦、豌豆等。

形　态　雌成螨体卵圆形，长 0.60～0.98 mm；体黑褐色，疏生白色毛；体背后部有隆起的肛门；足橙黄色至红色，4 对，第 1 对最长；口器、足和肛门周围红色。幼螨红褐色至暗绿色，3 对足；若螨与成螨近似，体略小。

群集为害

成螨

幼螨

828 麦长腿蜘蛛 *Petrobia latens* (Müller, 1776)

别　称　麦岩螨。

分　布　河北、山西、山东、河南、安徽、陕西、甘肃、内蒙古、青海、西藏等。

寄　主　小麦、大麦、燕麦、玉米、大豆、甘薯、花生等。

形　态　雌成螨体纺锤形，黑褐色，体长约 0.60 mm，体背有不明显的指纹状斑；足 4 对，红或橙黄色，细长，第 1 对足特别发达。幼螨体圆形，足 3 对，初鲜红色，取食后变为黑褐色；若螨与成螨相似，体略小。

群集为害

成螨

若螨

829　朱砂叶螨　*Tetranychus cinnabarinus* (Boisduval, 1867)

分　布　我国各省份均有分布。

寄　主　棉花、黄麻、苎麻、烟草、玉米、豆类、芝麻、茄、辣椒、瓜类、向日葵、桑等。

形　态　雌成螨体长 0.48～0.55 mm，椭圆形，体色常随寄主而异，多为锈红色至深红色，体背两侧各有 1 对黑斑。雄成螨体长 0.35 mm，前端近圆形，腹末稍尖，体色较雌淡。卵球形，直径约 0.13 mm，初产时白色，后变为乳黄色至微红色。

叶螨科 Penthaleidae

群集为害

为害西瓜

为害棉花

成螨

卵

830 二斑叶螨 *Tetranychus urticae* Koch, 1836

分 布 北京、河北、辽宁、陕西、甘肃、山东、安徽、江苏、台湾等。

寄 主 棉花、玉米、高粱、马铃薯、番茄、茄、辣椒、苹果、桃、李、葡萄等。

形 态 雌成螨体长 0.45～0.55 mm，卵圆形，黄白色或浅绿色，足及颚体白色，越冬代滞育个体橘红色，体躯两侧各有 1 个褐斑。雄成螨略小，体长 0.35～0.4 mm，淡黄色或黄绿色，体末稍尖削。幼螨足 3 对，淡黄色或黄绿色，体背无斑或斑不明显；若螨足 4 对，黄绿色或深绿色，体背有 2 个斑点。

群集为害

成螨

卵

831 柑橘全爪螨 *Panonychus citri* (McGregor, 1916)

别　称　柑橘红蜘蛛、柑橘红叶螨、瘤皮红蜘蛛。

分　布　海南、广东、广西、福建、台湾、云南、四川、重庆、贵州、湖北、湖南、江西、浙江、江苏、上海、河南、山东、陕西、北京。

寄　主　柑橘类、梨、苹果、桃等。

形　态　成螨长 0.35～0.4 mm，椭圆球形，背面隆起，深红色。背毛白色，着生于红色的毛瘤上。足橘黄色。卵近球形，直径约 0.13 mm，橘红色至鲜红色。幼螨淡红色，足 3 对；若螨形态、色泽近似成螨，体形较小，足 4 对。

叶螨科 Penthaleidae

群集为害

成螨

若螨

832 山楂叶螨 *Amphitetranychus viennensis* (Zacher, 1920)

别　称　山楂红蜘蛛。

分　布　广西、江西、江苏、湖北、河南、山东、陕西、山西、宁夏、甘肃、河北、北京、天津、辽宁、青海、新疆、西藏等。

寄　主　苹果、梨、桃、杏、李、樱桃、山楂、核桃等。

形　态　成螨体长 0.4～0.7 mm，越冬型雌成螨朱红色，有绢丝光泽；夏型雌成螨红色至暗红色，鲜红至暗红色，体背两侧有黑绿色斑纹。幼螨及若螨黄绿色或浅橙黄色，后期若螨体形与成螨相似，绿色。

成螨

若螨

卵

833 茶黄螨 *Polyphagotarsonemus latus* (Banks, 1904)

别　称　侧多食跗线螨。

分　布　我国各省份均有发生。

寄　主　茄、辣椒、番茄、苦瓜、丝瓜、黄瓜、豇豆、菜豆、萝卜、芥菜、马铃薯、棉花、桑等。

形　态　雌螨体长约 0.21 mm，椭圆形，淡黄色至橙黄色，半透明，体背中央有白色纵条纹，足 4 对，较纤细。雄螨足较长而粗壮。幼螨近椭圆形，足 3 对；若螨半透明，近椭圆形。

群集为害

成螨及卵

瘿螨科 Eriophyidae

834　荔枝瘿螨　*Aceria litchii* (Keifer, 1943)

分　布　台湾、福建、广西、广东、海南。

寄　主　荔枝、龙眼。

形　态　成螨体极微小，长 0.12～0.16 mm，乳白色或淡黄色。前体近三角形，表面光滑，后体密生环纹。叶片受害后形成毛瘿，毛瘿内的寄主组织因受刺激而产生灰白绒毛，以后逐渐变成黄褐色、红褐色至深褐色，形似毛毡状。

为害状

为害状

835 栗瘿螨 *Aceria castanis* (Lu, 1984)

分 布 陕西、河北、河南、安徽。

寄 主 栗。

形 态 成螨体长 0.16～0.18 mm，乳白色至浅黄色，半透明。被害叶片正面生出袋装虫瘿，虫瘿长 10～15 mm，宽约 3 mm，少数虫瘿生在叶背。

为害状

为害状

836 枸杞瘿螨 *Aceria pallida* Kefer, 1964

分 布 内蒙古、青海、陕西、甘肃、宁夏、山西、山东。
寄 主 枸杞。
形 态 成螨体长 0.12～0.33 mm，橙黄色或赭黄色，半透明，长圆锥形，前端粗，后端细。被害部初期为绿色隆起，后期呈紫黑色痣状虫瘿，组织肿胀、变形。

为害状

为害状

主要参考文献

彩万志, 崔建新, 刘国卿, 等, 2017. 河南昆虫志. 半翅目. 异翅亚目 [M]. 北京: 科学出版社.

蔡凌, 徐来杰, 2001. 稻赤斑黑沫蝉和刘氏长头沫蝉的特征特性 [J]. 安徽农业科学, 29(2): 185-186.

蔡明段, 易干军, 彭成绩, 2011. 柑橘病虫害原色图鉴 [M]. 北京: 中国农业出版社.

陈世骧, 1986. 中国动物志. 昆虫纲. 鞘翅目. 铁甲科 [M]. 北京: 科学出版社.

陈祥盛, 张争光, 常志敏, 2014. 中国瓢蜡蝉和短翅蜡蝉 (半翅目: 蜡蝉总科)[M]. 贵阳: 贵州科技出版社.

陈元洪, 陈玉妹, 林仁魁, 等, 1990. 甘蔗新害虫蔗网蝽研究初报[J]. 福建农业科技(2): 8-9.

丁锦华, 胡春林, 傅强, 等, 2012. 中国稻区常见飞虱原色图鉴 [M]. 杭州: 浙江科学技术出版社.

段文心, 2020. 中国广翅蜡蝉科分类及比较形态学研究 [D]. 贵阳: 贵州大学.

高翠青, 2010. 长蝽总科十个科中国种类修订及形态学和系统发育研究 (半翅目: 异翅亚目)[D]. 天津: 南开大学.

高日霞, 陈景耀, 2011. 中国果树病虫原色图谱 (南方卷)[M]. 北京: 中国农业出版社.

韩红香, 薛大勇, 2011. 中国动物志. 昆虫纲. 第五十四卷. 鳞翅目. 尺蛾科. 尺蛾亚科[M]. 北京: 科学出版社.

何学友, 熊瑜, 蔡守平, 等, 2010. 油茶害虫名录 [J]. 武夷科学, 26: 11-30.

侯树敏, 胡宝成, 胡本进, 等, 2013. 安徽冬油菜新害虫: 油菜叶露尾甲 [J]. 中国油料作物学报, 35(6): 692-696.

胡春林, 丁锦华, 孙长海, 等, 2014. 江苏飞虱志 [M]. 北京: 科学技术文献出版社.

湖南省林业厅, 1992. 湖南森林昆虫图鉴 [M]. 长沙: 湖南科学技术出版社.

华立中, 奈良一, 2009. 中国天牛 (1406种) 彩色图鉴 [M]. 广州: 中山大学出版社.

黄伟康, 孔祥义, 柯用春, 等, 2018. 普通大蓟马的研究进展[J]. 中国蔬菜 (2): 21-27.

晋燕, 刘晓飞, 叶辉, 2014. 具条实蝇研究综述 [J]. 生物灾害科学, 37(3): 191-197.

雷仲仁, 郭予元, 李世访, 2014. 中国主要农作物有害生物名录 [M]. 北京: 中国农业科学技术出版社.

李海斌, 武三安, 2013. 外来入侵新害虫: 无花果蜡蚧 [J]. 应用昆虫学报, 50(5): 1295-1300.

刘广瑞, 章有为, 王瑞, 1997. 中国北方常见金龟子彩色图鉴 [M]. 北京: 中国林业出版社.

吕佩珂, 苏慧兰, 庞震, 等, 2010. 中国现代果树病虫原色图鉴 [M]. 北京: 蓝天出版社.

孟绪武, 2003. 安徽省昆虫名录 [M]. 合肥: 中国科学技术大学出版社.

墨铁路, 卜文俊, 李强, 2007. 中国伪安瘿蚊属一新种记述 (双翅目, 瘿蚊科) [J]. 动物分类学报, 32(4): 974-976.

饶戈, 叶朝霞, 2012. 香港蜻类昆虫图鉴 [M]. 香港: 香港昆虫学会.

孙昱, 2023. 青藏高原东缘蝉科昆虫多样性及地理分布研究 [D]. 杨凌: 西北农林科技大学.

王满强, 2010. 中国袖蜡蝉科分类研究 (半翅目: 蜡蝉总科)[D]. 杨凌: 西北农林科技大学.

王旭, 2018. 中国蝉亚科系统分类研究 (半翅目: 蝉科)[D]. 杨凌: 西北农林科技大学.

王助引, 周至宏, 陈可才, 等, 1992. 广西甘蔗新害虫: 蔗斑翅粉虱 [J]. 广西植保(3): 30.

魏忠民, 武春生, 2005. 中国云粉蝶属分类研究 (鳞翅目, 粉蝶科)[J]. 动物分类学报, 30(4): 815-821.

吴佳教, 梁帆, 梁广勤, 2009. 实蝇类重要害虫鉴定图册 [M]. 广州: 广东科技出版社.

吴钜文, 陈红印, 2013. 蔬菜害虫及其天敌昆虫名录 [M]. 北京: 中国农业科学技术出版社.

吴跃开, 杨霞, 付莉, 2018. 贵州首次发现核桃上的新害虫: 核桃全斑蚜 [J]. 植物检疫, 32(5): 50-53.

武春生, 2010. 中国刺蛾科幼虫的寄主植物多样性分析 [J]. 中国森林病虫, 29(2): 1-4.

武春生, 方承莱, 2009. 中国绿刺蛾属的新种和新纪录种 (鳞翅目, 刺蛾科)[J]. 动物分类学报, 34(4): 917-921.

武春生, 徐堉峰, 2017. 中国蝴蝶图鉴 (Ⅰ、Ⅱ、Ⅲ、Ⅳ)[M]. 福州: 海峡书局.

武三安, 黄少彬, 2023. 中国介壳虫原色图鉴 [M]. 郑州: 河南科学技术出版社.

萧采瑜, 1977. 中国蝽类昆虫鉴定手册 (半翅目异翅亚目) 第一册 [M]. 北京: 科学出版社.

萧采瑜, 任树芝, 郑乐怡, 等, 1981. 中国蝽类昆虫鉴定手册 (半翅目异翅亚目) 第一册 [M]. 北京: 科学出版社.

肖强, 2015. 中国茶园小绿叶蝉的种名是小贯小绿叶蝉[J]. 茶叶科学, 35(6): 604.

肖强, 2020. 茶树病虫和天敌名录 [M]. 北京: 中国农业出版社.

闫凤鸣, 白润娥, 2017. 中国粉虱志 [M]. 郑州: 河南科学技术出版社.

严晓素, 徐志宏, 蒋平, 等, 2005. 浙江省板栗病虫害种类调查及其名录 [J]. 浙江林业科技, 25(6): 40-49.

杨茂发, 孟泽洪, 李子忠, 2017. 中国动物志. 昆虫纲. 第六十七卷. 半翅目. 叶蝉科 (二) 大叶蝉亚科 [M]. 北京: 科学出版社.

伊文博, 卜文俊, 2017. 中国三种稻缘蝽名称订正 (半翅目: 蛛缘蝽科)[J]. 环境昆虫学报, 39(2): 460-463.

虞国跃, 2015. 北京蛾类图谱 [M]. 北京: 科学出版社.

虞国跃, 彭正强, 温海波, 等, 2014. 外来种小巢粉虱 *Paraleyrodes minei* 的识别及寄主植物 [J]. 环境昆虫学报, 36(3): 455-458.

虞国跃, 王合, 2019. 北京蚜虫生态图谱 [M]. 北京: 科学出版社.

虞国跃, 王合, 冯术快, 2016. 王家园昆虫 [M]. 北京: 科学出版社.

虞国跃, 王山宁, 刘博, 等, 2019. 海南发现新入侵害虫: 橘绵粉虱 *Aleurothrixus floccosus* (Maskell) [J]. 生物安全学报, 28(3): 204-207.

虞佩玉, 王永书, 1996. 中国经济昆虫志. 第五十四册. 鞘翅目. 叶甲总科 (二)[M]. 北京: 科学出版社.

张桂芬, 马德英, 刘万学, 等, 2019. 中国新发现外来入侵害虫: 南美番茄潜叶蛾 (鳞翅目: 麦蛾科) [J]. 生物安全学报, 28(3): 200-203.

张汉鹄, 谭济才, 2004. 中国茶树害虫及其无公害治理 [M]. 合肥: 安徽科学技术出版社.

张龙, 2019. 中国百种蝗虫原色图鉴 [M]. 北京: 中国农业大学出版社.

张琦, 赵曼, 罗泉, 等, 2022. 条赤须盲蝽形态特征与生物学特性 [J]. 昆虫学报, 65(11): 1512-1523.

张润志, 乔格侠, 2020. 常见蚜虫生态图鉴 [M]. 北京: 科学出版社.

张小冬, 陈泽坦, 钟义海, 等, 2008. 新菠萝灰粉蚧生活习性初探 [J]. 华东昆虫学报, 17(1): 22-25.

张中润, 王金辉, 于永浩, 等, 2023. 腰果病虫害识别与防治图谱 [M]. 北京: 中国农业出版社.

章士美, 赵泳祥, 1996. 中国农林昆虫地理分布 [M]. 北京: 中国农业出版社.

赵冬香, 高景林, 卢芙萍, 等, 2010. 海南岛荔枝、龙眼害虫种类名录 [J]. 热带作物学报, 31(10): 1797-1805.

赵清, 2018. 中国蝽科疑难属分类学研究 [M]. 北京: 中国农业出版社.

郑乐怡, 2016. 中国动物志. 昆虫纲. 第三十三卷. 半翅目. 盲蝽科. 盲蝽亚科 [M]. 北京: 科学出版社.

郑乐怡, 董建臻, 1995. 棘缘蝽属中国种类的修订 (半翅目: 缘蝽科)[J]. 动物学研究, 16(3): 199-206.

中国科学院动物研究所, 1983. 中国蛾类图鉴 (Ⅰ、Ⅱ、Ⅲ、Ⅳ)[M]. 北京: 科学出版社.

中国科学院动物研究所, 1986. 中国农业昆虫 (上册)[M]. 北京: 农业出版社.

中国科学院动物研究所, 1987. 中国农业昆虫 (下册)[M]. 北京: 农业出版社.

中国农业科学院植物保护研究所, 中国植物保护学会, 2015. 中国农作物病虫害 (上、中、下册) [M]. 3版. 北京: 中国农业出版社.

周红春, 李密, 蒋旸, 等, 2011. 湖南发现茶树新害虫 [J]. 中国茶叶, 33(1): 15-16.

周尧, 路进生, 1985. 中国经济昆虫志. 第三十六册. 同翅目. 蜡蝉总科 [M]. 北京: 科学出版社.

周忠实, 齐国君, 吕要斌, 等, 2023. 入侵粉蚧生物学及其防控 [M]. 北京: 科学出版社.

朱玉, 高熹, 董伟, 2011. 花椒上的一种新害虫: 扇扁足瓢蜡蝉 [J]. 安徽农业科学, 39(10): 5835-5836.

中文名索引

A

安蝉	041
安氏皱背叶甲	430
暗翅筒天牛	391
暗带重脊叩甲	324
暗黑鳃金龟	360
凹缘菱纹叶蝉	074

B

八点广翅蜡蝉	106
八点灰灯蛾	631
白斑地长蝽	209
白背飞虱	080
白边大叶蝉	071
白边地老虎	676
白蛾蜡蝉	098
白脉黏虫	686
白囊蓑蛾	491
白条夜蛾	679
白线野蚕蛾	578
白星花金龟	341
白星黄钩蛾	580
白痣姹刺蛾	508
稗飞虱	081
斑背安缘蝽	232
斑帛菱蜡蝉	095
斑翅草螽	034
斑带丽沫蝉	052
斑点广翅蜡蝉	107
斑喙丽金龟	349
斑角蔗蝗	008
斑鞘豆叶甲	395
斑青花金龟	344
斑须蝽	256
斑衣蜡蝉	085
斑缘巨蝽	299
板栗大蚜	149
薄蝽	279
北二星蝽	289
北曼蝽	291
背刺蛾	511
荸荠白禾螟	563
碧蛾蜡蝉	099
碧凤蝶	726
壁蝽	277
扁刺蛾	493
扁豆羽蛾	565
扁盾蝽	251
扁平球坚蚧	181
变色夜蛾	664
波蛱蝶	740
波纹扁角叶甲	430
波纹蛾	582
波纹杂毛虫	566
菠菜潜叶蝇	755
菠萝粉蚧	164
伯瑞象蜡蝉	094
薄荷金叶甲	403

C

菜蝽	266
菜粉蝶	731
菜螟	553
蚕豆象	445
草地螟	554
草地贪夜蛾	696
草履蚧	173
草莓镰翅小卷蛾	523
草小卷蛾	525
茶白毒蛾	706

茶斑蛾	512
茶扁角叶甲	429
茶扁叶蝉	077
茶蚕	576
茶长卷叶蛾	522
茶尺蛾	588
茶翅蝽	258
茶担尺蛾	585
茶褐蓑蛾	490
茶黄毒蛾	707
茶黄蓟马	311
茶黄螨	783
茶角胸叶甲	398
茶梨蚧	161
茶丽纹象甲	455
茶六斑褐锦斑蛾	513
茶鹿蛾	702
茶蓑蛾	489
茶细蛾	476
茶小卷叶蛾	518
茶须野螟	562
茶蚜	128
茶银尺蠖	589
茶用克尺蠖	590
茶籽象	448
长斑拟灯蛾	628
长瓣树蟋	029
长翅素木蝗	010
长腹凯刺蛾	509
长肩棘缘蝽	217
长角佛蝗	008
长角纹唇盲蝽	195
长颈鹿天牛	371
长绿飞虱	083
长腿食根叶甲	433
长须梭长蝽	211
朝鲜球坚蚧	182
尘污灯蛾	634
陈氏星吉丁	326
橙黄豆粉蝶	734
赤拟谷盗	338
赤条蝽	270
赤线尺蛾	598
臭椿皮蛾	645
樗蚕蛾	574
窗翅叶蝉	065
吹绵蚧	172
锤胁跷蝽	242
春尺蛾	583
刺额棘缘蝽	219
刺槐外斑尺蛾	587
葱斑潜蝇	758
葱黄寡毛跳甲	414
葱蓟马	313
葱须鳞蛾	485
葱蚜	138
粗胫翠尺蛾	599

D

大菜粉蝶	733
大臭蝽	271
大稻缘蝽	235
大地老虎	675
大等鳃金龟	362
大豆食心虫	531
大豆网丛螟	534
大豆蚜	130
大钩翅尺蛾	594
大红蛱蝶	742
大灰象	451
大丽灯蛾	641
大绿异丽金龟	358
大螟	689
大青叶蝉	066
大蓑蛾	488
大头隆胸长蝽	208
大眼长蝽	213
大猿叶甲	425
大造桥虫	584

岱蟥	272		豆天蛾	611
带纹疏广蜡蝉	102		豆突眼长蝽	212
单刺蝼蛄	028		豆蚜	129
淡盾芊盲蝽	193		豆芫菁	334
淡剑袭夜蛾	698		豆叶东潜蝇	762
淡娇异蝽	305		短额负蝗	025
盗毒蛾	705		短角外斑腿蝗	012
稻巢草螟	542		短角直斑腿蝗	011
稻赤斑沫蝉	049		短栉夜蛾	647
稻管蓟马	309		椴六点天蛾	613
稻褐蝽	262		堆蜡粉蚧	166
稻黑蝽	261		盾天蛾	615
稻棘缘蝽	216			
稻蓟马	312		**E**	
稻绿蝽	259			
稻眉眼蝶	745		恶性橘啮跳甲	405
稻螟蛉	688		恶性席瓢蜡蝉	096
稻水蝇	539		二斑叶螨	780
稻水象甲	454		二点黑尾叶蝉	069
稻穗瘤蛾	646		二化螟	544
稻铁甲	443		二色切叶象	465
稻筒水蝇	540		二色突束蝽	240
稻象甲	453		二条黑尾叶蝉	068
稻纵卷叶螟	546		二条叶甲	416
荻草谷网蚜	142		二纹柱萤叶甲	418
点蝽	294		二星蝽	287
点蜂缘蝽	238			
点棘缘蝽	220		**F**	
电光叶蝉	062			
蝶形锦斑蛾	514		番茄斑潜蝇	756
东北大黑鳃金龟	361		番茄潜叶蛾	473
东方菜粉蝶	732		方斑拟灯蛾	627
东方丽沫蝉	051		方头异龟蝽	245
东方蝼蛄	028		芳香木蠹蛾	487
东亚豆粉蝶	735		飞蝗	015
豆秆黑潜蝇	763		菲缘蝽	234
豆灰蝶	747		分夜蛾	661
豆荚斑螟	533		粉白粒脉蜡蝉	089
豆荚野螟	550		粉蝶灯蛾	643
豆蚀叶野螟	559		粉股尖翅蝗	018
			粉栗斑蚜	151

粉条巧夜蛾	692	狗尾草角潜蝇	761
粉纹夜蛾	699	枸橘潜叶跳甲	407
跗瓢萤叶甲	422	枸杞负泥虫	434
扶桑绵粉蚧	167	枸杞毛跳甲	412
		枸杞线角木虱	118

G

		枸杞瘿螨	786
		构月天蛾	614
甘蓝蚜	133	古毒蛾	712
甘蓝夜蛾	687	瓜褐蝽	252
甘薯白羽蛾	564	瓜绢野螟	551
甘薯长足象	457	瓜实蝇	766
甘薯烦夜蛾	672	光肩星天牛	377
甘薯蜡龟甲	440	广二星蝽	288
甘薯麦蛾	471	广腹同缘蝽	222
甘薯绮夜蛾	667	广鹿蛾	702
甘薯潜叶蛾	480	龟背天牛	378
甘薯梳龟甲	441	鬼脸天蛾	601
甘薯台龟甲	439	果剑纹夜蛾	669
甘薯天蛾	603		
甘薯跳盲蝽	190		

H

甘薯肖叶甲	396		
甘薯蚁象甲	468	蒿金叶甲	402
甘薯异羽蛾	565	禾谷缢管蚜	141
甘蔗斑袖蜡蝉	091	禾棘缘蝽	219
甘蔗扁飞虱	084	禾尖蛾	474
甘蔗粉蚧	163	合欢双条天牛	368
甘蔗绵蚜	155	合欢同缘蝽	226
柑橘大绿蝽	283	河星黄毒蛾	710
柑橘大实蝇	765	核桃扁叶甲	401
柑橘粉虱	127	核桃美舟蛾	624
柑橘凤蝶	724	核桃全斑蚜	148
柑橘木虱	116	核桃缀叶螟	535
柑橘潜叶蛾	479	褐边绿刺蛾	496
柑橘潜叶跳甲	406	褐带广翅蜡蝉	109
柑橘全爪螨	781	褐飞虱	078
柑橘小实蝇	764	褐软蚧	180
柑橘斜脊象甲	456	褐色雏蝗	023
高粱蚜	139	褐锈花金龟	345
沟腹岱蝽	274	褐圆蚧	162
沟线角叩甲	322	褐缘蛾蜡蝉	100
钩纹广翅蜡蝉	108	褐足角胸肖叶甲	397

黑斑柱萤叶甲	419	红袖蜡蝉	090
黑翅脊筒天牛	392	红圆蚧	163
黑翅竹蝗	020	红缘灯蛾	639
黑唇苜蓿盲蝽	187	红缘天牛	369
黑刺粉虱	122	红云翅斑螟	536
黑点粉天牛	393	红棕灰夜蛾	673
黑额光叶甲	399	红棕象甲	461
黑跗眼天牛	386	胡椒宽广蜡蝉	113
黑腹筒天牛	391	胡萝卜微管蚜	145
黑褐盗毒蛾	704	胡桃豹夜蛾	646
黑棘翅天牛	385	葫芦夜蛾	677
黑角微刺盲蝽	195	虎甲蛉蟋	031
黑盘锯龟甲	437	花蓟马	317
黑条灰灯蛾	632	花椒伪安瘿蚊	754
黑尾大叶蝉	072	花胫绿纹蝗	017
黑尾叶蝉	067	花生大蟋	031
黑星麦蛾	472	华蜡天牛	367
黑星天牛	378	华麦蝽	264
黑颜单突叶蝉	069	华星天牛	376
黑伊土蝽	243	环胫黑缘蝽	229
黑圆角蝉	046	黄斑短突花金龟	345
黑蚱蝉	039	黄斑长翅卷蛾	517
黑皱鳃金龟	364	黄斑长跗萤叶甲	417
黑足厚缘肖叶甲	394	黄唇蕉盲蝽	194
横带红长蝽	203	黄刺蛾	492
横带叶蝉	064	黄地老虎	675
横纹菜蝽	267	黄粉鹿角金龟	347
红背安缘蝽	233	黄钩蛱蝶	744
红蝉	045	黄褐彩丽金龟	355
红点龟形小刺蛾	510	黄褐异丽金龟	357
红分爪负泥虫	437	黄脊竹蝗	021
红谷蝽	280	黄蓟马	314
红褐异斑腿蝗	004	黄尖襟粉蝶	737
红基隆沫蝉	053	黄胫侎缘蝽	230
红脊长蝽	206	黄胫小车蝗	014
红角辉蝽	286	黄宽条跳甲	410
红脚异丽金龟	356	黄脸油葫芦	030
红蜡蚧	178	黄领麻纹灯蛾	638
红天蛾	612	黄曲条跳甲	408
红头豆芫菁	335	黄山鹰翅天蛾	605

黄星雪灯蛾	637
黄胸寡毛跳甲	415
黄胸蓟马	315
黄伊缘蝽	215
黄蚱蝉	040
黄直条跳甲	409
黄足黑守瓜	424
黄足黄守瓜	423
灰长须夜蛾	661
灰飞虱	079
蟋蟀	043

J

迹斑绿刺蛾	498
迹银纹刺蛾	504
尖翅翠蛱蝶	741
尖头麦蝽	263
箭痕腺长蝽	205
交兰纹夜蛾	676
娇驼跷蝽	241
角盾蝽	246
角红长蝽	204
角蜡蚧	176
金凤蝶	727
金绒锦天牛	365
金纹细蛾	478
金缘吉丁虫	327
菊方翅网蝽	196
菊小筒天牛	392
橘粉蚧	171
橘根接眼天牛	373
橘黄稻沫蝉	050
橘灰象	452
橘盲盾异蝽	303
橘绵粉虱	125
橘狭胸天牛	372
橘肖毛翅夜蛾	650
橘蚜	147
巨网灯蛾	630
巨胸脊虎天牛	386
具条实蝇	767
锯谷盗	330

K

咖啡豆象	463
咖啡木蠹蛾	486
咖啡透翅天蛾	610
开环缘蝽	213
康氏粉蚧	169
糠片蚧	160
考氏白盾蚧	158
烤焦尺蛾	587
可可广翅蜡蝉	110
枯安纽夜蛾	652
枯艳叶夜蛾	663
宽碧蝽	276
宽翅网翅蝗	024
宽带凤蝶	730
宽棘缘蝽	218
宽铗同蝽	300
宽胫夜蛾	692
宽缘瓢萤叶甲	421
宽缘伊蝽	265

L

拉氏东方蜡蝉	088
拉缘蝽	231
蓝蝽	295
蓝负泥虫	435
蓝灰蝶	747
劳氏黏虫	685
离斑棉红蝽	200
梨大食心虫	537
梨二叉蚜	144
梨光叶甲	400
梨剑纹夜蛾	668
梨卷叶瘿蚊	753
梨木虱	115

梨网蝽	198
梨威舟蛾	625
梨象甲	466
梨小食心虫	528
梨叶斑蛾	516
梨瘿华蛾	475
犁纹黄夜蛾	700
李小食心虫	529
丽盾蝽	247
丽绿刺蛾	497
丽色油菜叶甲	404
丽纹广翅蜡蝉	112
荔枝蝽	297
荔枝蒂蛀虫	477
荔枝瘿螨	784
栎长颈象	467
栎毒蛾	715
栎鹰翅天蛾	606
栎掌舟蛾	620
栗斑蚜	150
栗黄枯叶蛾	571
栗实象	447
栗瘿蜂	774
栗瘿螨	785
联梦尼夜蛾	691
两色绿刺蛾	501
亮灰蝶	746
亮壮异蝽	304
铃木窗蛾	532
菱斑食植瓢虫	333
刘氏长头沫蝉	048
琉璃弧丽金龟	353
瘤鼻象蜡蝉	093
瘤大球坚蚧	183
瘤胸簇天牛	384
瘤缘蝽	228
柳蓝叶甲	427
龙眼扁喙叶蝉	075
龙眼合夜蛾	665
龙眼鸡	087
龙眼角颊木虱	119
龙眼蚁舟蛾	626
绿背覆翅螽	033
绿草蝉	044
绿岱蝽	275
绿豆象	446
绿鳞象甲	449
绿盲蝽	189
绿绒斑金龟	346
绿腿腹露蝗	005
绿尾大蚕蛾	572
萝卜蚜	134
螺旋粉虱	124
落叶夜蛾	662

M

麻皮蝽	257
麻小食心虫	530
马铃薯瓢虫	331
麦长腿蜘蛛	778
麦二叉蚜	143
麦黑斑潜叶蝇	760
麦黄吸浆虫	751
麦简管蓟马	310
麦牧野螟	556
麦圆蜘蛛	777
杧果扁喙叶蝉	076
杧果切叶象	464
杧果天蛾	608
毛黄脊头鳃金龟	363
毛胫夜蛾	654
锚纹二星蝽	290
玫瑰巾夜蛾	660
煤色滴苔蛾	629
美国白蛾	640
美洲斑潜蝇	757
媚绿刺蛾	499
蒙古寒蝉	042
蒙古沙潜	339

梦尼夜蛾	690
米象	460
棉大卷叶螟	547
棉花弧丽金龟	350
棉蝗	003
棉铃虫	682
棉露尾甲	329
棉双斜卷蛾	526
棉水螟	541
棉蚜	131
棉叶蝉	057
模毒蛾	716
墨绿彩丽金龟	354
木橑尺蛾	586
苜蓿多节天牛	394
苜蓿盲蝽	186

N

南瓜实蝇	768
南鹿蛾	703
南洋臀纹粉蚧	170
拟柿星尺蛾	595
拟小黄卷叶蛾	521
黏虫	684
鸟粪象	462
鸟嘴壶夜蛾	656

P

枇杷瘤蛾	644
枇杷六点天蛾	613
枇杷扇野螟	558
平背天蛾	608
平尾梭蝽	281
苹果蠹蛾	527
苹果黑痣小卷蛾	520
苹果枯叶蛾	568
苹果绵蚜	156
苹眉夜蛾	652
苹小卷叶蛾	519

苹掌舟蛾	621
珀蝽	284
葡萄斑叶蝉	054
葡萄二黄斑叶蝉	055
葡萄沟顶叶甲	431
葡萄缺角天蛾	604
葡萄十星叶甲	420
葡萄天蛾	607
葡萄昼天蛾	615
朴变色夜蛾	664
普通大蓟马	316

Q

茄二十八星瓢虫	332
茄黄斑螟	560
茄毛跳甲	413
窃达刺蛾	506
青背斜纹天蛾	619
青脊竹蝗	022
清新鹿蛾	703
琼凹大叶蝉	073
曲带弧丽金龟	351
曲纹蜘蛱蝶	739
全蝽	278
缺角天蛾	604
雀纹天蛾	618

R

人纹污灯蛾	633
人心果阿夜蛾	647
日本龟蜡蚧	177
日本黄脊蝗	009
日本纽绵蚧	184
日本双带钩蛾	579
日本条螽	035
日本羽毒蛾	717
日本蚱	027
榕八星天牛	380
榕指角天牛	385

S

塞幽天牛	367
三岔绿尺蛾	598
三点苜蓿盲蝽	188
三线钩蛾	580
三隐头叶甲	419
桑白蚧	157
桑斑叶蝉	061
桑尺蛾	591
桑褐刺蛾	495
桑黄星天牛	370
桑剑纹夜蛾	671
桑绢野螟	552
桑宽盾蝽	249
桑天牛	374
桑异脉木虱	114
桑褶翅尺蛾	592
色条大叶蝉	070
沙枣个木虱	117
筛豆龟蝽	244
筛胸梳爪叩甲	323
山东广翅蜡蝉	110
山楂叶螨	782
山楂棕麦蛾	474
闪银纹刺蛾	503
扇扁足瓢蜡蝉	097
肾毒蛾	711
肾巾夜蛾	658
肾纹绿尺蛾	597
石榴巾夜蛾	659
石榴绒蚧	175
矢尖蚧	159
柿长绵粉蚧	168
柿广翅蜡蝉	111
柿绒蚧	174
柿梢鹰夜蛾	653
首丽灯蛾	642
双斑锦天牛	366
双簇污天牛	382
双带金岭蟋	032
双带粒翅天牛	381
双瘤槽缝叩甲	325
双线刺蛾	507
双线盗毒蛾	718
水稻负泥虫	436
水稻切叶野螟	558
硕蝽	298
斯氏后丽盲蝽	188
斯氏珀蝽	285
四纹豆象	447
松大毛虫	569
素刺蛾	502
素色异爪蝗	024
粟缘蝽	214
梭舟蛾	627

T

塔达刺胸蝗	014
台裂腹长蝽	210
台湾筒天牛	390
台湾狭天牛	389
桃粉蚜	136
桃红颈天牛	375
桃剑纹夜蛾	670
桃瘤蚜	153
桃蚜	135
桃叶蜂	772
桃一点斑叶蝉	060
桃粘叶蜂	773
桃展足蛾	483
桃蛀野螟	548
天幕毛虫	567
甜菜白带野螟	549
甜菜大龟甲	438
甜菜夜蛾	695
条赤须盲蝽	191
条蜂缘蝽	239
条螟	545
条沙叶蝉	063

条纹豆芫菁	337
铜绿丽金龟	360
透翅疏广蜡蝉	101
凸星花金龟	342
突背斑红蝽	201
驼蝽	296

W

瓦同缘蝽	227
弯角蝽	282
豌豆彩潜蝇	759
豌豆象	444
豌豆修尾蚜	137
网锦斑蛾	515
网目沙潜	339
温室白粉虱	121
纹蝽	269
纹脊异丽金龟	359
纹须同缘蝽	225
莴苣冬夜蛾	681
莴苣指管蚜	146
乌桕黄毒蛾	709
无刺瓜蝽	255
无花果蜡蚧	179
舞毒蛾	714

X

西北豆芫菁	336
西伯利亚绿象	450
西花蓟马	318
稀点雪灯蛾	636
细角瓜蝽	254
细胸金针虫	321
先地红蝽	202
香蕉根颈象甲	462
香蕉假茎象甲	458
香蕉弄蝶	719
香蕉网蝽	197
象夜蛾	666

小白纹毒蛾	713
小棒缘蝽	221
小菜蛾	484
小长蝽	207
小巢粉虱	126
小地老虎	674
小点同缘蝽	223
小贯小绿叶蝉	058
小红蛱蝶	743
小绿叶蝉	059
小麦叶蜂	771
小青花金龟	343
小猿叶甲	426
小造桥虫	648
小皱蝽	253
肖毛翅夜蛾	651
斜带三角夜蛾	658
斜纹天蛾	617
斜纹夜蛾	693
懈毛胫夜蛾	655
新菠萝灰粉蚧	165
新疆菜蝽	268
星白雪灯蛾	635
星缘锈腰尺蛾	596
绣线菊蚜	132
锈黄缨突野螟	562
旋目夜蛾	665
旋纹潜叶蛾	481
雪尾尺蛾	596

Y

亚洲小车蝗	013
亚洲玉米螟	555
烟草甲	340
烟粉虱	120
烟蓟马	314
烟盲蝽	192
烟青虫	683
眼纹疏广蜡蝉	103

艳刺蛾	491	芋单线天蛾	600
艳叶夜蛾	663	芋蝗	006
杨枯叶蛾	570	芋双线天蛾	616
杨扇舟蛾	623	圆斑黄缘禾螟	559
洋桃小卷蛾	526	圆点阿土蝽	243
幺纹稻弄蝶	720	圆纹宽广蜡蝉	104
椰心叶甲	432	缘瘤栗斑蚜	152
野蚕	577	缘纹广翅蜡蝉	105
野茶带锦斑蛾	513	月纹象蜡蝉	092
一点钩翅蚕蛾	579	云斑白条天牛	379
一点拟灯蛾	628	云斑车蝗	016
一点同缘蝽	224	云粉蝶	736
伊贝鹿蛾	704		
伊锥同蝽	302		
异稻缘蝽	237	**Z**	
银锭夜蛾	680	早熟禾拟茎草螟	543
银毛吹绵蚧	171	枣尺蠖	593
银纹夜蛾	678	枣镰翅小卷蛾	524
银星黄钩蛾	581	枣奕刺蛾	494
银杏大蚕蛾	573	枣瘿蚊	752
隐纹谷弄蝶	722	枣掌铁甲	442
印度谷螟	538	樟蚕	575
樱桃瘿瘤头蚜	154	掌夜蛾	701
鹰翅天蛾	606	折带黄毒蛾	708
优雪苔蛾	629	赭绒缺角天蛾	605
油菜角野螟	557	浙江土色天蛾	619
油菜茎象甲	459	蔗斑翅粉虱	123
油菜叶露尾甲	328	蔗网蝽	199
油菜蚤跳甲	411	芝麻鬼脸天蛾	602
油茶宽盾蝽	250	直同蝽	301
油茶织蛾	482	直纹稻弄蝶	721
油桐尺蛾	585	中稻缘蝽	236
疣蝗	019	中国绿刺蛾	500
榆绿天蛾	609	中黑盲蝽	185
榆掌舟蛾	622	中华阿小叶蝉	056
玉斑凤蝶	728	中华岱蝽	273
玉带凤蝶	729	中华稻蝗	007
玉米花翅飞虱	082	中华谷弄蝶	723
玉米黄呆蓟马	315	中华弧丽金龟	352
玉米蚜	140	中华剑角蝗	026

中华萝藦叶甲	428	苎麻珍蝶	738
中华裸角天牛	383	锥形禾草铲头沫蝉	047
中华球叶甲	404	紫斑谷螟	539
中喙丽金龟	348	紫翅果蝽	282
朱砂叶螨	779	紫蓝丽盾蝽	248
珠蜻	293	紫蓝曼蝽	292
竹红天牛	366	紫苏野螟	561
竹绿虎天牛	387	纵带球须刺蛾	505
苎麻天牛	388	嘴壶夜蛾	657
苎麻夜蛾	649		

拉丁学名索引

A

Abdastartus atrus (Motschulsky, 1863)	199
Abidama liuensis Metcalf, 1961	048
Abiromorphus anceyi Pic, 1924	430
Acalolepta permutans (Pascoe, 1857)	365
Acalolepta sublusca (Thomson, 1857)	366
Acanthococcus lagerstroemiae (Kuwana, 1907)	175
Acanthocoris scaber (Linnaeus, 1763)	228
Acanthosoma labiduroides Jakovlev, 1880	300
Aceria castanis (Lu, 1984)	785
Aceria litchii (Keifer, 1943)	784
Aceria pallida Kefer, 1964	786
Achaea serva (Fabricius, 1775)	647
Acherontia lachesis (Fabricius, 1798)	601
Acherontia styx Westwood, 1847	602
Acleris fimbriana (Thunberg, 1791)	517
Acontia trabealis (Scopoli, 1763)	667
Acosmeryx castanea Rothschild & Jordan, 1903	604
Acosmeryx naga (Moore, 1858)	604
Acosmeryx sericeus (Walker, 1856)	605
Acraea issoria (Hübner, 1819)	738
Acrida cinerea Thunberg, 1815	026
Acrolepiopsis sapporensis (Matsumura, 1931)	485
Acronicta intermedia Warren, 1909	670
Acronicta major (Bremer, 1861)	671
Acronicta rumicis (Linnaeus, 1758)	668
Acronicta strigosa (Denis & Schiffermüller, 1775)	669
Actias ningpoana C. Felder et R. Felder, 1862	572
Adelphocoris fasciaticollis Reuter, 1903	188
Adelphocoris lineolatus (Goeze, 1778)	186
Adelphocoris nigritylus Hsiao, 1962	187
Adelphocoris suturalis (Jakovlev, 1882)	185
Adomerus rotundus (Hsiao, 1977)	243
Adoretus sinicus Burmeister, 1855	348
Adoretus tenuimaculatus Waterhouse, 1875	349
Adoxophyes cyrtosema Meyrick, 1886	520
Adoxophyes honmai Yasuda, 1998	518
Adoxophyes orana (Fischer von Röslerstamm, 1834)	519
Aedia leucomelas (Linnaeus, 1758)	672
Aegosoma sinicum White, 1853	383
Aelia acuminata (Linnaeus, 1758)	263
Aelia fieberi Scott, 1874	264
Aenaria pinchii Yang, 1934	265
Aethalodes verrucosus Gahan, 1888	385
Aethus nigritus (Fabricius, 1794)	243
Agapanthia amurensis Kraatz, 1879	394
Aglaomorpha histrio (Walker, 1855)	641
Agriotes subvittatus Motschulsky, 1859	321
Agrisius fuliginosus Moore, 1872	629
Agrius convolvuli (Linnaeus, 1758)	603
Agrotis ipsilon (Hufnagel, 1766)	674
Agrotis segetum (Denis & Schiffermuller, 1775)	675
Agrotis tokionis Butler, 1881	675
Agrypnus bipapulatus (Candeze, 1865)	325
Aiolopus thalassinus tamulus (Fabricius, 1798)	017
Alcides trifidus (Pascoe, 1870)	462
Alerothrixus floccosus (Maskell, 1896)	125
Aleurocanthus spiniferus (Quaintance, 1903)	122
Aleurodicus dispersus Russell, 1965	124
Aloa lactinea (Cramer, 1777)	639
Amata emma (Butler, 1876)	702
Amata germana Felder, 1862	702
Amata sperbius Fabricius, 1787	703
Ambulyx liturata Butler, 1875	606
Ambulyx ochracea Butler, 1885	606
Ambulyx sericeipennis Butler, 1875	605
Ampelophaga rubiginosa Bremer & Grey, 1853	607
Amphitetranychus viennensis (Zacher, 1920)	782
Amplypterus panopus Cramer, 1779	608
Amrasca biguttula (Ishida, 1913)	057
Anadevidia peponis Fabricius, 1775	677

Anaphothrips obscurus (Muller, 1776)	315
Ancylis comptana (Frolich, 1828)	523
Ancylis sativa Liu, 1979	524
Ancylolomia japonica Zeller, 1877	542
Andraca bipunctata Walker, 1865	576
Anomala corpulenta Motschulsky, 1854	360
Anomala cupripes (Hope, 1839)	356
Anomala exoleta Faldermann, 1835	357
Anomala virens Lin, 1996	358
Anomala viridicostata Nonfried, 1892	359
Anomis flava (Fabricius, 1775)	648
Anomoneura mori Schwarz, 1896	114
Anoplistes halodendri (Pallas, 1776)	369
Anoplocnemis binotata Distant, 1918	232
Anoplocnemis phasianus (Fabricius, 1781)	233
Anoplophora chinensis (Förster, 1771)	376
Anoplophora glabripennis (Motschulsky, 1853)	377
Anoplophora leechi (Gahan, 1888)	378
Anthocharis scolymus Butler, 1866	737
Antipercnia albinigrata (Warren, 1896)	595
Aonidiella aurantii (Maskell, 1879)	163
Aoria nigripes (Baly, 1860)	394
Aphis aurantii Boyer de Fonscolombe, 1841	128
Aphis craccivora Koch, 1854	129
Aphis glycines Matsumura, 1917	130
Aphis gossypii Glover, 1877	131
Aphis spiraecola Patch, 1914	132
Apocheima cinerarius (Erschoff, 1874)	583
Apolygus lucorum (Meyer-Dür, 1843)	189
Apolygus spinolae (Meyer-Dür, 1843)	188
Apriona germari (Hope, 1831)	374
Araecerus fasciculatus (De Geer, 1775)	463
Araschnia doris Leech, 1892	739
Arboridia apicalis (Nawa, 1913)	054
Arboridia koreacola (Matsumura, 1932)	055
Arboridia sinensis Guglielmino et al., 2012	056
Arcte coerula (Guenée, 1852)	649
Arctornis alba Bremer, 1861	706
Arcyptera meridionalis Ikonnikov, 1911	024
Ariadne ariadne (Linnaeus, 1763)	740

Aristobia hispida (Saunders, 1853)	384
Aristobia reticulator (Fabricius, 1781)	378
Aromia bungii (Faldermann, 1835)	375
Artena dotata (Fabricius, 1794)	650
Ascotis selenaria (Denis et Schiffermüller, 1775)	584
Asiacornococcus kaki (Kuwana, 1931)	174
Asota caricae (Fabricius, 1775)	628
Asota plaginota (Butler, 1875)	627
Asota plana Walker, 1854	628
Aspidimorpha furcata (Thunberg, 1789)	441
Ataboruza divisa (Walker, 1862)	692
Atkinsoniella opponens (Walker, 1851)	070
Atractomorpha sinensis sinensis Bolívar, 1905	025
Aulacophora indica (Gmelin, 1790)	423
Aulacophora lewisii Baly, 1866	424

B

Bacchisa atritarsis (Pic, 1912)	386
Bactericera gobica (Loginova, 1972)	118
Bactrocera cucurbitae (Coquillett, 1899)	766
Bactrocera dorsalis (Hendel, 1912)	764
Bactrocera minax (Enderlein, 1920)	765
Bactrocera scutellata (Hendel, 1912)	767
Bactrocera tau (Walker, 1849)	768
Basilepta melanopus (Lefèvre, 1893)	398
Basiprionota whitei (Boheman, 1856)	437
Batocera lineolata Chevrolat, 1852	379
Batocera rubus (Linnaeus, 1758)	380
Bedellia somnulentella (Zeller, 1847)	480
Belippa horrida Walker, 1865	511
Bemisia tabaci (Gennadius, 1889)	120
Biston panterinaria (Bremer & Grey, 1853)	586
Biston suppressaria (Guenée, 1857)	585
Blastodacna pyrigalla (Yang, 1977)	475
Bombyx mandarina (Moore, 1872)	577
Borysthenes maculatus (Matsumura, 1914)	095
Bothrogonia ferruginea (Fabricius, 1787)	072
Bothrogonia qiongana Yang & Li, 1980	073
Brachycerocoris camelus Costa, 1863	296
Brachymna tenuis Stål, 1861	279

Brevicoryne brassicae (Linnaeus, 1758)	133	*Ceroplastes japonicus* Green, 1921	177
Brevipecten consanguis Leech, 1900	647	*Ceroplastes rubens* Maskell, 1893	178
Brontispa longissima (Gestro, 1885)	432	*Ceroplastes rusci* (Linnaeus, 1758)	179
Bruchus pisorum (Linnaeus, 1758)	444	*Ceryx imaon* (Cramer, 1780)	704
Bruchus rufimanus Boheman, 1833	445	*Chalciope mygdon* (Cramer, 1777)	658

C

		Chalcocelis dydima Solovyev & Witt, 2009	508
		Chalcopis glandulosa (Wolff, 1811)	271
Cacopsylla chinensis (Yang & Li, 1981)	115	*Chalioides kondonis* Kondo, 1922	491
Caeneressa diaphana (Kollar, 1844)	703	*Charagochilus longicornis* Reuter, 1885	195
Caissa longisaccula Wu & Fang, 2008	509	*Chauliops fallax* Scott, 1874	212
Caliroa matsumotonis (Harukawa, 1919)	773	*Chilo sacchariphagus* (Bajer, 1856)	545
Callambulyx tatarinovii Bremer & Grey, 1853	609	*Chilo suppressalis* (Walker, 1863)	544
Callimorpha principalis (Kollar, 1844)	642	*Chlorophanus sibiricus* Gyllenhal, 1834	450
Callitettix braconoides (Walker, 1858)	050	*Chlorophorus annularis* (Fabricius, 1787)	387
Callitettix versicolor (Fabricius, 1794)	049	*Chondracris rosea* (De Geer, 1773)	003
Callosobruchus chinensis (Linnaeus, 1758)	446	*Chorthippus brunneus brunneus* (Thunberg, 1815)	023
Callosobruchus maculatus (Fabricius, 1775)	447	*Chremistica ochracea* (Walker, 1850)	041
Caloptilia theivota (Walsingham, 1891)	476	*Chromatomyia horticola* (Goureau, 1851)	759
Campylomma diversicornis Reuter, 1878	195	*Chrysobothris cheni* Théry, 1940	326
Cania bilineata (Walker, 1855)	507	*Chrysochus chinensis* Baly, 1859	428
Cantao ocellatus (Thunberg, 1784)	246	*Chrysocoris grandis* (Thunberg, 1783)	247
Carbula crassiventris (Dallas, 1849)	286	*Chrysocoris stollii* (Wolff, 1801)	248
Carpocoris purpureipennis (De Geer, 1773)	282	*Chrysolina aurichalcea* (Mannerheim, 1825)	402
Casmara patrona Meyrick, 1934	482	*Chrysolina exanthematica* (Wiedemann, 1821)	403
Cassida circumdata Herbst, 1790	439	*Chrysomphalus aonidum* (Linnaeus, 1758)	162
Cassida nebulosa Linnaeus, 1758	438	*Cicadella viridis* (Linnaeus, 1758)	066
Cechenena minor (Butler, 1875)	608	*Cifuna locuples* Walker, 1855	711
Celypha flacipalpana (Herrich-Schäffer, 1851)	525	*Cirrhochrista brizoalis* Walker, 1859	559
Cephalallus unicolor (Gahan, 1906)	367	*Clanis bilineata tsingtauica* Mell, 1922	611
Cephonodes hylas (Linnaeus, 1771)	610	*Clepsis pallidana* (Fabricius, 1776)	526
Ceracris fasciata fasciata (Brunner von Wattenwyl, 1893)	020	*Cletomorpha simulans* Hsiao, 1963	220
		Cletus bipunctatus (Herrich-Schäffer, 1840)	219
Ceracris kiangsu Tsai, 1929	021	*Cletus graminis* Hsiao & Zheng, 1964	219
Ceracris nigricornis nigricornis Walker, 1870	022	*Cletus punctiger* (Dallas, 1852)	216
Ceratovacuna lanigera Zehntner, 1897	155	*Cletus schmidti* Kiritshenko, 1916	218
Ceresium sinicum White, 1855	367	*Cletus trigonus* (Thunberg, 1783)	217
Cerodontha denticornis (Panzer, 1806)	760	*Clitea metallica* Chen, 1933	405
Cerodontha setariae (Spencer, 1959)	761	*Clostera anachoreta* (Denis & schiffermüller, 1775)	623
Ceroplastes ceriferus (Fabricius, 1798)	176	*Clovia conifera* (Walker, 1851)	047
		Cnaphalocrocis medinalis (Guenée, 1854)	546
		Cnemiandrus typicus Distant, 1902	197

Coccus hesperidum Linnaeus, 1758	180		*Dalpada cinctipes* Walker, 1867	273
Colaphellus bowringi Baly, 1865	425		*Dalpada concinna* (Westwood, 1837)	274
Colasposoma dauricum Mannerheim, 1849	396		*Dalpada oculata* (Fabricius, 1775)	272
Colias fieldii Ménétriès, 1855	734		*Dalpada smaragdina* (Walker, 1868)	275
Colias poliographus Motschulsky, 1860	735		*Darna furva* (Wileman, 1911)	506
Comibaena procumbaria (Pryer, 1877)	597		*Dasineura jujubifolia* Jiao & Bu, 2017	752
Conocephalus maculatus (Le Guilou , 1841)	034		*Deilephila elpenor* Linnaeus, 1758	612
Conogethes punctiferalis (Guenée, 1854)	548		*Demonarosa rufotessellata* (Moore, 1879)	491
Conopomorpha sinensis Bradley, 1986	477		*Dentatissus damnosus* (Chou & Lu, 1985)	096
Contarinia pyrivora (Riley, 1886)	753		*Deporaus bicolor* Voss, 1942	465
Contarinia tritici (Kirby, 1798)	751		*Deporaus marginatus* (Pascoe, 1883)	464
Coridius chinensis (Dallas, 1851)	252		*Diabolocatantops pinguis* (Stål, 1861)	004
Cornegenapsylla sinica Yang Li, 1982	119		*Dialeurodes citri* (Ashmead, 1885)	127
Corythucha marmorata (Uhler, 1878)	196		*Diaphania indica* (Saunders, 1851)	551
Cosmopolites sordidus (Germar, 1823)	462		*Diaphorina citri* (Kuwayama, 1908)	116
Cosmopterix fulminella Stringer, 1930	474		*Dichomeris derasella* (Denis & Schiffermüller, 1775)	474
Cosmoscarta abdominalis (Donovan, 1798)	051		*Dicronocephalus bowringi* (Pascoe, 1863)	347
Cosmoscarta bispecularis (White, 1844)	052		*Didesmococcus koreanus* Borchsenius, 1955	182
Cosmoscarta exultans (Walker, 1858)	053		*Diostrombus politus* Uhler, 1896	090
Cossus cossus (Linnaeus, 1758)	487		*Dolerus tritici* Chu, 1949	771
Creatonotos gangis (Linnaeus, 1763)	632		*Dolycoris baccarum* (Linnaeus, 1758)	256
Creatonotos transiens (Walker, 1855)	631		*Donacia provosti* (Fairmaire, 1885)	433
Cryptocephalus trifasciatus Fabricius, 1787	419		*Drosicha corpulenta* (Kuwana, 1902)	173
Cryptotympana atrata (Fabricius, 1775)	039		*Dryocosmus kuriphilus* Yasumatsu, 1951	774
Cryptotympana mandarina Distant, 1891	040		*Ducetia japonica* (Thunberg, 1815)	035
Ctenoplusia agnata (Staudinger, 1892)	678		*Dysdercus cingulatus* (Fabricius, 1775)	200
Ctenoplusia albostriata (Bremer & Grey, 1853)	679		*Dysgonia praetermissa* Warren, 1913	658
Cucullia pustulata fraterna Butler, 1878	681		*Dysgonia stuposa* Fabricius, 1794	659
Culpinia diffusa (Walker, 1861)	598		*Dysmicoccus brevipes* (Cockerell, 1893)	164
Curculio chinensis (Chevrolat, 1878)	448		*Dysmicoccus neobrevipes* Beardsley, 1959	165
Curculio davidi Fairmaire, 1878	447			
Cyana hamata (Walker, 1854)	629			

E

Echinocnemus squameus (Billberg, 1820)	453
Ectropis excellens (Butler, 1884)	587
Ectropis obliqua (Prout, 1915)	588
Elasmostethus interstinctus (Linnaeus, 1758)	301
Eligma narcissus (Cramer, 1775)	645
Elophila interruptalis (Pryer, 1877)	541
Emmelina monodactyla (Linnaeus, 1758)	565

Cyclopelta parva Distant, 1900 — 253
Cyclosia papilionaris (Drury, 1773) — 514
Cydia pomonella (Linnaeus, 1758) — 527
Cylas formicarius (Fabricius, 1798) — 468
Cyrtacanthacris tatarica tatarica (Linnaeus, 1758) — 014

D

Dactylispa fulvipes (Motschulsky, 1861) — 397

Empoasca flavescens Fabricius, 1794	059
Empoasca onukii Matsuda, 1952	058
Entomoscelis adonidis (Pallas, 1771)	404
Eoeurysa flavocapitata Muir, 1913	084
Epacromius pulverulentus (Fischer von Waldheim, 1846)	018
Epicauta gorhami (Marseul, 1873)	334
Epicauta ruficeps (Illiger, 1800)	335
Epicauta sibirica (Pallas, 1773)	336
Epicauta waterhousei (Haag-Rutenburg, 1880)	337
Epilachna insignis Gorham, 1892	333
Epitrichius bowringii (Thomson, 1857)	346
Epitrix abeillei (Baduer, 1874)	412
Epitrix setosella Fairmaire, 1888	413
Eriogyna pyretorum (Westwood, 1847)	575
Erionota torus Evans, 1941	719
Eriosoma lanigerum (Hausmann, 1802)	156
Ernestinus pallidiscutum (Poppius, 1915)	193
Erthesina fullo (Thunberg, 1783)	257
Eterusia aedea (Clerck, 1759)	512
Etiella zinckenella (Treitschke, 1832)	533
Euchorthippus unicolor (Ikonnikov, 1913)	024
Eucosmetus incisus (Walker, 1872)	208
Eudocima phalonia (Linnaeus, 1763)	662
Eudocima salaminia Cramer, 1777	663
Eudocima tyrannus (Guenée, 1852)	663
Eulecanium gigantea (Shinji, 1935)	183
Eumeta minuscula (Butler, 1881)	489
Eumeta variegate (Snellen, 1879)	488
Euproctis bipunctapex (Hampson, 1891)	709
Euproctis flava Fabricius, 1775	708
Euproctis pseudoconspersa Strand, 1923	707
Euproctis similis (Fuessly, 1775)	705
Euproctis staudingeri Leech, 1889	710
Euricania clara Kato, 1932	101
Euricania facialis Walker, 1858	102
Eurostus validus Dallas, 1851	298
Eurydema dominulus (Scopoli, 1763)	266
Eurydema gebleri Kolenati, 1846	267
Eurydema maracandica Oshanin, 1871	268
Eurygaster testudinaria (Geoffroy, 1785)	251
Eusthenes femoralis Zia, 1957	299
Euthalia phemius (Doubleday, 1848)	741
Euxoa oberthuri Leech, 1900	676
Everes argiades (Pallas, 1771)	747
Evergestis extimalis (Scopoli, 1763)	557
Exolontha serrulata (Gyllenhal, 1817)	362
Eysarcoris aeneus (Scopoli, 1763)	289
Eysarcoris guttigerus (Thunberg, 1783)	287
Eysarcoris rosaceus Distant, 1901	290
Eysarcoris ventralis (Westwood, 1837)	288

F

Frankliniella intonsa (Trybom, 1895)	317
Frankliniella occidentalis (Pergande, 1895)	318
Fruhstorferiola viridifemorata (Caudell, 1921)	005

G

Gallerucida bifasciata Motschulsky, 1860	418
Gallerucida nigropicta (Fairmaire, 1888)	419
Gametis bealiae (Gory & Percheron, 1833)	344
Gametis jucunda (Faldermann, 1835)	343
Gargara genistae Fabricius, 1775	046
Gastrimargus marmoratus (Thunberg, 1815)	016
Gastrolina depressa Baly, 1859	401
Gastropacha populifolia (Esper, 1783)	570
Gatesclarkeana idia Diakonoff, 1973	526
Geisha distinctissima (Walker, 1858)	099
Geocoris pallidipennis (Costa, 1843)	213
Gesonula punctifrons (Stål, 1861)	006
Glycyphana fulvistemma Motschulsky, 1858	345
Glyphodes pyloalis Walker, 1859	552
Gonocephalum reticulatum Motschulsky, 1854	339
Gonopsis coccinea (Walker, 1868)	280
Gralliclava horrens (Dohrn, 1860)	221
Grammodes geometrica (Fabricius, 1775)	666
Grapholita delineana (Walker, 1863)	530
Grapholita funebrana (Treitschke, 1835)	529

Grapholita molesta (Busck, 1916) 528
Graphosoma lineatum (Linnaeus, 1758) 270
Gryllotalpa orientalis Burmeister, 1838 028
Gryllotalpa unispina Saussure, 1874 028

H

Halticus minutus Reuter, 1885 190
Halyomorpha halys (Stål, 1855) 258
Haplothrips aculeatus (Fabricius, 1803) 309
Haplothrips tritici (Kurdjumov, 1912) 310
Haptoncus luteolus (Erichson, 1843) 329
Haritalodes derogata (Fabricius, 1775) 547
Helcystogramma triannulella (Herrich-Schäffer, 1854) 471
Helicoverpa armigera (Hübner, 1808) 682
Helicoverpa assulta (Guenée, 1852) 683
Hellula undalis (Fabricius, 1794) 553
Hemithea tritonaria (Walker, 1863) 596
Henosepilachna vigintioctomaculata (Motschulsky, 1857) 331
Henosepilachna vigintioctopunctata (Fabricius, 1775) 332
Herminia tarsicrinalis (Knoch, 1782) 661
Herpetogramma licarsisalis (Walker, 1859) 558
Heterarmia diorthogonia (Wehrli, 1925) 585
Hieroglyphus annulicornis (Shiraki, 1910) 008
Hishimonus sellatus (Uhler, 1896) 074
Holotrichia diomphalia Bates, 1888 361
Homalogonia obtusa (Walker, 1868) 278
Homoeocerus dilatatus Horváth, 1879 222
Homoeocerus marginellus (Herrich-Schäffer, 1840) 223
Homoeocerus striicornis Scott, 1874 225
Homoeocerus unipunctatus (Thunberg, 1783) 224
Homoeocerus walkeri Kirby, 1892 226
Homoeocerus walkerianus Lithierry & Severin, 1894 227
Homona magnanima Diakonoff, 1948 522
Homorosoma asperum (Roelofs, 1875) 459
Huechys sanguinea (De Geer, 1773) 045
Hyalopterus amygdali (Blanchard, 1840) 136
Hygia lativentris (Motschulsky, 1866) 229
Hyphantria cunea (Drury, 1773) 640
Hypocala deflorata Fabricius, 1794 653
Hypomeces squamosus (Fabricius, 1792) 449
Hypopyra feniseca Guenée, 1852 664
Hypopyra vespertilio (Fabricius, 1787) 664
Hyposidra talaca (Walker, 1860) 594

I

Icerya purchasi Maskell, 1878 172
Icerya seychellarum (Westwood, 1855) 171
Idioscopus clypealis (Lethierry, 1889) 075
Idioscopus nitidulus (Walker, 1870) 076
Illiberis pruni Dyar, 1905 516
Imantocera penicillata (Hope, 1831) 385

J

Jankowskia athleta Oberthür, 1884 590
Japanagromyza tristella (Thomson, 1869) 762

K

Kolla atramentaria (Motschulsky, 1859) 071
Kunugia undans (Walker, 1855) 566

L

Laccoptera nepalensis Boheman, 1855 440
Lachnus tropicalis (van der Goot, 1916) 149
Lagynotomus assimulans (Distant, 1883) 262
Lamiomimus gottschei Kolbe, 1886 381
Lampides boeticus (Linnaeus, 1767) 746
Lampra limbata (Gebler, 1832) 327
Laodelphax striatellus (Fallén, 1826) 079
Lasioderma serricorne Fabricius, 1792 340
Lawana imitata (Melichar, 1902) 098
Lebeda nobilis Walker, 1855 569
Leguminivora glycinivorella Matsumura, 1898 531
Lelia decempunctata (Motschulsky, 1860) 282
Lema concinnipennis Baly, 1865 435
Lema decempunctata Gebler, 1830 434

Leptocorisa acuta (Thunberg, 1783)	237		*Medythia nigrobilineata* (Motschulsky, 1860)	416
Leptocorisa chinensis Dallas, 1852	236		*Megacopta cribraria* (Fabricius, 1798)	244
Leptocorisa oratoria (Fabricius, 1794)	235		*Megalurothrips usitatus* (Bagnall, 1913)	316
Leucania loreyi (Duponehel, 1827)	685		*Megarrhamphus truncatus* (Westwood, 1837)	281
Leucania venalba Moore, 1867	686		*Megoura japonica* Okamoto & Takahashi, 1927	137
Leucinodes orbonalis Guenée, 1854	560		*Megymenum gracilicorne* Dallas, 1851	254
Leucoptera malifoliella (Costa, 1836)	481		*Megymenum inerme* (Herrich-Schäffer, 1840)	255
Lilioceris lateritia (Baly, 1863)	437		*Meimuna mongolica* (Distant, 1881)	042
Liorhyssus hyalinus (Fabricius, 1794)	214		*Melanagromyza sojae* (Zehntner, 1900)	763
Lipaphis erysimi (Kaltenbach, 1843)	134		*Melanaphis sacchari* (Zehntner, 1897)	139
Liriomyza bryoniae (Kaltenbach, 1858)	756		*Melanographia flexilineata* Hampson, 1898	644
Liriomyza chinensis (Kato, 1949)	758		*Melanotus cribricollis* Faldermann, 1835	323
Liriomyza sativae Blanchard, 1938	757		*Menida disjecta* (Uhler, 1860)	291
Lissorhoptrus oryzophilus Kuschel, 1951	454		*Menida violacea* Motschulsky, 1861	292
Locastra muscosalis Walker, 1865	535		*Metacanthus pulchellus* Dallas, 1852	241
Locusta migratoria (Linnaeus, 1758)	015		*Mictis serina* Dallas, 1852	230
Loxostege sticticalis (Linnaeus, 1761)	554		*Mileewa margheritae* Distant, 1908	065
Ludioschema vittiger (Heyden, 1887)	324		*Mimela splendens* (Gyllenhal, 1817)	354
Luperomorpha suturalis Chen, 1938	414		*Mimela testaceoviridis* Blanchard, 1850	355
Luperomorpha xanthodera (Fairmaire, 1888)	415		*Miresa fulgida* Wileman, 1910	503
Lycorma delicatula (White, 1845)	085		*Miresa kwangtungensis* Hering, 1931	504
Lygaeus equestris (Linnaeus, 1758)	203		*Miridiba trichophora* (Fairmaire, 1891)	363
Lygaeus hanseni Jakovlev, 1883	204		*Mixochlora vittata* (Moore, 1867)	598
Lymantria dispar (Linnaeus, 1758)	714		*Mocis undata* (Fabricius, 1775)	654
Lymantria mathura Moore, 1865	715		*Moechotypa diphysis* (Pascoe, 1871)	382
Lymantria monacha (Linnaeus, 1758)	716		*Mogannia hebes* (Walker, 1858)	044
			Monema flavescens Walker, 1855	492

M

			Monolepta hieroglyphica (Motschulsky, 1858)	417
Macdunnoughia crassisigna (Warren, 1913)	680		*Mustilia hepatica* Moore, 1879	579
Macrobrochis gigas Walker, 1854	630		*Mycalesis gotama* Moore, 1857	745
Macrochenus guerini White, 1858	371		*Myllocerinus aurolineatus* Voss, 1937	455
Madates limbatus Fabricius, 1803	269		*Mythimna separata* (Walker, 1865)	684
Mahasena colona Sonan, 1935	490		*Myzus persicae* (Sulzer, 1776)	135
Maiestas dorsalis (Motschulsky, 1859)	062			
Malacosoma neustria (Linnaeus, 1758)	567			

N

Mamestra brassicae (Linnaeus, 1758)	687		*Naranga aenescens* Moore, 1881	688
Maruca testulalis (Geyer, 1832)	550		*Narosa nigrisigna* Wileman, 1911	510
Marumba dyras Walker, 1856	613		*Neodurium postfasciatum* Fennah, 1956	097
Marumba spectabilis spectabilis (Bulter, 1875)	613		*Neomaskellia bergii* (Signoret, 1868)	123

Neotoxoptera formosana (Takahashi, 1921)	138
Nephopteryx pirivorella Matsumura, 1900	537
Nephotettix cincticeps Uhler, 1896	067
Nephotettix nigropictus (Stål, 1870)	068
Nephotettix virescens (Distant, 1908)	069
Nerthus taivanicus (Bergroth, 1914)	210
Nesidiocoris tenuis (Reuter, 1895)	192
Netria viridescens Walker, 1855	627
Nezara viridula (Linnaeus, 1758)	259
Nilaparvata lugens (Stål, 1854)	078
Nipaecoccus viridis (Newstead, 1894)	166
Nisia atrovenosa (Lethierry, 1888)	089
Nodina chinensis Weise, 1922	404
Nola taeniata Snellen, 1874	646
Nomophila noctuella (Denis & Schiffermuller, 1775)	556
Nordstromia japonica Moore, 1877	579
Nosophora semitritalis (Lederer, 1863)	562
Notosacantha armigera (Olivier, 1808)	443
Nupserha infantula (Ganglbauer, 1890)	392
Nyctemera plagifera Walker, 1854	643
Nysius ericae (Schilling, 1829)	207

O

Oberea formosana Pic, 1911	390
Oberea fuscipennis (Chevrolat, 1852)	391
Oberea nigriventris Bates, 1873	391
Odoiporus longicollis (Olivier, 1807)	458
Odonestis pruni (Linnaeus, 1758)	568
Oecanthus longicauda Matsumura, 1904	029
Oedaleus asiaticus Bey-Bienko, 1941	013
Oedaleus infernalis Saussure, 1884	014
Oides decempunctata (Billberg, 1808)	420
Oides maculatus (Olivier, 1807)	421
Oides tarsata (Baly, 1865)	422
Olenecamptus clarus Pascoe, 1895	393
Olidiana brevis (Walker, 1851)	069
Omiodes indicata Fabricius, 1775	559
Oncocera semirubella (Scopoli, 1763)	536
Opatrum subaratum Faldermann, 1835	339
Oraesia emarginata (Fabricius, 1794)	657
Oraesia excavata (Butler, 1878)	656
Orgyia antiqua (Linnaeus, 1758)	712
Orgyia postica Walker, 1855	713
Orthopagus lunulifer (Uhler, 1896)	092
Orthosia carnipennis Butler, 1878	691
Orthosia incerta Hufnagel, 1766	690
Oryzaephilus surinamensis (Linnaeus, 1758)	330
Ostrinia furnacalis (Guenée, 1854)	555
Oulema oryzae (Kuwayama, 1931)	436
Ourapteryx nivea Butler, 1884	596
Oxya chinensis (Thunberg, 1815)	007

P

Pachygrontha antennata (Uhler, 1860)	211
Pagria signata (Motschulsky, 1858)	395
Palomena viridissima (Poda, 1761)	276
Panaorus albomaculatus (Scott, 1874)	209
Panaphis juglandis (Goeze, 1778)	148
Pangrapta obscurata Butler, 1879	652
Panonychus citri (McGregor, 1916)	781
Papilio bianor Cramer, 1777	726
Papilio helenus Linnaeus, 1758	728
Papilio machaon Linnaeus, 1758	727
Papilio nephelus Boisduval, 1836	730
Papilio polytes Linnaeus, 1758	729
Papilio xuthus Linnaeus, 1767	724
Paraglenea fortunei (Saunders, 1853)	388
Paraleyrodes minei Iaccarino, 1990	126
Parallelia arctotaenia (Guenée, 1852)	660
Parapediasia teterrella (Zincken, 1821)	543
Parapoynx fluctuosalis (Zeller, 1852)	540
Parapoynx vittalis (Bremer, 1864)	539
Parasa bicolor Walker, 1855	501
Parasa consocia Walker, 1863	496
Parasa lepida (Cramer, 1779)	497
Parasa pastoralis Butler, 1885	498
Parasa repconda Walker, 1855	499
Parasa sinica Moore, 1877	500

Paratrachelophorus chinensis (Jekel, 1860)	467	*Pieris canidia* (Sparrman, 1768)	732
Parlatoria pergandii Comstock, 1881	160	*Pieris rapae* (Linnaeus, 1758)	731
Parnara bada (Moore, 1878)	720	*Piezodorus hybneri* (Gmelin, 1790)	277
Parnara guttata (Bremer & Grey, 1853)	721	*Pinnaspis theae* (Maskell, 1891)	161
Parthenolecanium corni (Bouché, 1844)	181	*Plagiodera versicolora* (Laicharting, 1781)	427
Parum colligata (Walker, 1856)	614	*Planococcus citri* (Risso, 1813)	171
Patanga japonica (I. Bolívar, 1898)	009	*Planococcus lilacinus* (Cockerell, 1905)	170
Pedinotrichia parallela (Motschulsky, 1854)	360	*Platycorynus igneicollis* (Hope, 1843)	429
Pegomya cunicularia (Rondani, 1866)	755	*Platycorynus undatus* (Olivier, 1791)	430
Pelopidas mathias (Fabricius, 1798)	722	*Platymycteropsis mandarinus* Fairmaire, 1889	456
Pelopidas sinensis Mabille, 1877	723	*Platypleura kaempferi* (Fabricius, 1794)	043
Penthaleus major (Dugès, 1834)	777	*Platypria melli* Uhmann, 1955	442
Penthimia theae Matsumura, 1912	077	*Plautia crossota* (Dallas, 1851)	284
Peregrinus maidis (Ashmead, 1890)	082	*Plautia stali* Scott, 1874	285
Petrobia latens (Müller, 1776)	778	*Plebejus argus* (Linnaeus, 1758)	747
Phaedon brassicae Baly, 1874	426	*Pleonomus canaliculatus* (Faldermann, 1835)	322
Phaenacantha bicolor (Distant, 1901)	240	*Pleuroptya balteata* (Fabricius, 1798)	558
Phalera assimilis (Bremer & Grey, 1852)	620	*Plodia interpunctella* (Hubner, 1813)	538
Phalera flavescens (Bremer & Gery, 1853)	621	*Plutella xylostella* (Linnaeus, 1758)	484
Phalera takasagoensis Matsumura, 1919	622	*Pochazia guttifera* Walke, 1851	104
Phenacoccus pergandei Cockerell, 1896	168	*Pochazia ocellus* Walker, 1851	103
Phenacoccus solenopsis Tinsley, 1898	167	*Podagricomela nigricollis* Chen, 1934	406
Philus antennatus (Gyllenhal, 1817)	372	*Podagricomela weisei* Heikertinger, 1924	407
Phlaeoba antennata antennata Brunner von Wattenwyl, 1893	008	*Poecilocoris druraei* Linnaeus, 1771	249
Phlossa conjuncta (Walker, 1855)	494	*Poecilocoris latus* Dallas, 1848	250
Phthonandria atrilineata (Butler, 1881)	591	*Poecilophilides rusticola* Burmeister, 1842	345
Phthorimaea absoluta Meyrick, 1917	473	*Polygonia c-aureum* (Linnaeus, 1758)	744
Phyllocnistis citrella Stainton, 1856	479	*Polyphagotarsonemus latus* (Banks, 1904)	783
Phyllonorycter ringoniella Matsumura, 1931	478	*Polyphagozerra coffeae* (Nietner, 1861)	486
Phyllosphingia dissimilis (Bremer, 1861)	615	*Ponsilasia montana* (Distant, 1901)	245
Phyllotreta humilis Weise, 1887	410	*Pontia edusa* (Fabricius, 1777)	736
Phyllotreta rectilineata Chen, 1939	409	*Popillia flavosellata* Fairmaire, 1886	353
Phyllotreta striolata (Fabricius, 1801)	408	*Popillia mutans* Newman, 1838	350
Physomerus grossipes (Fabricius, 1794)	234	*Popillia pustulata* Fairmaire, 1887	351
Physopelta gutta (Burmeister, 1834)	201	*Popillia quadriguttata* (Fabricius, 1787)	352
Phytoecia rufiventris Gautier, 1870	392	*Porthesia atereta* Collenette, 1932	704
Pida niphonis (Butler, 1881)	717	*Priotyrannus closteroides* (Thomson, 1877)	373
Pidorus glaucopis (Drury, 1773)	513	*Pristiphora sinensis* Wong, 1977	772
Pieris brassicae (Linnaeus, 1758)	733	*Prodromus clypeatus* Distant, 1904	194
		Protaetia brevitarsis (Lewis, 1879)	341

Protaetia orientalis (Gory & Percheron, 1833)	342
Protoschinia scutosa (Denis & Schiffermuller, 1775)	692
Proutista moesta (Westwood, 1851)	091
Psacothea hilaris (Pascoe, 1857)	370
Psammotettix striatus (Linnaeus, 1758)	063
Pseudalbara parvula Leech, 1890	580
Pseudasphondylia zanthoxyli Mo, Bu & Li, 2007	754
Pseudaulacaspis cockerelli (Cooley, 1897)	158
Pseudaulacaspis pentagona (Targioni-Tozzetti, 1886)	157
Pseudococcus comstocki (Kuwana, 1902)	169
Psylliodes punctifrons Baly, 1874	411
Pterophorus niveodactyla (Pagenstecher, 1900)	564
Purpuricenus temminckii (Guérin-Méneville, 1844)	366
Pyralis farinalis (Linnaeus, 1758)	539
Pyrausta phoenicealis Hübner, 1818	561
Pyrops candelaria (Linnaeus, 1758)	087
Pyrops lathburii (Kirby, 1818)	088
Pyrrhocoris sibiricus Kuschakewitsch, 1866	202

R

Raivuna patruelis Stål, 1859	094
Remigia annetta Butler, 1878	655
Rhamnomia dubia (Hsiao, 1963)	231
Rhopalosiphum maidis (Fitch, 1856)	140
Rhopalosiphum padi (Linnaeus, 1758)	141
Rhopalus maculatus (Fieber, 1837)	215
Rhopobota naevana (Hübner, 1817)	521
Rhynchites foveipennis Fairmaire, 1888	466
Rhynchocoris humeralis (Thunberg, 1783)	283
Rhynchophorus ferrugineus (Olivier, 1790)	461
Ricania cacaonis Chou & Lu, 1977	110
Ricania guttata (Walker, 1851)	107
Ricania marginalis (Walker, 1851)	105
Ricania shantungensis Chou et Lu, 1977	110
Ricania simulans Walker, 1851	108
Ricania speculum (Walker, 1851)	106
Ricania taeniata Stål, 1870	109
Ricanoides pipera (Distant, 1914)	113
Ricanula pulverosa (Stål, 1865)	112
Ricanula sublimata (Jacobi, 1916)	111
Riptortus linearis (Fabricius, 1775)	239
Riptortus pedestris (Fabricius, 1775)	238
Rubiconia intermedia (Wolff, 1811)	293

S

Saccharicoccus sacchari (Cockerell, 1895)	163
Saccharosydne procerus Matsumura, 1931	083
Saigona fulgoroides (Walker, 1858)	093
Salurnis marginella (Guérin-Méneville, 1829)	100
Samia cynthia Drury, 1773	574
Sarcopolia illoba (Butler, 1878)	673
Sastragala esakii Hasegawa, 1959	302
Saturnia japonica Moore, 1862	573
Scaphoideus festivus Matsumura, 1902	064
Scelodonta lewisii Baly, 1874	431
Schizaphis graminum (Rondani, 1852)	143
Schizaphis piricola (Matsumura, 1917)	144
Scirpophaga praelata (Scopoli, 1763)	563
Scirtothrips dorsalis Hood, 1919	311
Scopelodes contracta Walker, 1855	505
Scopula subpunctaria (Herrich-Schäffer, 1847)	589
Scotinophara lurida (Burmeister, 1834)	261
Semiaphis heraclei (Takahashi, 1921)	145
Sesamia inferens (Walker, 1856)	689
Setora postornata Hampson, 1900	495
Shirakiacris shirakii (I. Bolívar, 1914)	010
Singapora shinshana (Matsumura, 1932)	060
Sinna extrema (Walker, 1854)	646
Sitobion miscanthi (Takahashi, 1921)	142
Sitophilus oryzae (Linnaeus, 1763)	460
Smaragdina nigrifrons (Hope, 1842)	399
Smaragdina semiaurantiaca (Fairmaire, 1888)	400
Sogatella furcifera (Horváth, 1899)	080
Sogatella vibix (Haupt, 1927)	081
Somena scintillans Walker, 1856	718

Soritia pulchella sexpunctata Waller, 1854	513	*Tegra novaehollandiae viridinata* (Stal,1874)	033
Sphecodina caudata (Bremer & Grey, 1853)	615	*Teleogryllus emma* (Ohmschi et Matsummura, 1951)	030
Sphenarches anisodactylus (Walker, 1864)	565	*Teliphasa elegans* (Butler, 1881)	534
Spilarctia obliqua Walker, 1855	634	*Telphusa chloroderces* Meyrick, 1929	472
Spilarctia subcarnea (Walker, 1855)	633	*Tessaratoma papillosa* (Drury, 1770)	297
Spilosoma imparilis Butler, 1877	638	*Tetranychus cinnabarinus* (Boisduval, 1867)	779
Spilosoma lubricipedum (Linnaeus, 1758)	637	*Tetranychus urticae* Koch, 1836	780
Spilosoma menthastri (Denis & Schiffermüller, 1775)	635	*Tetrix japonica* (Bolívar, 1887)	027
Spilosoma urticae (Esper, 1789)	636	*Thalassodes immissaria* Walker, 1861	599
Spilostethus hospes (Fabricius, 1794)	205	*Theophila religiosa* Helfer, 1837	578
Spirama retorta (Clerck, 1759)	665	*Theretra clotho clotho* (Drury, 1773)	617
Spodoptera depravata Butler, 1879	698	*Theretra japonica* (Biosduval, 1869)	618
Spodoptera exigua (Hübner, 1808)	695	*Theretra latreillei lucasii* (Walker, 1856)	619
Spodoptera frugiperda (Smith, 1797)	696	*Theretra nessus* (Drury, 1773)	619
Spodoptera litura (Fabricius, 1775)	693	*Theretra oldenlandiae* (Fabricius, 1775)	616
Spoladea recurvalis (Fabricius, 1775)	549	*Theretra silhetensis* (Walker, 1856)	600
Stathmopoda auriferella Walker, 1864	483	*Thosea sinensis* (Walker, 1855)	493
Stauropus alternus Walker, 1855	626	*Thrips alliorum* (Priesner, 1935)	313
Stenchaetothrips biformis (Bagnall, 1913)	312	*Thrips flavus* Schrank, 1776	314
Stenhomalus taiwanus Matsushita, 1933	389	*Thrips hawaiiensis* (Morgan, 1913)	315
Stenocatantops mistshenkoi Willemse, 1968	011	*Thrips tabaci* Lindeman, 1889	314
Stenoloba confusa (Leech, 1889)	676	*Thyas coronata* (Fabricius, 1775)	652
Stephanitis nashi Esaki & Takeya, 1931	198	*Thyas juno* (Dalman, 1823)	651
Sternuchopsis waltoni (Boheman, 1844)	457	*Thyatira batis* (Linnaeus, 1758)	582
Stictopleurus minutus Blöte, 1934	213	*Tiracola plagiata* (Walker, 1857)	701
Striglina suzukii Matsumura, 1931	532	*Tolumnia latipes* (Dallas, 1851)	294
Strongyllodes variegatus (Fairmaire, 1891)	328	*Toxoptera citricidus* Kirkaldy, 1907	147
Sucra jujuba Chu, 1979	593	*Trabala vishnou gigantina* Yang, 1978	571
Susica sinensis (Walker, 1856)	502	*Trematodes tenebrioides* (Pallas, 1781)	364
Svistella bifasciata (Shiraki, 1911)	032	*Trialeurodes vaporariorum* (Westwood, 1856)	121
Sympiezomias citri Chao, 1977	452	*Tribolium castaneum* (Herbst, 1797)	338
Sympiezomias velatus (Chevrolat, 1845)	451	*Trichoplusia ni* (Hübner, 1803)	699
Sympis rufibasis Guenée, 1852	665	*Tridrepana arikana* Matsumura, 1921	581
		Tridrepana crocea (Leech, 1889)	580
		Trigonidium cicindeloides Rambur, 1838	031

T

Takahashia japonica (Cockerell, 1896)	184	*Trigonodes hyppasia* (Cramer, 1779)	661
Tarbinskiellus portentosus (Lichtenstein, 1796)	031	*Trigonotylus coelestialium* (Kirkaldy, 1902)	191
Tautoneura mori (Matsumura, 1910)	061	*Trilophidia annulata* (Thunberg, 1815)	019
		Trioza magnisetosus (Loginova, 1964)	117

Tropidothorax elegans (Distant, 1883)	206
Trypanophora semihyalina Kollar, 1844	515
Tuberculatus castanocallis (Zhang & Zhong, 1981)	150
Tuberculatus cereus (Zhang & Zhong, 1981)	151
Tuberculatus margituberculatus (Zhang et Zhong, 1981)	152
Tuberocephalus higansakurae (Monzen, 1927)	154
Tuberocephalus momonis (Matsumura, 1917)	153

U

Udea ferrugalis Hübner, 1796	562
Unaspis yanonensis (Kuwana, 1923)	159
Urochela distincta Distant, 1900	304
Urolabida histrionica (Westwood, 1837)	303
Uroleucon formosanum (Takahashi, 1921)	146
Uropyia meticulodina (Oberthur, 1884)	624
Urostylis yangi Maa, 1947	305

V

Vanessa cardui (Linnaeus, 1758)	743
Vanessa indica (Herbst, 1794)	742

W

Wilemanus bidentatus (Wileman, 1911)	625

X

Xanthodes transversa Guenée, 1852	700
Xenocatantops brachycerus (Willemse, 1932)	012
Xylotrechus magnicollis (Fairmaire, 1888)	386
Xystrocera globosa (Oliver, 1795)	368

Y

Yemma exilis Horváth, 1905	242

Z

Zamacra excavata (Dyar, 1905)	592
Zicrona caerulea (Linnaeus, 1758)	295
Zythos avellanea Prout, 1932	587